普通高等院校"十四五"计算机系列教材

Web前端开发（HTML5+CSS3+JavaScript）

严健武　秦宗蓉　李新燕◎主　编
何小平　杨红飞　任灵平　陈小健◎副主编

中国铁道出版社有限公司
CHINA RAILWAY PUBLISHING HOUSE CO., LTD.

内 容 简 介

本书是普通高等院校"十四五"计算机系列教材之一，深入介绍了 Web 前端开发的核心技术 HTML5、CSS3 和 JavaScript。全书共 12 章，第 1～3 章重点介绍 HTML 标签，包括常见的格式化标签、列表、表格、表单和多媒体标签等；第 4～8 章主要涵盖 CSS 基础、页面布局和 CSS3 新特性，着重介绍选择器、盒子模型、元素定位以及弹性布局，并通过局部和整体布局、过渡、转换和动画效果提升读者 UI 设计能力；第 9～11 章介绍 JavaScript 基础、HTML DOM 与 BOM，重点介绍交互性页面设计的关键技术；第 12 章为项目实战，以全书知识点贯穿项目始终，展示典型商城网站的设计与实现，强调综合运用能力。

本书适合作为普通高等院校计算机及相关专业"Web 前端开发基础"课程的教材，也可作为 Web 前端开发爱好者的参考书。

图书在版编目（CIP）数据

Web 前端开发 :HTML5+CSS3+JavaScript/ 严健武，秦宗蓉，李新燕主编．—北京：中国铁道出版社有限公司，2024.6
普通高等院校"十四五"计算机系列教材
ISBN 978-7-113-31147-6

Ⅰ.①W… Ⅱ.①严… ②秦… ③李… Ⅲ.①网页制作工具 - 高等学校 - 教材 Ⅳ.① TP393.092.2

中国国家版本馆 CIP 数据核字（2024）第 073195 号

书　　名：Web 前端开发（HTML5+CSS3+JavaScript）
作　　者：严健武　秦宗蓉　李新燕

策　　划：张　彤	编辑部电话：（010）51873202
责任编辑：张　彤	
封面设计：刘　莎	
责任校对：苗　丹	
责任印制：樊启鹏	

出版发行：中国铁道出版社有限公司（100054，北京市西城区右安门西街 8 号）
网　　址：https://www.tdpress.com/51eds/
印　　刷：河北宝昌佳彩印刷有限公司
版　　次：2024 年 6 月第 1 版　2024 年 6 月第 1 次印刷
开　　本：787 mm×1 092 mm　1/16　印张：20.5　字数：538 千
书　　号：ISBN 978-7-113-31147-6
定　　价：55.00 元

版权所有　侵权必究

凡购买铁道版图书，如有印制质量问题，请与本社教材图书营销部联系调换。电话：（010）63550836
打击盗版举报电话：（010）63549461

前 言

  党的二十大报告明确提出:"加快发展数字经济,促进数字经济和实体经济深度融合,打造具有国际竞争力的数字产业集群。"互联网的蓬勃兴起,标志着我们已迈进全新的数字化时代。在这个时代,Web 前端开发扮演着不可或缺的角色。Web 前端工程师不仅负责设计、开发和优化基于浏览器的各种应用,更致力于打造用户友好的界面,确保网站的性能、跨平台兼容性和安全性。随着互联网应用的快速涌现和用户需求的持续变化,Web 前端开发也已成为备受追捧的热门职业。然而,要跻身 Web 前端工程师的行列,首要条件是拥有坚实的相关知识基础。

  本书全面系统地介绍了 Web 前端开发的核心基础知识,涵盖 HTML5、CSS3 和 JavaScript。全书共 12 章,第 1～3 章重点介绍 HTML 标签,包括常见的格式化标签、列表、表格、表单和多媒体标签等;第 4～8 章主要涵盖 CSS 基础、页面布局和 CSS3 新特性,着重介绍选择器、盒子模型、元素定位以及弹性布局,并通过局部和整体布局、过渡、转换和动画效果提升读者的 UI 设计能力;第 9～11 章介绍 JavaScript 基础、HTML DOM 与 BOM,重点介绍交互性页面设计的关键技术;第 12 章为项目实战,以全书知识点贯穿项目始终,展示典型商城网站的设计与实现,强调综合运用能力。

  本书凝聚了一支经验丰富的编写团队的智慧和努力。团队成员通过深入研究和比较当前市面同类教材的内容和特点,结合团队成员的实际项目开发经验和基于"OBE"理念的教学成果的反馈,探求 Web 最佳的实践途径,致力于打造一本与众不同的教材。

  本书独具特色,以通俗易懂的语言和实战性强的案例为亮点,侧重实际应用能力的培养。在内容的选取上,侧重于 UI 设计和交互性设计,为此精选了国内主流网站的设计实例,详细介绍了其实现的技术细节,如京东商城的页面布局、商品展示、登录界面、轮播图、导航栏、侧边栏和购物车等,帮助读者在掌握理论知识的同时培养实际的 Web 前端开发能力,从而设计出具有良好用户体验和符合现代审美的交互性页面。

本书适合作为普通高等院校计算机及相关专业"Web 前端开发基础"课程的教材，也可作为 Web 前端开发爱好者的参考书。

本书由严健武、秦宗蓉和李新燕任主编，何小平、杨红飞、任灵平、陈小健任副主编。全书由严健武统稿和定稿。

由于编者水平有限，书稿虽然几经修改，仍难免有疏漏之处，望同行和读者批评指正。

编　者

2024 年 3 月

目 录

第 1 章 Web 前端概述 ... 1
1.1 Web 前端开发的概念 ... 1
1.2 Web 的工作过程 ... 1
1.3 Web 相关基本概念 ... 2
1.4 Web 前端核心技术介绍 ... 3
1.5 Web 前端开发工具 ... 4
小结 ... 6
习题 ... 6

第 2 章 HTML 基础 ... 7
2.1 HTML 文档基本结构 ... 7
2.2 文档头部 head ... 8
2.2.1 title 标签 ... 9
2.2.2 meta 标签 ... 9
2.2.3 link 标签 ... 10
2.3 文档主体 body ... 11
2.3.1 HTML 基础标签 ... 11
2.3.2 标签属性 ... 13
2.4 文档格式化 ... 15
2.4.1 文本修饰标签 ... 15
2.4.2 字体标签 ... 16
2.4.3 特殊字符 ... 17
2.5 应用实例——商品展示 ... 18
小结 ... 20
习题 ... 20

第 3 章　HTML 常用标签 21

3.1　列　　表 21
3.1.1　无序列表 21
3.1.2　有序列表 23
3.1.3　定义列表 24
3.1.4　列表嵌套 25

3.2　超　链　接 27
3.2.1　网页链接 27
3.2.2　锚点链接 30
3.2.3　其他链接 33
3.2.4　嵌入式框架 33

3.3　图片热点 36

3.4　视频、音频播放 38
3.4.1　视频播放 38
3.4.2　音频播放 39

3.5　表　　格 40
3.5.1　表格结构和表格属性 40
3.5.2　行、单元格属性 45
3.5.3　单元格合并 47
3.5.4　嵌套表格 48

3.6　应用实例——制作个人信息表格 51

3.7　表　　单 53
3.7.1　表单概述 53
3.7.2　表单元素 54

3.8　应用实例——制作注册表单 63

小结 66

习题 66

第 4 章　CSS 基础 69

4.1　认识 CSS 69
4.1.1　内联样式 70
4.1.2　内部样式表 71
4.1.3　外部样式表 71

4.2　CSS 基础选择器 72

		4.2.1 标签选择器	72
		4.2.2 id 选择器	73
		4.2.3 类选择器	73
		4.2.4 属性选择器	74
		4.2.5 伪类、伪元素选择器	76
	4.3	CSS 组合选择器	80
	4.4	样式继承、层叠和优先级	84
	4.5	应用实例——图文样式	85
	小结		86
	习题		87

第 5 章 盒子模型、文本样式和背景 89

	5.1	盒子模型	89
	5.2	块元素和行内元素	92
	5.3	单位与文本样式	94
		5.3.1 CSS 的单位	94
		5.3.2 文本样式	96
	5.4	应用实例——分组链接	102
	5.5	颜色与背景	106
		5.5.1 背景色	106
		5.5.2 背景图	107
	5.6	应用实例——数据看板	115
	小结		120
	习题		120

第 6 章 定位与浮动 122

	6.1	相对定位	123
	6.2	绝对定位	124
	6.3	固定定位	132
	6.4	z-index 属性	133
	6.5	粘性定位	137
	6.6	浮　　动	139
	6.7	应用实例——下拉二级导航	144
	小结		147
	习题		148

第 7 章　页面布局 150

7.1　页面布局基础 150
7.1.1　行布局 151
7.1.2　列布局 152
7.1.3　混合布局 156
7.2　应用实例——页面顶部结构设计 158
7.3　弹性布局 162
7.3.1　flex 容器属性 163
7.3.2　flex 项目属性 171
7.4　应用实例——商品列表的布局设计 175
小结 178
习题 178

第 8 章　CSS3 新特性 180

8.1　边框、阴影和圆角 180
8.1.1　边框 180
8.1.2　阴影 181
8.1.3　圆角 182
8.2　转　　换 184
8.2.1　位移 184
8.2.2　旋转 185
8.2.3　缩放 187
8.2.4　倾斜 188
8.3　过　　渡 190
8.4　动　　画 192
小结 197
习题 197

第 9 章　JavaScript 基础 199

9.1　代码书写位置和注释 199
9.2　数据类型 202
9.3　变量和类型转换 206
9.3.1　变量声明和使用 206
9.3.2　类型转换 207
9.4　运算符和表达式 208

9.4.1 算术运算符和表达式 ... 208
9.4.2 赋值、复合赋值运算符和表达式 ... 209
9.4.3 比较运算符和表达式 ... 210
9.4.4 逻辑运算符和表达式 ... 211
9.4.5 问号表达式 ... 211
9.5 程序结构 ... 212
9.5.1 顺序结构 ... 212
9.5.2 分支结构 ... 212
9.5.3 循环结构 ... 215
9.6 字符串和数组的常用方法 ... 218
9.6.1 字符串常用的属性和方法 ... 218
9.6.2 数组常用的属性和方法 ... 220
9.6.3 Math 对象的方法 ... 224
小结 ... 224
习题 ... 224

第 10 章 HTML DOM ... 227
10.1 事件与事件处理 ... 227
10.1.1 事件分类 ... 227
10.1.2 事件处理的方式 ... 228
10.1.3 事件处理函数的参数 ... 230
10.2 DOM 元素属性 ... 231
10.2.1 内容属性 ... 232
10.2.2 样式属性 ... 233
10.2.3 表单元素属性 ... 236
10.3 DOM 元素查询 ... 240
10.3.1 getElementsByTagName() 方法 ... 240
10.3.2 getElementsByClassName() 方法 ... 241
10.3.3 querySelector() 和 querySeletorAll() 方法 ... 242
10.3.4 其他方法获取元素 ... 243
10.4 应用实例——轮播图 ... 243
10.5 DOM 元素操作 ... 249
10.5.1 创建元素 ... 249
10.5.2 追加子元素 ... 249

10.5.3 插入子元素 ... 249
10.5.4 在任意位置插入元素 ... 251
10.5.5 移除元素 ... 252
10.5.6 替换子元素 ... 252
10.5.7 复制元素 ... 253
10.6 应用实例——制作动态图书列表 ... 254
小结 ... 260
习题 ... 261

第 11 章 BOM ... 263

11.1 window 对象 ... 263
11.2 location 对象 ... 265
11.3 navigator 对象 ... 266
11.4 history 对象 ... 267
11.5 screen 对象 ... 267
11.6 浏览器事件对象 event ... 268
11.7 Web Storage ... 271
11.8 应用实例——实现登录功能 ... 272
小结 ... 276
习题 ... 276

第 12 章 项目实战——图书商城网站 ... 278

12.1 项目分析 ... 278
  12.1.1 需求分析 ... 278
  12.1.2 功能模块 ... 278
  12.1.3 网站整体操作流程 ... 282
  12.1.4 文件清单 ... 282
12.2 详细设计 ... 283
  12.2.1 登录和注册 ... 283
  12.2.2 商品展示 ... 294
  12.2.3 商品详情 ... 300
  12.2.4 购物清单和支付 ... 306

参考文献 ... 318

第1章

Web 前端概述

> **学习目标**
> - 了解 Web 前端开发的工作职责和内容，明确前端开发在 Web 开发流程中的定位和作用。
> - 理解 Web 页面的工作过程，包括浏览器对页面的解析、渲染和执行过程。
> - 掌握 Web 相关的基本概念，为后续学习奠定基础。
> - 了解 Web 前端的核心技术及其用途。
> - 熟练掌握 Web 开发工具 VSCode 的使用，提高编码效率和代码质量。

1.1 Web 前端开发的概念

Web 前端开发是指通过使用 HTML、CSS、JavaScript 及相关技术框架和解决方案，设计 Web 用户界面的过程，以实现具有良好界面和交互功能的 Web 页面。

Web 前端开发的工作流程一般是：根据业务需求，网站美工（网页设计师）绘制好效果图和交互图，然后前端开发工程师利用 HTML、CSS 和 JavaScript 将这些图转换为可在浏览器中显示的 Web 页面。同时，他们还使用异步 JavaScript 技术与后端工程师协作，完成数据请求和数据展示的功能。

前端开发主要任务包括界面布局和美化、交互设计、从后端接口请求数据并展示数据，以及性能优化、搜索优化、部署和运行维护等。

1.2 Web 的工作过程

Web 页面具有静态和动态两种类型。

静态页面是指主要由 HTML、CSS 和 JavaScript 构成的一种文本类型的文件，其文件扩展名为 htm 或 html。静态页面的内容是固定不变的，即无论何时何地，任何人访问该页面，所看到的内容都相同，除非手动更新。

动态页面是指在静态内容的基础上加入了其他程序代码，这些代码需要在 Web 服务器端编译后执行，执行的结果是生成静态内容，最后发送到客户端浏览器进行解析和呈现。由于页面内容是动态生成的，因此不同的用户在不同的时间看到的结果可能不同。例如，百度网站，它会根据不同的关键字返回不同的搜索结果。而且由于数据的实时更新，使用相同的关键字在不同时间的搜索结果也会有所不同。

由于页面存在不同类型，所以它的工作过程也不尽相同。在用户通过客户端浏览器使用 HTTP 向服务器发送请求时，如果请求的是静态页面（HTML 文件），那么服务器将直接返回该页面的内容；如果请求的是动态页面，那么服务器将执行该文件的程序代码，在后端数据库进行查询，然后将查询数据插入 HTML 模板中，最终生成静态内容发给浏览器。无论浏览器请求的页面是静态的还是动态的，最终客户端浏览器得到的是一份静态页面内容，浏览器将解析其内容并呈现在浏览器的窗口中。Web 页面的执行过程如图 1.1 所示。

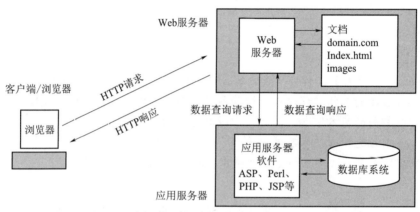

图 1.1 Web 页面的执行过程

1.3 Web 相关基本概念

1. URL

URL（uniform resource locator，统一资源定位符）。其主要作用是标识和定位网络上的各种资源（本质是不同类型的文件）。当需要访问互联网上的任何信息或数据时，首先需要获取相应的 URL 信息。

URL 的语法格式如下：

说明：在访问 Web 站点资源时，通常使用 HTTP 或 HTTPS 协议。如果在 URL 中省略了资源路径和文件名，那么默认会访问服务器上的主页文件。这个主页文件通常是站点的默认页面，会在用户访问站点时自动加载和显示。

例如，当在浏览器地址栏输入"https://www.baidu.com/index.html"时，表示使用 HTTPS 协议，访问位于 www.baidu.com 服务器上的 index.html 文件。浏览器发送请求到服务器，并等待服务器的响应数据。一旦浏览器接收到响应数据，它会对数据进行解析，并将解析后的内容呈现在浏览器窗口中供用户查看。这样，用户就可以在浏览器中浏览并可与网页进行交互。

2. Web 服务器

Web 服务器是一种安装了 Web 服务应用程序的专业计算机设备，具备唯一的 IP 地址。为了简化操作，通常使用对应的域名来访问 Web 服务器。其主要功能是接收并处理来自客户端基于 HTTP 或 HTTPS 协议的文件浏览和下载请求，并做出相应的响应。

在实际应用中，有几种常见的 Web 服务器类型，包括 Apache、Tomcat 和 IIS。它们分别具有不同的 Logo，如图 1.2 所示。这些 Web 服务器在处理请求和提供服务方面都有各自的特点和优势。

图 1.2　常见的 Web 服务器

3. 超链接

超链接可以理解为网络资源 URL 的一个快捷方式，它指向另外一个文件的位置或同一文件的不同位置。超链接既可以是文本形式，也可以是图片，其效果如图 1.3 所示。在网站上，所有的资源通过超链接建立相互的联系，这样就能快速找到资源的位置，而不必记住每个资源的位置。

图 1.3　文本超链接和图片超链接

1.4　Web 前端核心技术介绍

1. HTML

HTML（hyper text markup language，超文本标记语言）用来描述文档的结构和内容，由一系列标记组成，这些标记代表不同的含义。这些标记由浏览器解析和呈现。HTML 文件也是一种文本类型的文件，但与一般的文本文件不同，它可以使用标记来呈现多媒体文件，如图片、音频和视频等。此外，HTML 还支持超链接，使得文件内部和文件之间可以进行跳转和导航。HTML 文件的扩展名为 html 或 htm。

2. CSS

CSS（cascading style sheets，层叠式样式表）用来控制页面的外观和样式，即页面效果。

同时，CSS 实现了 HTML 文档内容和表现的分离，使阅读和维护 HTML 文档更加方便。CSS 文件扩展名为 css。

在 CSS 出现之前，HTML 样式是通过元素的属性来控制的。然而，随着样式需求的增加，元素属性的数量也随之增加，导致 HTML 文档变得臃肿，不便于阅读和维护。为了解决这个问题，人们引入了内容和表现分离的 CSS 样式，并在 HTML 4.0 中正式采用。

图 1.4 展示了在使用 CSS 前后对比的 HTML 无序列表元素。

（图示）
(a) 使用 CSS 前　　　　(b) 使用 CSS 后

图 1.4　使用 CSS 前后对比

3. JavaScript

JavaScript 是一种解析型脚本语言，主要用于控制页面的行为、实现与用户的交互。它可以实现各种功能，如表单数据验证、轮播图和其他动画效果等。JavaScript 文件的扩展名为 js。

4. 框架技术

一旦掌握了 Web 开发的基础知识，以后可以进一步学习更加高效的框架技术，以提升 Web 前端开发的效率、降低成本并确保开发质量。目前，主流的 JavaScript 框架包括 Vue.js、React.js 和 Angular.js 等。图 1.5 展示了这三种主流 JS 框架的 Logo。

图 1.5　主流 JS 框架

1.5　Web 前端开发工具

当前，Web 前端开发的主流工具包括 Microsoft 的 Visual Studio Code（简称 VSCode）、JetBrains 的 WebStorm 和 DCloud 的 Hbuilder 等。在本书中，将使用微软的 Visual Studio Code 作为开发工具来演示所有实例。

Visual Studio Code 是一款功能强大且广受欢迎的开源代码编辑器。它提供了丰富的插件生态系统和强大的功能，使开发者能够高效地编写、调试和管理前端代码。VSCode 支持多种编程语言和框架，并提供了智能代码补全、调试器、版本控制等功能，大大提升了开发效率。

1. VSCode 的下载和安装

直接访问 VSCode 官网，选择并下载所需的版本进行安装。

2. VSCode 的汉化

当首次启动 VSCode 时，其操作界面默认为英文，可以通过安装插件来实现汉化，将界面语言切换为中文。

在 VSCode 插件市场中查找、下载和安装插件的操作方法如下：

（1）启动 VSCode 后，展开 View（查看）菜单，然后单击 Extension（扩展）子菜单。在编辑器的左侧看到扩展插件市场面板。

（2）在搜索栏中输入"chinese"，搜索到中文简体插件后，单击右侧的"install"按钮，如图 1.6 所示，等待安装完成。完成这一步骤后，编辑器的汉化插件将被成功安装。

图 1.6　安装插件

> **注意**：安装扩展插件需要连接到互联网，并且在安装完成后，重启 VSCode 以使插件生效。

3. 安装其他插件

为了提高代码编辑效率和方便调试，强烈建议安装以下插件：

（1）htmltagwrap：使用【Alt+W】快捷键快速在选择的文本中插入 HTML 标记。
（2）Auto Close Tag：自动插入闭合标记。
（3）Auto Rename Tag：修改标记时，自动修改闭合标记。
（4）AutoFileName：自动显示项目目录下的文件列表，方便选择文件。
（5）Open In Browser：使用【Alt+B】快捷键，自动在默认浏览器打开当前页面。

4. 使用 VSCode 创建 Web 页面

建议首先创建一个文件夹来保存所有可能使用的资源文件。例如，可以创建一个路径为"d:\web"的项目文件夹，该文件夹类似 Web 服务器的主目录。

在 VSCode 运行界面中，依次单击主菜单"文件"→"打开文件夹"命令，在打开的对话框中，找到新创建的文件夹"d:\web"。此时在编辑器左侧资源管理器中将列出该文件夹的内容，将鼠标移动到"WEB"选项卡，然后在标题栏中单击"新建文件"图标，如图 1.7 所示。

图 1.7　打开文件夹

接下来,输入文件名 index.html 并按【Enter】键。编辑器的右侧将自动打开一个新的文件编辑窗口。在该窗口中,可以输入以下内容:

```html
<!DOCTYPE html>
<html>
    <head>
        <title> 我的第一个 Web 页面 </title>
    </head>

    <body>
        这是显示在浏览器窗口的内容
    </body>
</html>
```

按【Alt+B】快捷键(需要安装 Open In Browser 插件),该文件将在默认的浏览器中打开,如图 1.8 所示。

图 1.8 运行效果

小　　结

本章首先简要概述了 Web 前端开发的主要工作职责,随后分析了 Web 页面的运行原理,以及与之紧密相连的核心概念和要点,最后,介绍了一款优秀的 Web 开发工具——VSCode,简要阐述了其使用方法与技巧。通过这一章的学习,读者将对 Web 前端开发有一个全面的了解,并掌握使用 VSCode 进行高效开发的技能。

习　　题

1. 简述 Web 页面的工作过程。
2. Web 前端开发的核心技术是什么?
3. 使用 VSCode 创建一个 Web 项目,包括添加一个名为 index.html 的文档。该文档在打开时展示内容为"这是我的首个 HTML 页面"。完成项目后,关闭该项目,然后重新使用 VSCode 打开进行后续编辑。

第 2 章

HTML 基础

学习目标

- 理解 HTML 文档基本结构，掌握其组成要素和逻辑关系。
- 了解 HTML 头部各标签的功能，了解其对于网页整体性能和表现的重要性。
- 熟练掌握 HTML 基础标签，包括标题、段落、图片、换行和水平线等，能够灵活运用到网页布局和设计中。
- 掌握文档格式化标签的使用，提高网页内容的可读性和美观度。

2.1 HTML 文档基本结构

HTML 文档由一系列的标签组成，每个标签有特定的含义。这些标签由浏览器解析并呈现。

HTML 文档的基本结构包含文档类型声明、根标签、头部和主体部分。以下是 HTML 文档的典型结构：

```
1.  <!DOCTYPE html>
2.  <html lang="en">
3.  <head>
4.      <meta charset="UTF-8">
5.      <meta name="viewport" content="width=device-width, initial-scale=1.0">
6.      <title>Document</title>
7.  </head>
8.  <body>
9.      <!-- 这是显示在浏览器窗口的内容 -->
10. </body>
11. </html>
```

代码说明：
- 行 1：HTML 文档的首行是文档类型声明，它用于告诉浏览器该页面是 HTML5 文档。
- 行 2：HTML 文档的根标签。lang 属性可省略，用于指定页面使用的语言。例如，en 代表英文，zh-CN 代表简体中文等。lang 属性的取值对页面的浏览没有影响，但某些浏览器可能会根据该属性弹出"是否翻译该页面"的信息提示，例如，Microsoft Edge。
- 行 3：HTML 文档的头部内容，主要作用是告知浏览器如何解析和执行该页面。head 标签包含文档属性的描述、浏览器窗口标题以及引入外部文件等内容。这部分内容不会在浏览器窗口中显示出来。
- 行 4：设置文档内容的字符编码。建议保留此行内容，避免在打开页面时出现中文乱码。
- 行 5：只对移动设备有效。例如，手机、平板等，用于设置页面在移动设备中相对屏幕大小进行缩放。如果 Web 页面仅在 PC 端浏览，可以省略该行。
- 行 6：设置在浏览器窗口标题栏中显示的页面标题。
- 行 8 ~ 10：HTML 文档主体部分，这里的内容将显示在浏览器窗口中。

> **注意**：在 HTML 文档中，注释符号使用 <!- -> 标签。在开始标签 <!- 和结束标签 -> 的字符之间不要添加空格。此外，HTML 标签不区分大小写，但建议全部使用小写。

假定 HTML 文档仅适配 PC 端浏览器，那么上面的 HTML 文档结构可以简化为

```html
<!DOCTYPE html>
<html>
    <head>
            <!-- 文档相关属性 -->
    </head>

    <body>
            <!-- 显示在浏览器窗口的内容 -->
    </body>
</html>
```

2.2 文档头部 head

在 HTML 文档的 head 标签之间，主要包含一些用于告知浏览器有关当前 HTML 文档相关信息的标签。这些标签的作用是确保浏览器能够正确解析文档的内容。例如，文档标题 title、页面属性 meta 和外部文件链接 link 等标签，这些信息不会在浏览器的窗口显示出来。

一个典型的 head 标签的内容如下：

```html
<head>
        <!-- 字符编码 -->
        <meta charset="UTF-8">
```

```
    <!-- 页面属性 -->
    <meta name="" content="">
    <meta http-equiv="" content="">
    <!-- 文档标题 -->
    <title> 文档标题 </title>
    <!-- 引入外部文件 -->
    <link rel="" href="">
</head>
```

以下是 head 子标签的用法及其说明。

2.2.1 title 标签

title 标签中的文本将显示在浏览器窗口标题栏中，用于指示当前页面的主题。例如，在打开页面时，在浏览器窗口的标题栏显示"我的第一个页面"。

```
<head>
  <title>我的第一个页面</title>
</head>
```

效果如图 2.1 所示。

图 2.1　标题栏文本

如果 head 标签内没有 title 标签，那么标题栏将显示当前页面的文件名。

2.2.2 meta 标签

meta 标签中的属性用于告知浏览器该文档的一些相关信息，确保它能够正确解析和执行该文档的内容。其用法如下：

```
<meta name="" content="">
<meta http-equiv="" content="">
```

说明：

（1）name 和 content 属性组合。可以为搜索引擎提供更完整的收录信息，从而提高网页在搜索结果中的展示效果。

例如，下面 meta 标签的属性告知搜索引擎本页面内容来源，包括作者、关键字和内容简介：

```
<meta name="author" content="新浪网" />
<meta name="keywords" content="贝宁,战略伙伴关系,两国关系" />
<meta name="description" content="中新社北京 9 月 2 日电题：中贝建立战略伙伴关系，
两国关系何以实现全新升级? 中新社记者郭超凯梁晓辉前不久刚在……" />
```

（2）http-equiv 和 content 属性组合。相当于服务器的响应头信息，用于告知浏览器如何正确解析或执行该页面的内容。

以下是常见的 http-equiv 和 content 组合。

```
1. <meta http-equiv="content-type" content="text/html;charset=UTF-8">
2. <meta http-equiv="cache-control" content="no-cache">
3. <meta http-equiv="expires" content="Thu Feb 13 2020 22:22:37 GMT">
4. <meta http-equiv="refresh" content="5;url=index.html">
```

上面每行代码的属性取值的含义依次解释如下：

■ 行 1：表示使用 UTF-8 编码解析并以 html 文件格式呈现页面内容。除此之外，content 属性的取值还可以是 plain（文本格式浏览）或 application/octet-stream（文件下载方式）等。这样的设置可以确保页面以正确的格式展示，并根据需要提供适当的浏览或下载方式。该语句也常使用以下语句来简化和代替：

```
<meta charset="UTF-8">
```

建议在每个页面的 head 标签中加上该语句，以避免在不同的浏览器中出现中文乱码。

■ 行 2：该属性值表示页面不使用缓存，即每次访问都重新从服务器读取数据。
■ 行 3：该属性值表示，如果该页面使用了缓存，则在这里指出缓存的失效日期。
■ 行 4：该属性值表示在打开本页面 5 s 后，重定向到 index.html 页面。

2.2.3 link 标签

link 标签使用属性来链接到外部文件，以实现一些特殊效果。例如，可以使用它来指定浏览器窗口标题栏或收藏夹中的图标。此外，link 标签还常用于引入外部 CSS 文件。

用法如下：

```
<link rel=" 文件类型 " href=" 文件的 URL">
```

说明：rel 属性用于说明引入文件的类型，而 href 属性则用于指定文件的位置。通过使用 rel 属性，可以明确指定文件的关联关系，例如，stylesheet（样式表文件）、icon（图标文件）、prefetch（预加载文件）等。而 href 属性则允许指定文件的具体位置，可以是本地文件路径或者远程 URL。

下面的示例代码实现了在浏览器窗口的标题栏和收藏夹中显示 favicon.ico 图标的功能。其中图 2.2 是在标题栏显示的图标。当将该页面加入收藏夹后，收藏夹也将显示相同的图标。

```
<head>
        <link rel="icon" href="favicon.ico" />
        <link rel="bookmark" href="favicon.ico"/>
</head>
```

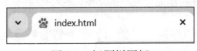

图 2.2　标题栏图标

2.3 文档主体 body

在 body 标签中的所有内容都将在浏览器窗口中显示。因此,所有要显示给用户的信息或数据都应该放置在该标签中。例如一篇文章的标题、段落和图片等。本节内容主要以实现图文混排的页面为目标,详细介绍 HTML 文档中最基础的标签及其属性。

2.3.1 HTML 基础标签

HTML 标签使用一对尖括号"<>"表示,可以分为成对标签和单标签两种形式。
(1)成对标签由起始标签和结束标签组成,用法为

```
< 开始标签 > 标签内容 </ 结束标签 >
```

例如,使用段落标签 p,在页面显示一个段落文本。

```
<p> 这是一个段落 </p>
```

(2)单标签只有标签自身。通常在其右尖括号前使用"/"作为自我封闭的标签,用法为

```
< 标签名 />
```

注意: 斜杠"/"和右尖括号">"之间不要有空格。

例如,使用单标签 hr,在页面显示一根水平线。

```
<hr />
```

HTML 基础标签主要用于实现图文混排的效果。其中,标题和段落等属于成对的标签,主要用于包裹文本内容;而换行、水平线和图片等则是单标签,用于插入特定的元素。标签分类如图 2.3 所示。

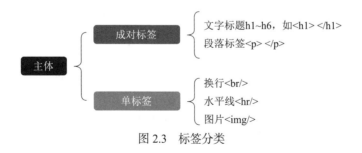

图 2.3 标签分类

1. 标题标签

标题标签用于实现文档的大纲级别效果,比如书中各个章节的标题文本。HTML 提供了六个级别的标题标签,分别是 h1 到 h6。每个标签的文本都以加粗的形式显示,并独占一行。通过正确使用这些标题标签,可以为文档的不同部分赋予适当的层次结构和视觉效果。

例如,使用 h1 ~ h6 标签,在页面显示各级标题文本的效果。

```
<body>
    <h1>1 号标题 </h1>
    <h2>2 号标题 </h2>
    <h3>3 号标题 </h3>
    <h4>4 号标题 </h4>
    <h5>5 号标题 </h5>
    <h6>6 号标题 </h6>
</body>
```

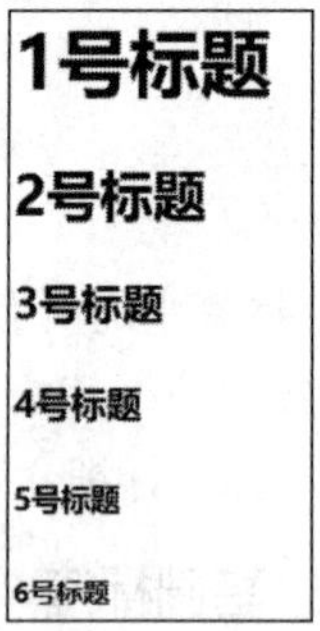

效果如图 2.4 所示。

图 2.4　各级标题效果

2. 段落标签

段落标签 p 是成对的标签,主要用于将文档内容分成段落展示。每个段落独立成行,并在前后的标签之间留有一定间距。当段落文本超过浏览器窗口宽度时,会自动换行显示。除了包含文本,段落标签还可以包含图片、链接和字体效果等其他标签。

例如,可以通过下面的代码来实现图 2.5 所示的效果,在页面展示两个段落的内容。

```
<body>
<p>这是段落1</p>
<p>
    这是段落 2 的长文本内容。超出浏览器窗口的宽度时将自动换行显示。
</p>
</body>
```

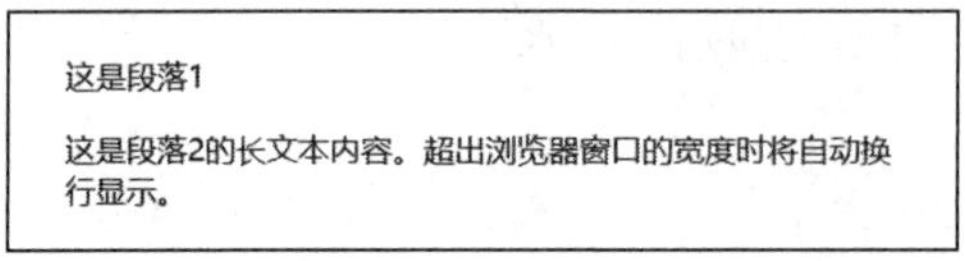

图 2.5　段落内容

3. 换行标签

单标签
 的作用是在页面中当前位置产生一个空行,实现换行效果。

在段落标签的文本中,直接按回车键并不能实现换行的效果。此外,通过回车键、【Tab】键和空格键等操作所产生的不可见字符被统称为空白字符。当连续出现多个空白字符时,浏览器会将它们解析为一个空格。

换行和段落标签都可以使其前后的内容产生分行效果,但换行标签使其前后元素之间的间隔较小。

例如,将一首古诗分成两个段落,每个段落中的文本分行显示,实现如图 2.6 所示的效果。

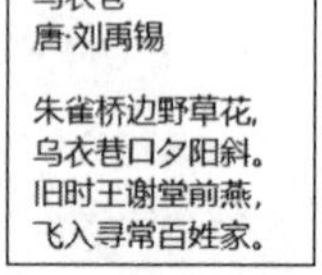

图 2.6　段落和分行效果

具体实现代码如下:

```
<p>
    乌衣巷<br />唐·刘禹锡
</p>
<p>
```

```
            朱雀桥边野草花，<br />
            乌衣巷口夕阳斜。<br />
            旧时王谢堂前燕，<br />
            飞入寻常百姓家。<br />
</p>
```

4. 水平线标签

单标签 <hr/> 用来在页面显示一根水平线，主要用于内容分隔和装饰。

2.3.2 标签属性

HTML 标签的属性主要用来描述标签的特征。例如，可以使用属性来指定标题和段落的对齐方式、水平线的宽度、大小和颜色，以及图片的 URL、宽度和高度等。通过这些属性，可以实现简单的图文排版效果。其他更多的属性将在后续章节详细介绍。

用法如下：

```
< 开始标签    属性名 =" 属性值 "    属性名 =" 属性值 " >  </ 结束标签 >
< 开始标签    属性名 =" 属性值 "    属性名 =" 属性值 " />
```

说明：属性写在开始标签中，由属性名和属性值组成，且不区分大小写。每对属性使用空格隔开，而属性值通常使用双引号括起来。

1. 段落和标题属性

段落和标题标签都具有 align 属性，用于对齐文本。
用法如下：

```
align="left|right|center|justify"
```

说明：align 属性的取值分别为左对齐（默认值）、右对齐、居中对齐和两端对齐。

例如，分别使三个段落实现如图 2.7 所示的对齐效果。

```
                        文档内容居中对齐
            文档内容左对齐
                                        文档内容右对齐
```

图 2.7　段落对齐方式

具体实现代码如下：

```
<p align="center">文档内容居中对齐</p>
<p align="left">文档内容左对齐</p>
<p align="right">文档内容右对齐</p>
```

两端对齐的效果是在一个多行段落中，所有超过一行的文本都会对齐左右两端边界。对于中文文本，每个汉字的间隔将保持相同。对于英文文本，每个单词之间的间隔也将平均分配，避免在行尾产生参差不齐的现象，而段落最后一行将正常显示。

图 2.8 的两个段落中，段落 1 使用默认对齐方式，而段落 2 使用了两端对齐方式。

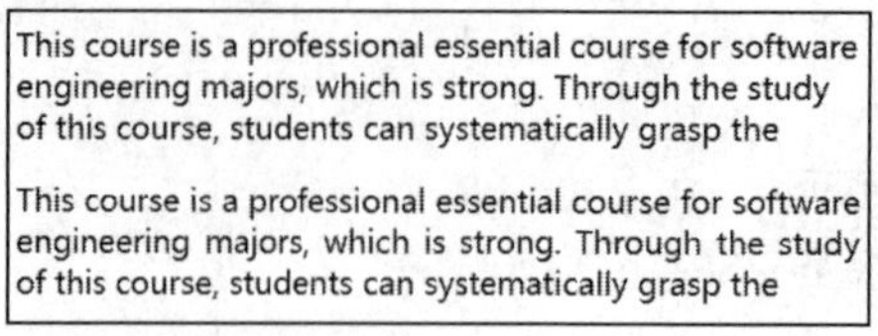

图 2.8 使用默认对齐和两端对齐的效果

2. 水平线属性

水平线用于分隔上下文，或装饰页面内容。
用法如下：

```
<hr width=" " size=" " color=" " align=" " />
```

属性说明：

- width：宽度，取值为整数，单位为 px（像素）；也可以取百分比 % 值。如果取值为百分比，则相对其父元素的宽度，在本章，父元素是指 body，即相对浏览器窗口宽度的百分比值。
- size：水平线的尺寸，实际指其高度，整数值，单位为 px。
- color：水平线的颜色，颜色值可以使用英文单词或十六进制数。例如，red（红色）、green（绿色）、blue（蓝色）或 #fff（白色）等。
- align：水平线的对齐方式，取值可以是 left、right 和 center（默认值），分别指相对父元素左对齐、右对齐和居中对齐。

例如，使用不同的属性，在页面显示三根水平线，其效果如图 2.9 所示。

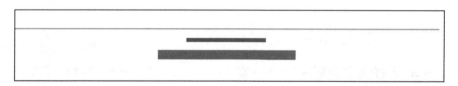

图 2.9 水平线属性

具体实现代码如下：

```
<hr/>
<hr width="80px" color="green" size="4px" />
<hr width="140px" color="#f00" size="10px" />
```

说明：第 1 行使用标签的默认属性，默认宽度为 100%。第 2 行设置宽度为 80 px，颜色值为 green（绿色），高度为 4 px。第 3 行颜色值为红色的十六进制数，高度为 10 px。

3. 图片及其属性

图片是 HTML 页面中常用的标签，主要用于美化页面并使页面呈现更丰富的内容。
用法如下：

```
<img src="URL" width="" height="" align="" />
```

属性说明：

- src：指定图片来源，即图片文件的 URL。需要注意的是，图片文件通常使用 jpg、png

或 gif 等格式。
- width，height：图片的宽度和高度，单位为 px 或 %。通过改变这两个属性可以实现图片的缩放。默认情况下，图片以原始尺寸显示。

> **注意**：如果使用 % 作为单位，则表示其相对其父元素的对应属性的百分比。另外，如果仅设置 width 属性而不设置 height 属性，则图片高度将按比例自动变化。

- align：图片对齐方式，可取值为 left 和 right。当取值为 left 时，图片将位于左侧边，其后面的文本将环绕在其右边；当取值为 right，图片将位于右侧，其后面的文本将环绕在其左侧。如果未使用该属性，则文本首行将与图片底部对齐。

例如，实现如图 2.10 所示的图文环绕效果。

图 2.10　运行效果

具体 HTML 内容如下：

```
<body>
        <img src="html5.png" width="200px" height="100px" align="left"/>
HTML 的全称为超文本标记语言，是一种标记语言。它包括一系列标签，通过这些标签可以将网络上的文档格式统一，使分散的 Internet 资源连接为一个逻辑整体。HTML 文本是由 HTML 命令组成的描述性文本，HTML 命令可以说明文字、图形、动画、声音、表格、链接等。
</body>
```

2.4　文档格式化

如果要使页面中的文本呈现更加丰富的效果，例如，文本加粗、倾斜和加下划线，以及改变字体大小、颜色，甚至添加特殊符号等，可以使用下述介绍的文本格式化标签和特殊字符。

2.4.1　文本修饰标签

文本修饰标签都是成对的，用于为标签内的文本添加样式效果，如加粗、倾斜、下划线、删除线，以及上标和下标等。其用法和含义参见表 2.1。

表 2.1　文本修饰标签

标　　签	含　　义
\<b\> \</b\>	文本加粗
\<strong\> \</strong\>	文本加粗，效果与 \<b\>\</b\> 一致
\<i\> \</i\>	文本斜体

续表

标　　签	含　　义
<em> </em>	强调，效果与 <i></i> 一致
<u> </u>	文本加下划线
<sup> </sup>	文本作为上标
<sub> </sub>	文本作为下标
<del> </del>	文本加删除线

这些标签都可以嵌套使用。请注意这些标签不要交叉使用，例如下面的用法是错误的：

```
<u><i>斜体</u>下划线文本</i>
```

正确的嵌套用法如下：

```
<u><i>斜体</i>加粗下划线文本</u>
```

以下是示例代码，用来实现图 2.11 所示的效果。

```
<body>
    <b>1.粗体</b>
    <strong>2.着重，类似粗体</strong>
    <i>3.斜体</i>
    <em>4.强调，类似斜体</em>
    <u>5.下划线</u>
    <del>6.删除线</del>
    上标：X<sup>2</sup>
    下标:X<sub>2</sub>
</body>
```

1.粗体 2.着重，类似粗体 *3.斜体 4.强调，类似斜体* 5.下划线 6.删除线 上标：X² 下标:X₂

图 2.11　文本修饰标签的效果

2.4.2　字体标签

HTML 提供了 font 标签及其属性来改变文本的大小、颜色和字体名。
用法如下：

```
<font face="字体名" color="颜色" size="大小">文本</font>
```

属性说明：

■　face：指定标签内文本使用的字体名称。如果客户端浏览器不支持指定的字体，将会使用系统默认的字体。需要注意的是，字体名称可以包含多个，每个字体名称之间使用逗号进行分隔。第一个字体名称将作为首选字体，而其他字体名称则作为备选字体。此外，如果字体名称中包含空格，建议使用单引号将其括起来。例如下面的用法：

```
<font face=" 'Microsoft YaHei',宋体,arial,'Hiragino Sans GB' ">
```

```
        首选字体为Microsoft YaHei
</font>
```

- color：字体颜色。取值可以使用表示颜色的英文单词，如 red、blue 和 gray 等，也可以使用十六进制数，如 #ff0000（红色）。
- size：字体大小，取值从小到大为 1～7，小于 1 则为 1，大于 7 则为 7。其中 3 为默认字体大小。

例如，将段落文本中的"红绿蓝"三个字符显示为其对应的颜色值，其中"蓝"加粗、加下划线，大小为 6。全部文本使用"微软雅黑"字体。页面效果如图 2.12 所示。

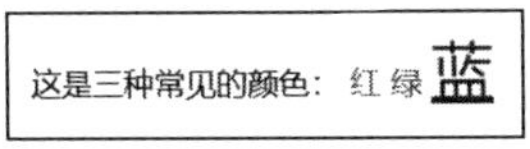

图 2.12　字体效果

具体实现代码如下：

```
<p>这是三种常见的颜色：
        <font face="微软雅黑" color="red">红</font>
        <font face="微软雅黑" color="green">绿</font>
        <font face="微软雅黑" color="blue" size="6">
                <u>蓝</u>
        </font>
</p>
```

说明：文本修饰标签和字体标签都可以嵌套使用，不影响内容布局。

2.4.3　特殊字符

在 HTML 文档中，存在一些保留字符，它们具有特殊含义。例如，标签符号"< >"和斜杠"/"等。另外，还有一些字符无法使用键盘直接输入。例如，版权符号©和注册符号®等。为了使用这些特殊字符，HTML 提供一组以"&"开始、以";"结束的组合字符来描述。

表 2.2 是常见的特殊字符在 HTML 中的表示法。

表 2.2　特殊字符表示法

组 合 字 符	效　　果
	空格
&lt;	<
&gt;	>
&amp;	&
&copy;	©（版权符号）
&reg;	®（注册符号）
&trade;	™（商标符号）
&times;	×（乘号）
&divide;	÷（除号）

说明：在表 2.2 中，有些字符也可以使用中文输入法直接输入，如 × 和 ÷ 等。

例如，在页面显示图 2.13 所示的数学表达式。

$$X \div 2 < 2 \ \&\& y \times 2 > 3$$

图 2.13　数学表达式

具体实现代码如下：

```
X &divide; 2 &lt; 2 &amp;&amp; y &times; 2 &gt; 3
```

例如，在页面显示图 2.14 所示的版权信息。

Microsoft® 版权所有©，微软公司

图 2.14　版权和注册信息

具体实现代码如下：

```
Microsoft&reg; 版权所有 &copy;，微软公司
```

2.5　应用实例——商品展示

设计一个商品展示页面，其效果如图 2.15 所示。具体要求如下：
（1）页面顶部标题文本使用 h3 并居中对齐。
（2）在标题文本下方插入一根水平线。
（3）添加图片文件 rongyao.jpg，并使文本环绕在其右边。
（4）添加段落文字，分别用于描述商品名称（字体大小为 6，蓝色）、商品信息和价格。其中价格包含原价和当前价。原价中的数字其字体为灰色（gray），并加上删除线；当前价的数字加下划线，红色，字体大小为 4。
（5）底部文本加入注册符号，效果：上标、加粗。HONOR 文本之后添加商标符号。在底部文本之前再添加一根水平线。

图 2.15　页面效果

具体 HTML 文档内容代码如下:

```
1.   <!DOCTYPE html>
2.   <html>
3.
4.   <head>
5.   <meta charset="UTF-8">
6.   <meta name="viewport"
     content="width=device-width, initial-scale=1.0">
7.           <title> 商品展示 </title>
8.   </head>
9.
10.  <body>
11.          <h3 align="center"> 产品展示 </h3>
12.          <hr />
13.          <img src="rongyao.jpg" align="left" />
14.          <p><font color="blue" size="6"> 荣耀畅玩 20</font></p>
15.          <p>5000mAh 超大电池续航 6.5 英寸大屏 莱茵护眼 4GB+64GB
     全网通 幻夜黑 </p>
16.          <p>
17.                  原价: <font size="2" color="gray"><del>
     ￥4999 </del></font>
18.                  当前价: <font color="red" size="4"> <u> ￥2999
     </u></font>
19.          </p>
20.          <br />
21.          <br />
22.          <hr />
23.          <p> 荣耀 <sup><b>&reg;</b></sup> HONOR&trade; 熊猫专卖店 </p>
24.  </body>
25.  </html>
```

说明:

- 行 1 ~ 8: 这部分内容是编辑器中自动生成的结构。其中在行 7 修改了页面标题。
- 行 11: 使用标题 3, 并使文本居中对齐。
- 行 12: 使用默认属性的换行标签。
- 行 13: 显示项目中的 rongyao.jpg 图片文件, 并使其左对齐。需要注意的是, 图片使用左对齐方式时, 其后面所有具有文本的标签, 其文本都会环绕图片。这里的图片文件也可以使用其他图片来测试。
- 行 14: 描述商品名称的段落。使用 font 标签及其属性将其文本显示为蓝色且字体大小为 6。
- 行 15: 描述商品信息的段落。默认字体效果。
- 行 16 ~ 19: 描述商品价格的段落。其中行 17 为文本添加了删除线, 同时将其字体大小设置为 2，颜色为灰色。而行 18 中，文本加粗，且为红色，字体大小为 4。

■ 行 20 ～ 22：插入三个空行，以避免后续标签的内容环绕图片。这样做是由于商品名称、商品信息和价格三个段落所占据的高度小于图片的高度，导致水平线及其他标签的文本继续环绕图片。通过插入空行来占据剩余空间，可以强制后续标签显示在图片下方。这是目前一种折中的做法。在学习 CSS 相关内容之后，会有更好的解决方案。

■ 行 23：使用特殊字符表示法显示注册和商标字符。其中注册字符 "®" 使用加粗并作上标显示。

小　　结

HTML 文档主要由头部和主体两大部分构成。头部所包含的标记主要用于向浏览器传达文档的关键信息，这些信息并不会直接显示在浏览器窗口中。而主体部分则承载着页面实际呈现的内容。在 HTML 中，标签分为单标签和成对标签两种形式。通过掌握这些基础标签，能够构建出包含简单内容的网页。此外，文本格式化标签用于美化文档内容，增强可读性。标签的属性不仅用于标识特定的标签，还能为标签内容赋予简单的样式效果，如调整图片的宽度、高度和对齐方式等。尽管字体标签及其属性在现代网页开发中已逐渐过时，但它们对于理解样式和布局仍具有一定的参考价值。

习　　题

一、填空题

1. HTML 文档的基本结构包含 _____、_____、_____ 和 _____ 部分。
2. title 标签用于 _____。
3. meta 标签的作用是 _____。
4. HTML 主体中的标签分为两大类，分别是 _____ 和 _____。
5. 标签的属性写在 _____ 标签中。
6. 加粗、倾斜和下划线标签分别使用 _____、_____ 和 _____ 实现。
7. 要使段落中的文本显示为红色，使用 _____ 实现。

二、上机实践

设计一个页面，实现图 2.16 所示的效果。具体要求如下：

1. 图片宽度为 100 px，高度为 120 px。
2. 图片下方的段落文字中，商品名称加粗。
3. 价格分为原价和当前价，其中原价数字加删除线，当前价数字加粗、红色。

图 2.16　运行效果

第 3 章

HTML 常用标签

学习目标

- ❖ 熟练掌握无序列表、有序列表和定义列表的创建与使用方法，能根据需要选择合适的列表类型。
- ❖ 理解超链接标签及其属性的应用，能够准确区分相对位置和绝对位置URL，并灵活运用。
- ❖ 熟练掌握锚点链接的创建与使用，同时了解其他常见的链接类型，以满足不同页面跳转需求。
- ❖ 掌握音视频播放标签及其属性的使用方法，能够轻松在网页中嵌入音视频内容。
- ❖ 熟练掌握表格、行、单元格的创建与属性设置，能够完成简单表格的合并操作，提升页面布局效果。
- ❖ 了解表格嵌套的概念，掌握表格布局的基本技巧，为页面设计提供更多可能性。
- ❖ 理解基本表单元素的作用，掌握信息表单的制作方法，确保用户能够便捷地输入和提交信息。

3.1 列　　表

列表在页面上的主要作用是列出数据项。然而，在很多情况下，我们会结合 CSS 来实现更多的布局效果，例如，水平或垂直导航链接以及商品展示等局部布局效果。

列表可分为三种类型：无序列表、有序列表和定义列表。它们在页面默认的效果分别如图 3.1 所示，而图 3.2 是列表结合 CSS 呈现的效果。

3.1.1 无序列表

无序列表类似 Word 文档中的符号列表，用于展示对顺序不敏感的一组数据项，即这些数据项之间不存在前后顺序关系。

用法如下：

```
<ul type="符号类型">
    <li type="符号类型">数据项1</li>
    <li>数据项2</li>
</ul>
```

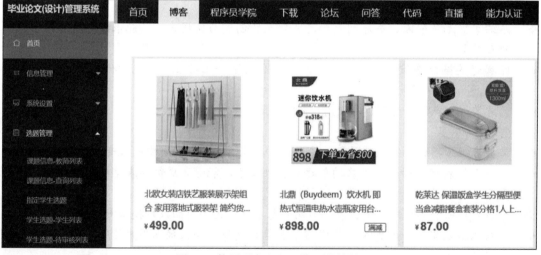

（a）无序列表　　　（b）有序列表　　　（c）定义列表

图3.1　列表

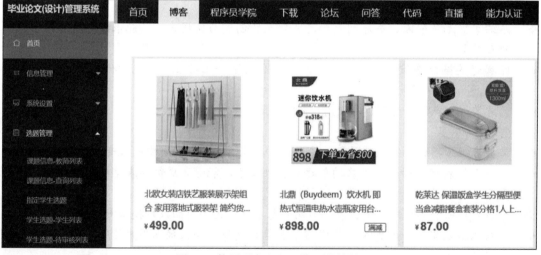

图3.2　使用列表和CSS实现的效果

用法说明：

■ ul（unorder list）标签：无序列表标签，它是列表项的容器。该标签中只能包含列表项li子标签，不能添加其他子标签。

■ type属性：表示列表项前导符号类型，取值可以为none（无符号）、disc（实心圆，默认值）、circle（空心圆）和square（正方形）。

■ li（list）标签：列表项标签，也是一个容器元素。除了可以包含文本，还可以包含其他子标签，例如标题、段落、图片、链接等。

ul标签的type属性用于统一设置列表项的前导符号。然而，列表项标签也具有该属性。可以为某些列表项设置type属性值，以覆盖统一设置，从而使这些列表项的前导符号与其他项不同，以突出显示它们。

表 3.1 展示了无序列表的多种使用示例和效果。

表 3.1 无序列表示例

示 例	效 果

``html
<!-- 默认效果 -->
<ul>
    <li> 爬行动物 </li>
    <li> 飞禽类动物 </li>
    <li> 鱼类动物 </li>
    <li> 家禽类动物 </li>
</ul>
``
	• 爬行动物
	• 飞禽类动物
	• 鱼类动物
	• 家禽类动物

``html
<!-- 统一设置前导符号类型 -->
<ul type="circle">
    <li> 爬行动物 </li>
    <li> 飞禽类动物 </li>
    <li> 鱼类动物 </li>
    <li> 家禽类动物 </li>
</ul>
``
	○ 爬行动物
	○ 飞禽类动物
	○ 鱼类动物
	○ 家禽类动物

``html
<!-- 统一设置前导符号类型，个别项目独立设置 -->
<ul type="circle">
    <li> 爬行动物 </li>
    <li type="square"> 飞禽类动物 </li>
    <li type="square"> 鱼类动物 </li>
    <li> 家禽类动物 </li>
</ul>
``
	○ 爬行动物
	■ 飞禽类动物
	■ 鱼类动物
	○ 家禽类动物

3.1.2 有序列表

有序列表类似于 Word 文档中的编号列表。当数据项之间存在前后顺序关系时，通常会选择使用有序列表来展示它们，以便清晰地表达它们的顺序。

用法如下：

```html
<ol type=" 编号类型 "start=" 起始编号 ">
    <li type=" 编号类型 "value=" 当前编号 ">列表项 </li>
    <li>列表项 </li>
    ...
</ol>
```

用法说明：

- ol（order list）标签：代表有序列表。ol 标签中只能存在列表项标签 li。
- type 属性：用于指定列表项目的编号类型，取值可以为 none（无编号）、1（数字编号，默认值）、A 或 a（大写字母或小写字母编号）、I 或 i（大写或小写罗马数字编号）。
- start 属性：用于指定起始编号，整数值。
- value 属性：用于改变当前列表项的编号。需要注意的是，其后续的列表项编号将从该编号开始递增。

表 3.2 展示了有序列表的多种使用示例和效果。

表 3.2 有序列表示例

示 例	效 果

`<!-- 默认效果 -->`
`<ol>`
   `<li> 列表项 1</li>`
   `<li> 列表项 2</li>`
   `<li> 列表项 3</li>`
`</ol>`
	1. 列表项1
	2. 列表项2
	3. 列表项3

`<!-- 统一设置编号类型和起始编号 -->`
`<ol type="A" start="1">`
   `<li> 列表项 1</li>`
   `<li> 列表项 2</li>`
   `<li> 列表项 3</li>`
`</ol>`
	A. 列表项1
	B. 列表项2
	C. 列表项3

`<!-- 统一设置，个别项目独立设置 -->`
`<ol type="I" start="2">`
   `<li> 列表项 1</li>`
   `<li type="1" value="3"> 列表项 2</li>`
   `<li> 列表项 3</li>`
`</ol>`
	II. 列表项1
	3. 列表项2
	IV. 列表项3

3.1.3 定义列表

定义列表（definition list）用于分组展示数据项。

用法如下：

```
<dl>
    <dt> 项标题 </dt>
    <dd> 列表项 </dd>
    <dd> 列表项 </dd>
     …
<dl>
```

用法说明：

定义列表使用 dl 标签，该标签包含 dt（标题项）和 dd（数据项）子标签。dd 项会自动缩进。定义列表可以包含多个分组标题项，每个标题项可以包含多个描述项。

表 3.3 展示了定义列表的应用示例和效果。

表 3.3 定义列表应用

示 例	效 果

`<dl>`
   `<dt> 学校名称 </dt>`
   `<dd> 广州交通大学 </dd>`
   `<dt> 学校地址 </dt>`
   `<dd> 广州黄埔区红山三路 101 号 </dd>`
	学校名称
	   广州交通大学
	学校地址
	   广州黄埔区红山三路101号

续表

示 例	效 果

`<dt>` 联系电话 `</dt>`
`<dd>`020-1234××××`</dd>`
`<dd>`020-8765××××`</dd>`
 	
`<dt>` 相关院校 `</dt>`
`<dd>` 上海海事大学 `</dd>`
`<dd>` 大连海事大学 `</dd>`
`<dd>` 集美航海学院 `</dd>`
`</dl>`
	联系电话
	  020-1234××××
	  020-8765××××
	相关院校
	  上海海事大学
	  大连海事大学
	  集美航海学院

3.1.4 列表嵌套

列表嵌套是指一个列表中包含其他的列表（子列表）。需要特别注意的是，子列表必须位于父列表的列表项中。

例如，使用下面的示例代码实现图 3.3 所示的列表嵌套效果。

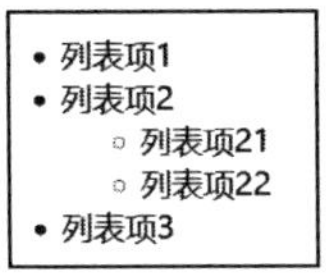

- 列表项1
- 列表项2
  - 列表项21
  - 列表项22
- 列表项3

图 3.3 嵌套列表

```
<ul>
    <li>列表项 1</li>
    <li>列表项 2
        <ul>
            <li>列表项 21</li>
            <li>列表项 22</li>
        </ul>
    </li>
    <li>列表项 3</li>
</ul>
```

列表项中的首行文本通常作为该列表项的标题使用，例如，这里的"列表项 2"文本。各种类型的列表都可以相互嵌套使用。

> **注意**：下面的示例代码是列表嵌套的错误用法。

```
<ul>
    <li>列表项 1</li>
    <li>列表项 2 </li>
    <!-- 嵌套错误位置 -->
    <ul>
        <li>列表项 21</li>
```

```
        <li>列表项 22</li>
    </ul>
        <li>列表项 3</li>
</ul>
```

在上述代码中，注释下方的内容存在错误的用法。因为在列表标签中，只能包含列表项子标签。如果要嵌套一个列表在另一个列表中，子列表必须位于父列表的列表项中。

例 3.1 按以下具体要求，实现图 3.4 所示的页面效果。

（1）页面顶部展示商家 logo 图片（可以使用任意图片替换），使其具有合适大小。
（2）显示一段灰色的文字（文本可以自定义）。
（3）展示一个多级无序列表的内容。
（4）展示一个定义列表的内容，字体颜色为灰色。

图 3.4　页面效果

具体实现代码如下：

```
1.  <!DOCTYPE html>
2.  <html>
3.  <body>
4.     <img src="pupu.jpg" width="200px" />
       <p><font color="gray">
5.  朴朴超市是一家 30 分钟即时配送的移动互联网购物平台。</font></p>
6.     <ul>
7.        <li>蔬菜豆制品类</li>
8.        <li>
9.           肉禽类
10.          <ul>
11.             <li>猪肉
12.                <ul>
13.                   <li>排骨</li>
```

```
14.              <li>瘦肉</li>
15.              <li>猪肚</li>
16.           </ul>
17.        </li>
18.        <li>鸡肉</li>
19.        <li>鸭肉</li>
20.        <li>牛肉</li>
21.     </ul>
22.   </li>
23.   <li>海鲜水产类</li>
24. </ul>
25. <font color="gray">
26.    <dl>
27.       <dt>朴朴客服</dt>
28.       <dd>全国免费热线：400-777-1313</dd>
29.       <dd>工作时间：周一～周日 8：00-22：00</dd>
30.    </dl>
31. </font>
32. </body>
33. </html>
```

代码说明：
- 行4：在页面显示图片。指定图片来源，并设置其宽度。
- 行5：显示灰色的段落文本。
- 行6～24：使用一个嵌套列表。其中行7是文本列表项；行8列表项包含子列表，其首行文本（行9）作为子列表标题；行10到行21为二级列表，而行11为三级列表的标题，其又包含三级列表，即行12～行16。

实现嵌套列表的基本思路是，首先列出一级列表的所有的列表项，然后根据需要，在一级列表的某个列表项中，在其文本之后插入二级列表，以此顺序创建多级列表。

- 行25和行33：使用font标签将其包含的所有子元素的文本，设置统一的字体样式。
- 行26～30：定义列表的具体应用。dl可以包含多组标题项dt，每个dt之后可以添加任意多个描述项dd。

3.2 超链接

超链接是通过链接标签在超文本文件中将页面与目标URL建立关联的一种方式。根据目标类型的不同，超链接可以分为网页链接、锚点链接、下载链接和邮件链接，此外还有空链接。而根据链接资源的不同，又可以分为文本链接和图片链接。

3.2.1 网页链接

网页链接是在一个页面中使用链接标签指向其他页面的链接。

用法如下：

```
<a href=" 目标页面 URL" target=" 目标窗口 " title=" 链接提示 ">
        文本或图片
</a>
```

用法说明：
- a 标签：超链接标签，a 是成对的标签，标签之间可以包含文本或图片。
- href 属性：目标页面的 URL，取值可以是绝对位置，也可以相对位置，甚至可以是 # 或空字符串值。例如下面几种取值情况：
   ◆ 当取值为 "#" 时，表示链接指向当前页面的顶部。再次访问该页面时，页面不会刷新，但会从页面其他位置跳转到页面顶部。当取值为空字符串 "" 时，同样指向当前页面，但每次单击链接时会刷新当前页面。
   ◆ 绝对位置 URL：表示目标页面的 URL 是其他外部网站的页面。请注意，绝对位置 URL 使用的格式为："协议 :// 域名 / 文件名"。
   ◆ 相对位置 URL：用于链接到当前网站的其他页面，其位置相对当前页面而定。相对位置可以使用 ./（点斜杠，通常可以省略）来表示当前页面所在的目录，也可以使用 ../（点点斜杠）来表示当前页面所在目录的上一级目录。例如：

   href="./login.html"：表示与当前页面位于同一个目录下的 login.html 页面，也可以直接写为 href="login.html"。

   href="./admin/main.html"：表示与当前页面位于同一目录中的 admin 文件夹下的 main.html。

   href="../user/user.html"：表示当前页面所在目录的上一级目录中 user 文件夹下的 user.html 文件。
- target 属性：用于指定加载目标页面的窗口。可选的取值有：_self（当前窗口，默认值）、_blank（新窗口）、_top（顶部窗口）、_parent（父窗口）和 name（框架窗口），其中后三个属性与嵌入式框架 iframe 有关。
- title 属性：用于设置链接的提示信息，鼠标在链接区域悬停时出现。

例如，下面链接标签实现了如图 3.5 所示的效果。在单击链接时，在新窗口打开百度主页；鼠标悬停在链接上时，出现"百度"的提示信息，代码如下：

图 3.5　链接效果

```
<a href="http://www.baidu.com" target="_blank" title=" 百度 ">
        打开百度主页
</a>
```

例 3.2　理解相对位置 URL。

假定当前网站根目录是 myweb，其中包含一个 index.html 文件和两个文件夹：front 和 image。front 文件夹包含两个文件 login.html 和 reg.html，以及一个子文件夹 main，该子文件夹包含一个 main.html 文件。而 image 文件夹仅包含一个名为 1.jpg 的图片文件。项目的目录结构及其示意图如图 3.6 所示。

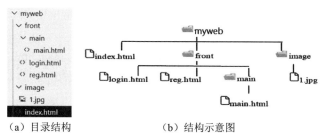

(a) 目录结构　　　　　　　(b) 结构示意图

图 3.6　网站目录结构及其示意图

需要实现的要求如下：

（1）要求 1：假定当前页面为 index.html，在该页面添加两个链接，分别指向目标页面 login.html 和 main.html。同时，在每个目标页面中添加一个链接，用于返回到 index.html 页面。

分析：当前页面 index.html 与目录 front 位于相同根目录（myweb）下。在 index.html 创建的链接中，如果要链接到 front 目录下的任何文件，可以使用 ./front 表示。其中 ./ 表示当前页面所在的目录，即 myweb，它也可以省略不写。目标页面 login.html 位于 front 目录，所以其 URL 可以表示为：./front/login.html；而 main.html 位于 front/main 目录中，URL 可以表示为：./front/main/main.html。

在 login.html 页面中，../ 表示其所在目录的上一级目录，即 myweb，而 index.html 位于该目录，所以返回到 index.html 的 URL 为：../index.html。

在 main.html 页面中，../ 表示其所在的目录的上一级目录 front，../../ 表示 front 的上一级目录 myweb，而 index.html 位于 myweb 目录，所以在 main.html 页面中指向 index.html 的 URL 为：../../index.html。

要求 1 的具体实现代码如下：

index.html 文件的主体内容如下：

```
<a href="./front/login.html">打开 login 页面 </a> |
<a href="./front/main/main.html">打开 main 页面 </a>
```

login.html 文件的主体内容如下：

```
<p>这是 LOGIN 页面，<a href="../index.html">返回主页 </a></p>
```

main.html 文件的主体内容如下：

```
<p>这是 MAIN 页面，<a href="../../index.html">返回主页 </a></p>
```

页面执行效果如图 3.7 所示。

(a) index.html　　　(b) 打开 login.html　　　(c) 打开 main.html

图 3.7　页面执行效果

（2）要求 2：假定当前页面为 login.html，为其添加一个链接，指向目标页面 main.html，并在 main.html 页面显示图片 1.jpg。

分析：login.html 和 main 目录位于同一目录下，因此在 login.html 创建的链接中可以使用 ./main/main.html 指向 main.html。

此外，由于图片文件 1.jpg 位于 myweb/image 目录中，而在 main.html 页面，../../ 表示其所在的目录（front）的上一级目录（myweb），所以使用 ../../image/1.jpg 可以指向 1.jpg 文件。

要求 2 的具体实现代码如下：

login.html 文件的主体内容如下：

```
<p>这是 LOGIN 页面, <a href="../index.html">返回主页</a></p>
<p><a href="./main/main.html">打开 main 页面</a></p>
main.html 文件的主体内容如下：
<p>这是 MAIN 页面, <a href="../../index.html">返回主页</a></p>
<img src="../../image/1.jpg">
```

说明：粗体字为新加入的标签。

页面运行效果如图 3.8 所示。

（a）login.html　　　（b）main.html

图 3.8　页面跳转

（3）问题 3：假定当前页面 login.html，在该页面显示图片 1.jpg，并在单击图片时，在新窗口打开该图片。

分析：链接标签除了可以包含文本，也可以包含图片。图片 1.jpg 位于 myweb/image 目录，而 login.html 上一级目录（../）为 myweb，因此图片位置相对当前页面的 URL 为 ../image/1.jpg。

如果链接的目标是图片，那么单击该链接时，图片将在浏览器窗口中打开。

要求 3 的具体实现代码如下：

login.html 文件的主体内容如下：

```
<p>这是 LOGIN 页面, <a href="../index.html">返回主页</a></p>
<p><a href="./main/main.html">打开 main 页面</a></p>
    <a href="../image/1.jpg" target="_blank" title="图片">
        <img src="../image/1.jpg">
    </a>
```

3.2.2　锚点链接

锚点链接又称书签。使用锚点链接可以实现快速跳转到目标页面任意指定的位置（即锚点）。比如当一个页面内容很长，当用户滚动到页面底部后，如果要快速返回到页面顶部，可以通过创建锚点链接来实现。

使用锚点链接的方法分为两步：

1. 创建锚点

创建锚点，该锚点位置就是锚点链接需要跳转的目标位置。

```
<a name="锚点名">锚点处文本</a>
```

锚点声明，使用链接标签 a 结合 name 属性来实现。name 属性指定当前页面具有唯一值的锚点名。

2. 链接到锚点

使用链接标签指向锚点，注意 href 属性值格式为 "#锚点名"，例如：

```
<a href="#锚点名">文本或图片</a>
```

如果要跳转到其他页面的锚点位置，href 属性值使用"目标页面 URL#锚点名"的格式，例如：

```
< a href="目标页面URL#锚点名">文本或图片</a>
```

单击锚点链接时，浏览器窗口将滚动到锚点位置，并将锚点位置的内容显示在浏览器窗口顶端。但注意，只有当页面高度超出了浏览器窗口可视范围时（即页面出现滚动条），单击锚点链接才生效。

例 3.3 锚点链接应用。

图 3.9 展示了一个包含锚点链接的页面。当单击页面顶部的标题项时，目标页面会滚动到相应的具体段落位置。在每个段落末尾也有一个"返回目录"的锚点链接时，单击该链接时，页面内容将滚动到浏览器窗口顶部。

在本例的项目目录中，添加两个文件，index.html 和 other.html。index.html 文件的内容如图 3.9 所示，包含三部分，标题、目录和内容。other.html 包含一个标题和一个段落，以及锚点和返回到 index.html 页面的锚点链接。具体内容如下：

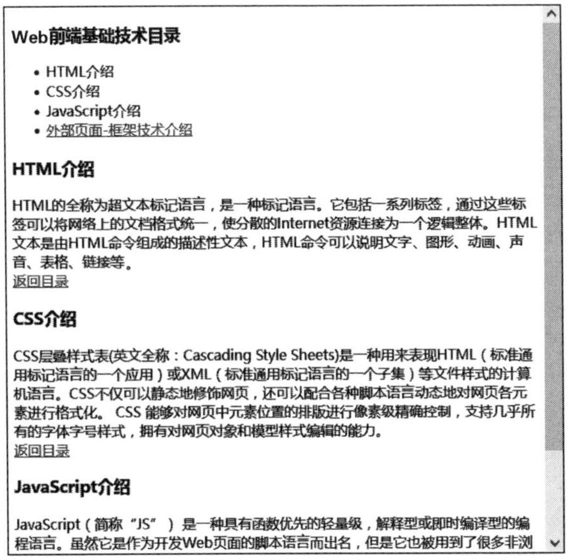

图 3.9 锚点链接应用

(1)目录部分。

要求：页面标题使用 h3，目录列表使用无序列表 ul。在 ul 前三个列表项中定义锚点，以从其他位置返回到该位置。而在最后一个列表项中添加一个链接，指向外部页面 other.html 的锚点位置。

具体实现代码如下：

```html
<h3> web 前端基础技术目录 </h3>
<ul>
    <li> <a name="html">HTML 介绍 </a></li>
    <li> <a name="css">CSS 介绍 </a> </li>
    <li> <a name="js">JavaScript 介绍 </a></li>
    <li> <a href="other.html#frame"> 框架技术介绍 </a></li>
</ul>
```

代码说明：前三个列表项定义了三个锚点，这样当单击在页面其他位置的锚点链接时，跳转到对应锚点位置并将其显示到浏览器顶部。最后一个列表项定义了一个锚点链接，其中 href 属性值的格式为"目标页面 URL# 锚点名"。当单击该链接时，将打开外部页面并定位在其指定的锚点位置。

(2)内容部分。

内容部分使用标题和段落来描述。其中每个段落末尾包含"返回目录"的锚点链接，单击该锚点链接跳转到目录中定义的锚点位置。以第一部分内容为例，具体实现代码如下：

```html
<h3>HTML 介绍 </h3>
<p>HTML 的全称为超文本标签语言，是一种标签语言。它包括一系列标签，通过这些标签可以将网络上的文档格式统一，使分散的 Internet 资源连接为一个逻辑整体。HTML 文本是由 HTML 命令组成的描述性文本，HTML 命令可以说明文字、图形、动画、声音、表格、链接等。
    <br />
    <a href="#html"> 返回目录 </a>
</p>
```

代码说明：这里的重点是锚点链接，其中 href 属性的值为 "#html"，表示这是一个锚点链接，单击时将跳转到本页面中名为 "html" 的锚点位置。其他部分的实现方式类似，唯一的区别在于 href 属性的设置值。

(3)外部页面 other 的内容。

other.html 文件的内容如下：

```html
<h3><a name="frame"> 框架技术介绍 </a></h3>
    <p> 前端框架（Front-end framework）是一种提供前端开发基础设施、并具有一定范式和约定的软件工具集合，用于加速复杂 Web 应用程序的开发。
    <br/>
    <a href="./index.html#html"> 返回主页 </a>
    </p>
```

代码说明：在该页面中，标题内容包含了锚点（可以在任何标签文本中定义）。接下来，在段落末尾创建一个锚点链接，并将其指向 index.html 页面中定义的名为"html"的锚点位置。

在浏览器中打开页面后，尝试缩小浏览器窗口使其出现滚动条，然后单击锚点链接来查看实际果。

3.2.3 其他链接

1. 下载链接

当链接的目标是一个浏览器无法识别的文件类型（如 zip、rar、docx、xlsx 等），浏览器会以对话框的形式提供下载选项，或者让用户选择适合的应用程序来打开该文件。而对于浏览器能够识别的其他文件类型（如 HTML 文件、图片文件，甚至 PDF 文件等），它们将直接在浏览器窗口中打开。

以下是示例代码，实现了为用户提供下载链接。

```
<a href="down/1.rar">下载文件 </a>
```

说明：当单击该链接时，浏览器将下载名为 "1.rar" 的文件，该文件位于当前页面所在目录下的"down"文件夹中。

2. 邮件链接

可以使用超链接来构建邮件的基本信息。当单击该链接时，将会启动本地邮件管理程序来发送邮件。

以下是示例代码，实现一个邮件发送的链接：

```
<a href="mailto:191085153@qq.com?subject=问候！&body=大家好！&cc=111@qq.com;222@qq.com&bcc=333@qq.com">发送邮件 </a>
```

属性说明：

- href 属性：以 mailto 关键字开始，冒号后面为邮件地址，即收件人电子邮箱。
- ?（问号）：表示邮件参数，即邮件信息，多个参数使用 & 分隔。
- subject 属性：用于设置邮件主题。
- &：问号后面各个参数的分隔符。
- cc 属性：表示抄送，用于设置收件人邮箱列表。多个收件人邮箱使用分号（；）分隔。
- bcc 属性：表示密送，用于设置收件人邮箱列表。该收件人信息不会出现在其他接收者的名单列表中。

> **注意**：单击邮件链接并不会自动发送邮件，而是会启动本地安装的邮件管理程序来发送邮件。例如，如果您的计算机上安装了 Outlook 邮件管理程序，单击邮件链接后，将会自动打开本地的 Outlook 应用，并将邮件的信息自动填充到邮件发送界面的相应字段中，就像图 3.10 所展示的效果一样。

图 3.10　邮件发送

3.2.4 嵌入式框架

如果要在一个页面的特定位置显示其他页面的内容，例如共享的导航页面、来自其他网站的视频文件或地图定位插件页面，可以使用嵌入式框架 iframe。通过使用 iframe，可以将其他页面的内容与当前页面无缝地结合在一起。这样，如果多个页面需要使用相同的内容，可以将该内容单独创建为一个页面，然后通过 iframe 将其嵌入其他页面中，以实现页面内容的共享。

iframe 的用法如下：

```
<iframe src="初始页面" name="框架名" 其他属性>
你的浏览器不支持框架，无法看到框架的内容
</iframe>
```

用法说明：

- iframe：成对标签，标签之间的文本是在浏览器不支持该标签时显示的提示信息。
- src 属性：在嵌入式框架中初始显示的页面。
- name 属性：用于给 iframe 框架指定唯一的名称，其目的是让其他链接通过设置 target 属性为该框架名称，从而使目标页面在该框架窗口中打开。

其他属性包括：

- frameborder：取值为 yes 或 no，表示是否显示框架边框。
- scrolling：取值为 yes 或 no，表示是否出现滚动条。
- width/height：框架的宽度和高度，单位为 px。
- marginwidth：框架左右边距，单位为 px。
- marginheight：框架上下边距，单位为 px。

例 3.4 实现图 3.11 所示的效果，要求在嵌入式框架中显示登录和注册两个页面，并在切换时保持在同一个框架中显示。假设初始情况下，框架中显示的是登录页面。

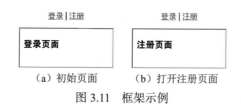

(a) 初始页面　　(b) 打开注册页面

图 3.11 框架示例

实现步骤如下：

（1）创建 index.html 主页面，在页面中添加框架标签，初始显示登录页面 login.html；添加两个链接，指向登录页面和注册页面，注意，要在框架中打开目标页面，链接属性 target 必须设置为框架名。

具体实现代码如下：

```
<p align="center">
    <a href="login.html" target="ifrm">登录</a> |
    <a href="reg.html"   target="ifrm">注册</a>
</p>

<p align="center">
    <iframe  src="login.html" name="ifrm"
```

```
            frameborder="1"
            scrolling="no"
            width="200px"
            height="80px">
    </iframe>
</p>
```

代码说明：为了实现链接和框架在页面居中显示的效果，这里借助段落标签及其属性来时实现。同时，将链接的目标（target）设置为框架的名称，以便目标页面在框架中显示。框架的名称为"ifrm"，并且通过设置 src 属性指定初始显示的页面为"login.html"。如果想要显示框架边框，可以将 frameborder 属性设置为 1；如果不想显示框架边框，可以将 frameborder 属性设置为 0。为了使框架中的页面与当前页面融为一体，可以设置 frameborder 为 0，同时将 scrolling 属性设置为"no"，width 属性设置为"200 px"。而高度（height）可以根据包含的页面内容的高度来确定。

（2）创建登录页面 login.html 和注册页面 reg.html，这两个页面只作为演示使用，因此仅仅包含标题文字，由于内容简单故省略其代码。

例 3.5　链接属性 target 取值为 _top 和 _parent 时的应用。

这两个属性取值仅在包含嵌入式框架 iframe 的页面使用，分别表示在顶部窗口和父窗口打开目标页面。

假设有三个页面：top.html、middle.html 和 bottom.html。其中，top.html 包含一个框架，并且初始显示的是 middle.html 的内容。而 middle.html 也包含一个框架，并且初始显示的是 bottom.html 的内容。在 bottom.html 中，包含两个链接，分别指向不同的图片。这些链接的 target 属性值分别设置为 "_top" 和 "_parent"。当单击 bottom.html 中的链接时，图片将分别替换 middle.html 页面和 top.html 页面中的内容。

具体实现代码如下：

（1）top.html 主体内容如下：

```
<h3> 这是 TOP 页面 </h3>
<iframe src="middle.html"
        width="300px"
        height="200px"
        frameborder="0" >
</iframe>
```

（2）middle.html 主体内容如下：

```
<h3> 这是 MIDDLE 页面 </h3>
<iframe src="bottom.html"
        width="100%"
        height="100px"
        frameborder="0" >
</iframe>
```

(3) bottom.html 主体内容如下:

```
<h3>这是BOTTOM页面</h3>
<a href="1.jpg" target="_parent">在父窗口打开</a> |
<a href="1.jpg" target="_top">在顶层窗口打开</a>
```

运行效果如图 3.12 所示。

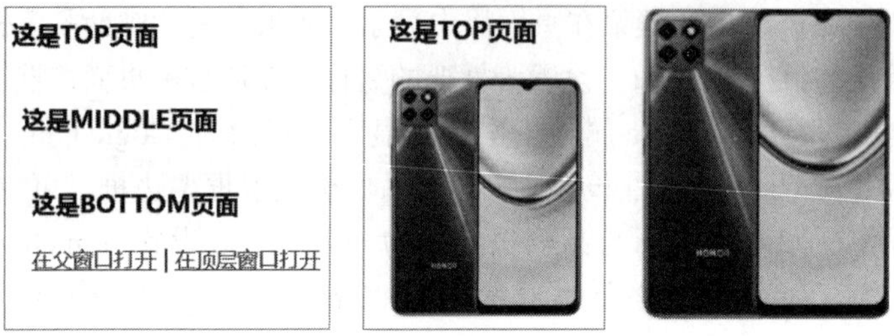

(a) 初始界面　　(b) 父窗口打开　　(c) 顶层窗口打开

图 3.12　页面跳转

 ## 3.3　图 片 热 点

在前面介绍过如何在页面显示图片，而图片热点是指将图片划分为不同形状的区域，当用户单击这些区域时，可以跳转到不同的页面。例如，可以将一张包含地图的图片按照不同省份划分为不同形状的区域。当用户单击某个省份的区域时，页面会跳转到对应省份的页面，这些页面可能包含当前省份的天气预报等信息。这种交互方式为用户提供了良好的操作体验。这些可以被单击并响应跳转的图片区域，称之为图片热点区域。

要实现图片热点功能，需要按照以下步骤来实现：

(1) 显示源图片，并指定映射名。

```
<img src="图片URL"  usemap="#热点区域映射名" />
```

说明：
- src 属性：用于指定图片 URL，即需要创建热点区域的源图片，该图片会显示在页面中。
- usemap 属性：用于设置图片的映射名，类似该图片的 id。注意映射名称需要加 "#" 前缀。

(2) 创建热点区域，其用法如下：

```
<map name="usemap的属性值">
    <area shape="形状1" coords="坐标值" href="目标页面URL" />
    <area shape="形状2" coords="坐标值" href="目标页面URL" />
    <!-- ... 以下可以继续创建多个区域，重复上述内容... -->
</map>
```

说明：
- map 标签：用于划分热点区域的标签。

- name 属性：指向用于划分热点区域的图片的 usemap 属性值。
- area 标签：map 的子标签，创建一个指定形状的热点区域。area 标签包含以下属性：
  ◆ shape 属性：设置热点区域形状，取值为 rect（矩形）、circle（圆）和 poly（多边形）。
  ◆ coords：用于设置热点区域的坐标值，如果 shape 取值是 rect，那么取形状区域的左上角和右下角的坐标 (x,y)；如果是 shape 取值是 circle，那么取值圆心坐标和半径值；如果 shape 取值为 poly，那么取多边形各个特征点的坐标值。注意 coords 属性的每个取值都使用逗号分隔，且每个坐标值都是相对图片左上角 (0,0) 距离。要获取这些特征值，可以借助 PS 或者 Windows 中的画图程序来实现。
  ◆ href 属性：热点区域对应的目标页面的 URL。
  ◆ title 属性：鼠标悬停在热点区域时显示的提示信息。

例3.6 使用 Windows 系统自带的画图程序来制作一张图，在上面添加三个不同类型的形状，如图 3.13 所示。在单击矩形区域、圆形区域和多边形区域时，分别打开目标页面 1.html、2.html 和 3.html。

图 3.13　热点区域

（1）首先在页面中使用 img 标签加载该图片，设置其 usemap 属性值为 "#mypic"。然后添加 map 标签，设置其 name 属性值为 "mypic"。

（2）在使用 map 标签时，可以通过 area 子标签创建矩形热点。为了定义矩形区域，需要提供矩形的左上角和右下角的坐标值。获取矩形坐标值的方法如下：在画图程序中，将鼠标移动到矩形的左上角，在窗口的底部状态栏可以看到该点的坐标值（x,y），如图 3.14 所示。同样的方法也可以用于获取矩形的右下角坐标值。然后，将左上角和右下角的坐标值使用逗号连接在一起，作为 coords 属性的值。格式类似于：28,52,68,98。

（3）获取其他形状区域的坐标值的方法同上。注意圆半径需要取左右两边 x 坐标值，然后相减后除 2 得到半径值。图 3.14 中小圆圈标记的是坐标点的位置。

图 3.14　使用画图程序取坐标点

具体实现代码如下:

```
<img src="hot.png" usemap="#mypic"/>
<map name="mypic">
    <area shape="rect" coords="29,46,79,83" href="1.html"/>
    <area shape="circle" coords="181,39,25" href="2.html"/>
    <area shape="poly"
        coords="147,95,157,120,177,119,165,144,107,130"
        href="3.html"/>
</map>
```

3.4 视频、音频播放

要在网页中播放视频或音频文件,可以利用 HTML5 提供的 video 和 audio 标签。

3.4.1 视频播放

视频播放使用 video 标签,其用法如下:

```
<video src="视频文件"  其他可选属性>
        你的浏览器不支持 video 标签
</video>
```

用法说明:

- src 属性:视频文件 URL,可支持的视频格式类型有 MP4、WebM 和 OGG 三种。目前主流浏览器均支持该三种视频格式文件的播放。

其他可选属性包括:

- controls:controls 是一个单属性,用于控制播放器的控制面板(如播放/暂停按钮)的显示或隐藏。如果想要显示控制面板,只需要添加该属性即可;如果不需要显示控制面板,则不需要添加该属性。所有的单属性用法都是相同的,即只在需要该功能时才添加。
- autoplay:单属性,表示在页面打开时是否自动播放。
- width:用于设置视频播放界面的宽度。
- height:用于设置视频播放界面的高度。
- preload:单属性,用于指定是否预加载视频。如果希望在页面加载时同时加载视频,可以添加该属性;但如果已经添加了 autoplay 属性,则该属性将无效。

此外,标签中的文本用于在浏览器不支持 video 标签时显示的提示文字。

例如,下面的示例代码用于在页面中插入视频,实现了以下功能:视频不自动播放、设置视频封面、静音以及播放结束后循环播放。

```
<video src="huwei_Mate_60.mp4"
poster="huwei_Mate_60.png"
```

```
width="400px"
height="300px"
controls
muted
loop>
    你的浏览器不支持video
</video>
```

页面打开的初始效果如图 3.15 所示。

图 3.15　视频播放

> **注意**：在实例代码中，可以选择任意的视频文件和封面图片来代替。

3.4.2　音频播放

audio 标签支持的音频格式包括 MP3、Wav 和 OGG。大多数主流浏览器都支持 MP3 格式的音频文件。

用法如下：

```
<audio  src="音频文件URL" 其他可选属性>
        你的浏览器不支持Audio标签
</audio>
```

用法说明：
- src 属性：用于设置音频文件 URL。

其他可选属性：
- control：单属性，用于控制播放器控制面板的显示或隐藏。当使用该属性时，音频控件（如播放/暂停按钮）将显示给用户。如果不使用该属性，页面将隐藏播放界面，实现背景声音或背景音乐的播放。
- autoplay：单属性，如果使用该属性，则音频在就绪后马上播放。
- muted：单属性，如果使用该属性，则音频静音播放。
- loop：单属性，如果使用该属性表示音频循环播放。
- preload：单属性，表示网页加载时，视频是否同时加载。

例如，下面的示例代码实现了在页面播放 MP3 文件，显示控制界面，并自动并循环播放。

```
<audio src="./1.mp3" controls autoplay loop>
    你的浏览器不支持audio
</audio>
```

运行效果如图 3.16 所示。

图 3.16　音频播放界面

3.5　表　　格

表格主要用于展示数据，但也可用于页面布局和元素定位，例如，对齐登录表单元素。

3.5.1　表格结构和表格属性

1. 表格结构

在 HTML 中，一个完整表格的结构包含四个部分：表格标题、表头、表体和表尾。
表格结构的 HTML 代码如下：

```
<table>
    <caption>表格标题</caption>
    <!-- 表头行：只一行 -->
    <thead> </thead>
    <!-- 主体：数据行，多行 -->
    <tbody> </tbody>
    <!-- 表尾：其他信息行，一行，例如数量、金额总计 -->
    <tfoot> </tfoot>
</table>
```

说明：

- 表格（table）是一个成对的标签，它只能包含四个子标签：caption、thead、tbody 和 tfoot。除了 caption 标签外，其他子标签都可以包含行标签 tr，而 tr 用作单元格的容器。
- 表格的表头部分通常使用 thead 标签，其中只包含一个行标签 tr，用于包含标题单元格标签 th 和内容单元格标签 td，这两者都是表格数据的容器。th 和 td 的区别在于，th 仅用于表头行，其文本加粗并居中显示，以突出显示列标题。
- 表体部分使用 tbody 标签来展示表格数据，可以包含一个或多个行标签 tr。每个 tr 标签包含一个或多个内容单元格标签 td，它们用作数据的容器，可以包含文本、段落、图片或其他元素，也可以是空单元格。
- 表尾部分使用 tfoot 标签通常用于显示一些统计信息，位于表格的末尾。表尾通常只包含一行，且只包含 tr 标签及其子标签 td。

表格结构示意图如图 3.17 所示。

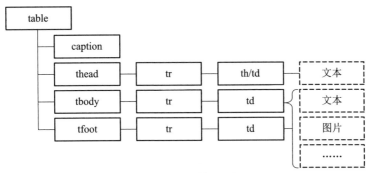

图 3.17 表格结构示意图

图 3.18 是一个典型的数据表格。

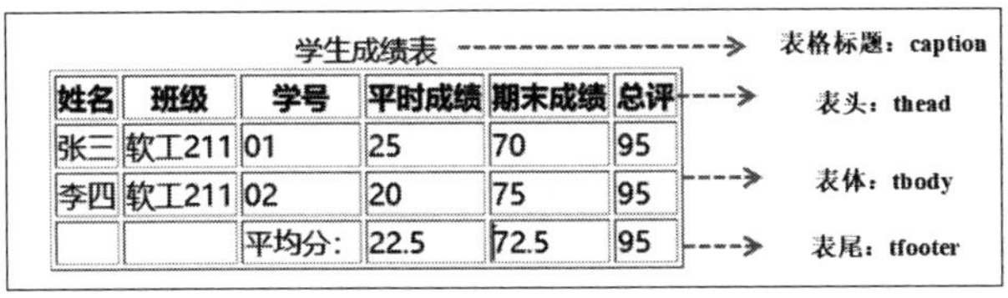

图 3.18 表格结构

以下是图 3.18 的示例代码：

```
<table border="1">
    <!-- 表格标题 -->
    <caption>学生成绩表</caption>
    <!-- 表头行：只一行 -->
    <thead>
        <tr>
            <th> 姓名 </th>
            <th> 班级 </th>
            <th> 学号 </th>
            <th> 平时成绩 </th>
            <th> 期末成绩 </th>
            <th> 总评 </th>
        </tr>
    </thead>

    <!-- 主体：数据行，多行-->
    <tbody>
        <tr>
            <td> 张三 </td>
            <td> 软工 211</td>
            <td>01</td>
            <td>25</td>
```

```
                <td>70</td>
                <td>95</td>
            </tr>
            <tr>
                <td> 李四 </td>
                <td> 软工 211</td>
                <td>02</td>
                <td>20</td>
                <td>75</td>
                <td>95</td>
            </tr>

        </tbody>
        <!-- 表尾；其他信息行，一行，例如数量、金额总计 -->
        <tfoot>
            <tr>
                <td></td>
                <td></td>
                <td> 平均分：</td>
                <td>22.5</td>
                <td>72.5</td>
                <td>95</td>
            </tr>
        </tfoot>
    </table>
```

注意：表格数据应该只放在 td 标签内，而不能放在 td 标签之外。默认情况下，每行的单元格数量应该相同。

由于表格标题、表头和表尾不是必需的，可以省略，这样，一个 table 标签通常只包含 tr 和 td 标签，如图 3.19 所示。

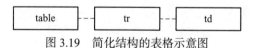

图 3.19　简化结构的表格示意图

图 3.20 是一个简化结构的表格，仅用于列出表格数据项。

姓名	班级	学号
张三	软工222	2022190301
李四	软工222	2022190302

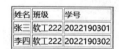

图 3.20　简化结构的表格

以下示例代码，用来实现图 3.20 的数据表格。

```
<table border="1">
```

```
    <tr>
        <td>姓名</td>
        <td>班级</td>
        <td>学号</td>
    </tr>

    <tr>
        <td>张三</td>
        <td>软工 222</td>
        <td>2022190301</td>
    </tr>

    <tr>
        <td>李四</td>
        <td>软工 222</td>
        <td>2022190302</td>
    </tr>
</table>
```

说明：
- thead 和 tbody、tfoot 标签可以省略。
- 所有的数据应该放在 td 标签之间，标题行可以使用 td 标签代替 th 标签，区别仅在于文本格式。如果需要，可以添加最后一行作为表尾行使用。
- 表格默认无边框线，这里使用了表格边框属性 border，用来显示表格边框线。

2. 表格属性

常用的表格属性如下：
- border：用于设置表格边框线。单位为 px，默认值为 0，即无边框。
- cellpadding：用于设置单元格内边距。即单元格内容距离上、下、左、右边框线的间距，单位为 px。
- cellspacing：用于设置单元格外边距，即单元格与其他单元格之间的间隔，单位为 px。
- width：表格宽度，单位为 px 或 %（百分比），如果使用 %，则相对父元素宽度的百分比值，当前指相对页面宽度。如果设置了宽度，则每个单元格的宽度将按比例自动缩放。
- height：表格高度，单位为 px 或 %（百分比）。如果设置了高度，则单元格的高度将按比例缩放。
- align：表格在页面的对齐方式。可选的取值有 left、right 和 center，分别代表在页面左对齐、右对齐和居中对齐。
- background：用于设置表格背景图。该属性值为图片文件的 URL。
- bgcolor：表格背景色，其取值可以是关键字，或者十六进制值数。
- frame：表格外边框线，用于指定表格的上、下、左、右边框线。边框粗细取决于 border 属性值，默认为 1 px。可选的取值有：none（无边框线）、above（只有上边框）、below（只有下边框）、vsides（只有左右边框）、hsides（只有上下边框）、lhs（左侧边框）和 rhs（右侧边框）。

- rules：行、列边框线样式。可选的取值有：all（包含行、列边框）、rows（只有行边框）和 cols（只有列边框）。

例 3.7 制作一个课程表，效果如图 3.21 所示。

表格在页面居中。其中，表格标题"课程表"使用标题 2；个别单元格使用加粗字体，单元格外边距为 10 px，内边距为 10 px，背景色为 #ccc。

课程表

时间	星期一	星期二	星期三	星期四	星期五
1,2	大学英语	Web前端基础技术			Web前端基础技术
3,4	高等数学	英文写作	操作系统		

图 3.21　课程表

具体实现代码如下：

```html
<table
    border="1"
    align="center"
    cellpadding="10px"
    cellspacing="10px"
    bgclor="#ccc" >
    <!-- 表格标题 -->
    <caption>
        <h2>课程表</h2>
    </caption>

    <!-- 表格头 -->
    <tr>
        <th>时间</th>
        <th>星期一</th>
        <th>星期二</th>
        <th>星期三</th>
        <th>星期四</th>
        <th>星期五</th>
    </tr>

    <!-- 表格数据 -->
    <tr>
        <td>1,2</td>
        <td>大学英语</td>
        <td><b>Web前端基础技术</b></td>
        <td></td>
        <td></td>
```

```
            <td><b>Web 前端基础技术 </b></td>
        </tr>

        <tr>
            <td>3,4</td>
            <td> 高等数学 </td>
            <td> 英文写作 </td>
            <td> 操作系统 </td>
            <td></td>
            <td></td>
        </tr>
    </table>
```

代码说明：单元格内的文本可以包含其他的格式化文本标签，如粗体 b、字体 font 等。

3.5.2 行、单元格属性

表格中的行标签 tr 是一个容器，只能包含单元格 td 或 th 子标签。列是指不同行同位置的单元格的集合，每行可以有多个单元格。默认情况下，每行的单元格数目相同。

1. tr 标签常用的属性

- align 属性：用于指定水平对齐方式。它用于统一设置当前行所有单元格内容的水平对齐方式。可选的取值有：left（左对齐）、center（居中对齐）和 right（右对齐）。
- valign 属性：用于指定垂直对齐方式。它用于统一设置当前行所有单元格内容的垂直对齐方式。可选的取值有：top（顶部对齐）、middle（垂直居中对齐，默认值）和 bottom（底部对齐）。
- height：行高，单位为 px。
- width：行宽，该属性对 tr 标签无效。行的宽度是由表格的宽度或者单元格的宽度决定。
- bgcolor：当前行的背景色，取值为颜色关键字或十六进制数，如 red 或 #ccc 等。

2. 单元格 td 常用的属性

- align 属性：表示水平对齐方式。用于设置当前单元格内容的水平对齐方式。可选的取值有：left（左对齐，默认值）、center（居中对齐）和 right（右对齐），分别代表不同的对齐方式。
- valign 属性：表示垂直对齐方式，用于设置当前单元格内容的垂直对齐方式。可选的取值有：top（顶部对齐）、middle（居中对齐）和 bottom（底部对齐），分别代表不同的对齐方式。
- height 属性：用于设置当前单元格的高度，单位可以是像素或百分比（%）。需要注意的是，如果要设置整行的高度，只需要设置该行中的一个单元格的高度即可，通常选择第一个单元格进行设置。
- width 属性：用于设置当前单元格的宽度，单位可以是像素或百分比（%）。需要注意的是，如果要设置整列的宽度，只需要设置该列中的一个单元格的宽度即可，通常选择首行的单元格进行设置。
- bgcolor 属性：用于设置当前单元格的背景色，可以使用颜色关键字或十六进制数表示，例如，red（红色）和 #ccc（浅灰色）等。

例 3.8　行、单元格属性的使用。

以实现图 3.22 的表格效果为例,创建一个 3×3 的表格。具体设置如下:

第 1 行单元格的文本垂直和水平居中,背景色为 #ccc,行高设置为 40 px。

第 2 行行高设置为 40 px,单元格的文本垂直对齐方式分别为顶部、居中和底部对齐。其中第 2 个单元格的背景色为 #ccc。

第 3 行行高设置为 100 px,单元格内显示大小为 50% 的图片和段落文本。该行单元格的对齐方式分别为左上对齐、完全居中对齐和右下对齐。

图 3.22　行、单元格属性使用

具体实现代码如下:

```
1.   <table border="1">
2.   <tr align="center" valign="middle" height="40px" bgcolor="#ccc">
3.      <td width="200px">完全居中</td>
4.      <td width="100px">完全居中</td>
5.      <td width=100px">完全居中</td>
6.   </tr>
7.
8.   <tr  height="40px">
9.      <td align="left" valign="top">左顶部</td>
10.     <td align="left" valign="middle" bgcolor="#ccc">左居中</td>
11.     <td align="left" valign="bottom">左底部</td>
12.  </tr>
13.
14.  <tr height="100px">
15.     <td valign="top">
16.        <img src="huawei.jpg" width="50%"  />
17.        <p>左顶部</p>
18.     </td>
19.     <td align="center" valign="middle">
20.        <img src="huawei.jpg" width="50%"  />
21.        <p>完全居中</p>
22.     </td>
23.     <td align="right" valign="bottom">
24.        <img src="huawei.jpg" width="50%"  />
25.        <p>右底部</p>
26.     </td>
```

```
27.    </tr>
28. </table>
```

代码说明：
- 行 2 ~ 6：用于设置第 1 行的属性，包括内容的水平和垂直对齐方式，行的高度和背景色，以及单元格的宽度。通过将单元格的文本完全居中对齐，实现了内容的居中显示。同时，通过设置单元格的宽度，固定了表格相应列的宽度，从而固定了整个表格的宽度。
- 行 8 ~ 12：表格第 2 行设置，设置单元格的对齐属性，从而覆盖对应的行属性。
- 行 14 ~ 27：表格的第 3 行与第 2 行类似，只是属性取值不同。在单元格中，添加了宽度为 50% 的图片，即相对于父元素（单元格）的百分比值。需要注意的是，为了适应单元格的大小，需要设置图片的尺寸，否则图片将按原始大小显示，导致单元格宽度和高度的设定值无效。

需要注意的是，单元格本身也是一个容器，可以设置宽度和高度。此外，单元格不仅可以包含普通文本数据，还可以容纳任意其他的 HTML 标签。然而，行只能设置高度，对宽度属性的设置将无效（宽度由表格宽度或单元格宽度决定）。如果单元格和行都设置了高度值，那么最终采用两者之间较大的值作为行的高度。

另外，如果单元格中的图片使用百分比（%）作为高度属性（height）的单位，需要明确指定其父元素单元格的高度（可以是像素或百分比）或者行的高度（只能使用百分比），否则高度属性将无效。

3.5.3 单元格合并

可以通过合并同一行中连续的多个单元格（列合并），或者合并同一列中连续的多行单元格（行合并），来创建复杂的表格结构。这种操作使得表格能够呈现更加复杂的布局。

rowspan 是单元格的行合并属性，它的值是一个数字，表示在同一列中需要合并的单元格数量。需要注意的是，它不能用于跨越多行进行合并操作。相反，colspan 是单元格的列合并属性，它的值也是一个数字，表示在同一行中需要合并的单元格数量。但需要注意的是，它不能用于跨越多列进行合并操作。

例 3.9 实现如图 3.23 所示的表格，其中，图 3.23（a）展示了原始表格，图 3.23（b）展示了列合并操作后的表格，而图 3.23（c）展示了行合并操作后的表格。

图 3.23　表格合并

具体实现代码如下：

原始表格	实现列合并	实现行合并
`<table border="1">`	`<table border="1">`	`<table border="1">`
`  <tr>`	`  <tr>`	`  <tr>`
`    <td>1,1</td>`	`    <td>1,1</td>`	`    <td rowspan="3">`

```
        <td>1,2</td>                    <td colspan="2">              1,1
        <td>1,3</td>                        1,2                       </td>
    </tr>                               </td>                         <td colspan="2">
                                        <!-- <td>1,3</td> -->             1,2
    <tr>                                </tr>                         </td>
        <td>2,1</td>                                                  <!-- <td>1,3</t
        <td>2,2</td>                    <tr>                          d> -->
        <td>2,3</td>                        <td>2,1</td>              </tr>
    </tr>                                   <td>2,2</td>              <tr>
                                            <td>2,3</td>                  <!-- <td>2,1</t
    <tr>                                </tr>                         d> -->
        <td>3,1</td>                                                      <td>2,2</td>
        <td>3,2</td>                    <tr>                              <td>2,3</td>
        <td>3,3</td>                        <td>3,1</td>              </tr>
    </tr>                                   <td>3,2</td>              <tr>
</table>                                    <td>3,3</td>                  <!-- <td>3,1</t
                                        </tr>                         d> -->
                                        </table>                          <td>3,2</td>
                                                                          <td>3,3</td>
                                                                      </tr>
                                                                      </table>
```

代码说明：当使用 colspan=2 时，表示从当前单元格开始，相同行中连续的两个单元格将被合并，因此需要删除该单元格后面的单元格。而当使用 rowspan=3 时，表示从当前单元格开始，相同列中连续的三行单元格将被合并，因此需要删除后面两行中同一列的单元格。

3.5.4 嵌套表格

单元格是内容的容器，可以容纳各种内容，如文本、图片和段落等。此外，还可以在单元格中嵌入另一个表格的内容，这就是嵌套表格。嵌套表格主要用于实现复杂的页面布局。通过嵌套表格，可以在一个表格的任意单元格中嵌入另一个表格，从而实现更加灵活多样的布局效果。如图 3.24 所示的效果。

下面以实现图 3.24 所示的效果为例，介绍嵌套表格的具体应用。

首先，创建一个包含 1 行 3 列的容器表格。在这个表格中，第 1 列嵌入了一个只有 1 列但有多行的子表格，其中首行显示图片，其他行包含链接。第 2 列用于显示商品广告图片。而第 3 列则嵌入了另一个表格，该表格展示了两张商品图片。

容器表格通常具有固定的宽度，以便在页面中进行整体定位，例如居中显示。而它的高度一般由内容的多少来决定。此外，容器表格的左列和右列也会被设定为适当的宽度，而中间列的宽度则会占据容器表格剩余的空间。这样的布局方式可以使得容器表格在页面中呈现出合适的样式和比例。

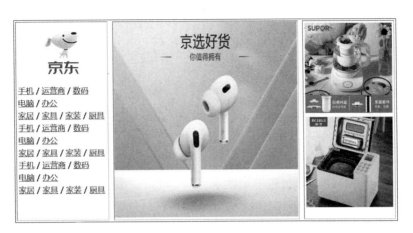

图 3.24 页面布局

容器表格整体结构实现代码如下:

```
<table border="1" width="800px" align="center" cellspacing="10px" frame="none">
    <tr>
        <td width="25%" valign="top">
            <!-- 注释 1: 嵌入表格 1-->
        </td>

        <td>
            <!-- 注释 2: 嵌入图片 -->
        </td>

        <td width="25%">
            <!-- 注释 3: 嵌入表格 2-->
        </td>
    </tr>
</table>
```

代码说明:表格宽度为 800 px,左、右两列各占 20%,并水平居中显示。为了美观,让表格显示边框,但去掉外边框(frame=none),同时为了使单元格之间有一定距离,设置外边距为 10 px。

针对上面的代码片段,下面在注释的位置插入不同的内容。

(1)在注释 1 的位置,插入一个包含 1 列多行的表格,并将其宽度设为 100%。在该表格的第 1 个单元格中,插入一张图片,并将其宽度设置为 100%,其高度自动按比例变化。而在其余的单元格中,插入一组链接。通过这样的设置,可以在指定的单元格中插入一个具有自适应宽度表格。

具体实现代码如下:

```
1.  <!-- 注释 1: 嵌入表格 1-->
    <table
```

```
2.    <tr><td><img src="jd.png" width="100%" ></td></tr>
3.    <tr><td><a href="#">手机</a> / <a href="#">运营商</a> / <a
      href="#">数码</a></td></tr>
4.    <tr><td> <a href="#">电脑</a> / <a href="#">办公</a></td></tr>
5.    <tr><td><a href="#">家居</a> / <a href="#">家具</a> / <a
      href="#">家装</a> / <a href="#">厨具</a></td></tr>
6. <!-- 此处省略了更多包含链接的行 -->
7. </table>
```

代码说明：

■ 行 2：在单元格中显示图片，其宽度是表格所在单元格宽度的 100%。注意，已设置了容器表格中该单元格的宽度为 25%。

■ 行 3 ~ 行 5：在单元格中包含的一组链接。

（2）在注释 2 的位置插入图片，具体实现代码如下：

```
<!-- 注释 2：嵌入图片 -->
<img src="ad.jpg" width="100%" height="370px">
```

代码说明：将图片的宽度设置为 100%，以完全占据单元格的宽度。为了让图片在单元格的高度方向上也填满，不能使用 height="100%"，因为当图片设置了宽度后，使用百分比作为高度单位是无效的。然而，如果使用像素作为单位，则可以有效地设置图片的高度。因此，将图片的高度值设置为 370 px。这个值取决于其他单元格的高度（在下面的分析中确定）。

（3）在注释 3 位置插入 2 行 1 列表格，分别显示两张图片，具体实现代码如下：

```
<!-- 注释 3：嵌入表格 2-->
<table >
    <tr><td> <img src="2.jpg" width="100%" >  </td></tr>
    <tr><td> <img src="3.jpg" width="100%" >  </td></tr>
</table>
```

代码说明：在单元格中插入两张宽度为 100% 的图片。由于图片的高度是按比例缩放的，因此这两张图片的高度之和可能会超过容器表格中其他两列的高度。而容器表格的高度取决于单元格中高度最高的列。在这种情况下，容器表格的第 2 列可能会出现较大的空白，影响美观度。因此，需要计算这两张图片高度之和，并将该值作为中间列图片的高度设置。

容器表格第 3 列高度可以通过以下方法来估算。

在浏览器中打开页面后，右击图片，然后在弹出的快捷菜单中选择"检查"命令。在弹出的浏览器控制台窗口中，切换到"布局"窗口，可以看到选中元素的宽度和高度信息，如图 3.25 所示。通过这个方法，可以方便地查看并确认所选元素的准确宽度和高度。

通过查看图中的盒子模型，可以得知元素的宽度和高度都是 180.4 px。同样的方法也可以用于获取另一张图片的高度。由于本例中两个图片的大小相同，可以得到它们的总高度为 360.8 px，可以近似取为 370 px，忽略微小的误差。需要注意的是，通常情况下，宽度和高度的属性值应为整数。然而，在这种特殊情况下，出现小数值是由于本地操作系统的设置。例如，编者将系统文本的缩放值调整为 125% 才会出现图 3.25 所展示的结果。这样的设置导致属性值呈现小数形式。

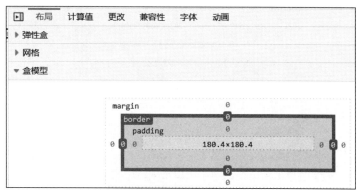

图 3.25　查看元素的宽度和高度

当然，如果是因为使用了不同大小的图片导致表格高度变化，从而使得各列的图片无法对齐，仍然可以采取这种方法来解决。即先设置每个图片的宽度，然后根据最高列的高度来调整其他列的图片高度，以实现对齐。通过这样的调整，可以确保不同列的图片在视觉上对齐，并保持整个表格的美观和一致性。

3.6　应用实例——制作个人信息表格

制作如图 3.26 所示的表格。

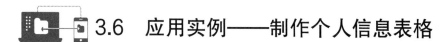

图 3.26　个人信息表

创建不规则且具有行列合并功能的表格可以按照以下步骤进行：首先，确定表格中具有最多列数的行，并将其作为模板行。在这个例子中，第 1 行有 9 列，因此选择它作为模板行。其次根据实际效果，估算并设置模板行中每个单元格的宽度，从而确定表格的总宽度。一旦确定了任意一行中每列的宽度（通常是模板行），其他行中同列的宽度也就确定了。最后，复制模板行作为表格中的其他数据行，并根据图 3.26 所示的表格结构进行行、列合并，以及对齐方式的设置。通过这些步骤，就能轻松创建一个不规则的表格，满足特定的需求。

具体实现代码如下：

```
1.      <h3 align="center">个人信息表 </h3>
2.      <table border="1" width="840px" align="center" rules="1">
3.          <!-- 1.确定表格中最大列数，制作模版行 -->
4.          <!-- <tr>
5.              <td width="60px"> 姓名 </td>
6.              <td width="100px"></td>
```

```
7.          <td width="60px"> 性别 </td>
8.          <td width="60px"></td>
9.          <td width="60px"> 民族 </td>
10.         <td width="60px"></td>
11.         <td width="100px"> 政治面貌 </td>
12.         <td width="100px"></td>
13.         <td width="140px"> 照片 </td>
14.     </tr> -->
15.
16.     <!-- 复制模版行作为第 1 行 -->
17.     <tr align="center" valign="middle">
18.         <td width="60px"> 姓名 </td>
19.         <td width="100px"></td>
20.         <td width="60px"> 性别 </td>
21.         <td width="60px"></td>
22.         <td width="60px"> 民族 </td>
23.         <td width="60px"></td>
24.         <td width="100px"> 政治 <br /> 面貌 </td>
25.         <td width="100px"></td>
26.         <td width="140px" rowspan="3"> 照片 </td>
27.     </tr>
28.
29.     <!-- 复制模版行作为第 2 行, 去掉宽度设置 -->
30.     <tr align="center">
31.         <td> 籍贯 </td>
32.         <td></td>
33.         <td colspan="2"> 出生年月 </td>
34.         <!-- <td ></td> -->
35.         <td colspan="2"></td>
36.         <!-- <td width="60px"></td> -->
37.         <td> 参加工作 <br /> 时间 </td>
38.         <td></td>
39.         <!-- <td> 照片 </td> -->
40.     </tr>
41.
42.     <!-- 复制模版行作为第 3 行, 去掉宽度设置 -->
43.     <tr align="center">
44.         <td > 身份证 <br/> 号码 </td>
45.         <td  colspan="7"></td>
46.         <!-- <td > 出生年月 </td> -->
47.         <!-- <td ></td> -->
48.         <!-- <td ></td> -->
49.         <!-- <td ></td> -->
50.         <!-- <td  -->
```

```
51.            <!-- <td>     -->
52.            <!-- <td>照片</td> -->
53.        </tr>
54. </table>
```

代码说明：

- 行 1：使用居中对齐的 h3 标签作为表格标题，也可以在 table 标签内使用 caption 标签来设置表格标题。
- 行 2：通过将属性 border=1 和 rules=1 结合使用，可以显示细致的表格线。在这行代码中，840 px 代表了表格各列宽度之和，将其作为表格的宽度值。这样做是为了确保在浏览器窗口缩小时，表格不会自动调整宽度导致列宽度发生变化。
- 行 4 ~ 14：创建模板行，表格制作完成后再将其删除掉。
- 行 17 ~ 27：此行是模板中完整的行，由模板行直接复制。在行标签 tr 使用对齐属性，统一设置属性让单元格文本居中对齐。表格中只需要设置第 1 行（模板行）每列的宽度即可。
- 行 30 ~ 40：将模板行复制为第 2 行。在行 33 和行 35，进行了两列的合并操作，因此将行 34 和行 36 注释掉。此外，在行 37 的单元格中添加了换行标签 br，以增加"照片"列的高度。
- 行 43 ~ 53：将模板行复制为第 3 行。在第 3 行中，对"身份证号码"的内容单元格以及接下来的 6 个单元格进行了合并操作，因此注释掉了行 46 到行 51。
- 最后，在第 1 行对"照片"单元格进行了三行的合并操作，将第 2 行和第 3 行对应位置的单元格进行了注释，例如行 39 和行 52。

对于数据表格，通常会先固定表格的宽度，然后根据实际需要来确定列的宽度。如果表格中存在合并单元格的情况，通常会在具有最大列数的行中设置每个单元格的宽度，而其他行的单元格则不需要再设置宽度。

3.7 表　　单

3.7.1 表单概述

表单的主要作用是收集用户的数据。当执行提交操作时，浏览器会将表单元素的数据以一定的格式提交到服务器端进行处理。

表单由成对的 form 标签组成。在 form 标签内部，主要包含各种表单元素，例如，文本框、单选按钮、复选框等。此外，还可以包含其他的 HTML 布局元素，如表格等。

表单结构如下：

```
<form action="目标页面" method="提交方式" enctype="编码类型">
    <!-- 表单元素 -->
</form>
```

用法说明：

- form 标签：表单标签，它是一个成对标签。需要注意的是，只有在 form 标签之间的表单元素的数据才会被提交到服务器。这意味着我们必须确保所需的表单元素都位于 form 标签的内部，以便正确地将数据传递给服务器进行处理。

■ action 属性：用于指定接收和处理表单数据的服务器端页面，通常是一种动态页面，如 JSP、PHP 和 ASP 页面。由于当前没有可用的服务器端页面，所以可以将 action 属性设置为空字符串 ""，即刷新当前页面来模拟提交表单数据。

■ method 属性：它指定了表单提交的方式，通常可以取值为 post 或 get（默认值）。这两种方式的主要区别如下：当使用 post 方式提交时，数据不会显示在地址栏上，具有一定的安全性，并且数据大小没有限制；而使用 get 方式提交数据时，数据以查询字符串的形式显示在地址栏上，并且数据大小限制在 2 KB 以下。除了 post 和 get 之外，method 属性还可以使用其他取值，例如 put、delete 等，但这些取值较为少用。

如果需要在静态页面之间传递数据，可以将 action 属性设置为目标静态页面的 URL，并将 method 属性的取值设置为 get。这样，数据将以查询字符串的格式传递到目标静态页面。查询字符串格式是指数据以问号后面，并使用 & 符号分隔的形式呈现，例如，向当前页面 result.html 传递 id 和 price 参数：

```
result.html?id=10&price>1999
```

通过这种方式，我们可以在静态页面之间传递数据，并可在目标静态页面中获取和处理这些数据。

enctype：表单数据编码类型，可选取值有：
- application/x-www-form-urlencoded：默认值，用于提交文本类型的表单数据。
- multipart/form-data：用于提交包含文件的表单数据，如包含图片等需要上传的数据。

3.7.2 表单元素

大多数表单元素都使用通用的 input 标签，并通过其 type 属性来区分。表单元素的基本用法为

```
<input  type="表单元素类型" name="元素名" id="元素id" 其他属性 />
```

用法说明：
- input 标签：单标签，表示表单元素。
- type 属性：表示表单元素类型，其取值见表 3.4。

表 3.4 type 属性取值及其示例

取值	示例	说明
text		默认值，单行文本框
password	•••••	密码文本框，字符以 *（星号）显示
hidden		隐藏文本框，不会显示在页面上
radio	◉男 ○女	单选按钮
checkbox	□A ☑B ☑C	复选框
submit	提交查询	提交按钮
reset	重置	重置按钮
image		图片提交按钮
file	浏览... 未选择文件	文件选择框

■ name 属性：用于表示表单元素的名称。每个表单元素都应该包含 name 属性，服务器端页面将根据 name 属性来获取在表单元素中输入的数据。

■ id 属性：id 值在页面中是唯一的，通常与 name 属性同名。每个在 body 标签之间的 HTML 元素都可以设置 id 值。设置 id 的目的是让 JavaScript 可以根据 id 值对该元素进行操作，例如，获取其内容或值、改变样式等。此外，id 属性还可以用作 CSS 的样式选择器，以便对该元素单独设置样式效果。

除了上述通用属性外，每个不同类型的表单元素还具有各自独有的属性。这些属性将在介绍具体的表单元素时进行详细说明。

1. 文本框

文本框是用于接收用户输入的表单元素，使用 input 单标签表示。根据 type 属性的不同取值，文本框可以分为单行文本框、密码文本框和隐藏文本框。

单行文本框用于输入普通文本信息，密码文本框用于输入敏感信息并以星号或圆点显示，隐藏文本框则隐藏用户输入的内容，常用于存储或传递数据而不显示给用户。通过选择适当的 type 属性值，可以根据需求使用不同类型的文本框来满足特定的输入要求。例如：

```
单行文本框：<input type="text" 其他属性 />
密码文本框：<input type="password" 其他属性 />
隐藏文本框：<input type="hidden" value="" name="" />
```

除了具有通用属性 type、name 和 id 外，文本框还包括其他属性：

■ value：在文本框中显示的初始值，默认为空字符串值。

■ required：单属性，用于表示当前文本框为必填项。它用于验证文本框是否有输入，如果用户未填写当前文本框，浏览器将阻止提交表单的操作，以确保必填项的完整性。

■ placeholder：用于设置文本框中的提示信息。当文本框处于未录入数据状态时，这个提示信息会显示在文本框中作为占位字符。一旦用户在文本框中输入任何内容，这个占位字符将自动消失。

■ maxlength：整数，限制文本框允许输入的字符个数。

■ size：整数，用于以字符个数来设置文本框的初始宽度，该属性较少使用，通常会用 CSS 来代替。

上述属性中，除 value 属性，其他属性对隐藏文本框没有意义（因为它不会显示在页面中，用户也无法操作）。隐藏文本框通常用来保存不需要用户关注的信息，例如新闻文档的 id、数据列表的当前页位置等。

例 3.10 制作良好格式（内容对齐）的登录表单，效果如图 3.27 所示。

图 3.27 登录表单

这个表单中，所有的文本框都是必填项，并且具有相应的提示信息。另外，密码文本框的输入长度限制为不超过 8 个字符。表单将被提交到当前页面，而其他表单属性将使用默认值。

分析：为了实现表单元素及其说明文本的对齐，可以使用一个 3 行 2 列的表格进行布局定位，并将最后一行的两列进行合并。这样的布局结构可以有效地使表单元素和其相应的说明文本保持对齐，提供清晰的界面呈现。

具体实现代码如下：

```html
<form action="">
    <table>
        <tr>
            <td>用户名</td>
            <td>
                <input type="text" name="user" id="user"
                placeholder="请输入用户名"
                required
                autofocus />
            </td>
        </tr>

        <tr>
            <td>请输入密码</td>
            <td>
                <input type="password" name="pwd" id="pwd"
                placeholder="请输入不超过8位的密码"
                maxlength="8"
                required />
            </td>
        </tr>

        <tr>
            <td colspan="2"><button>提交表单</button></td>
        </tr>
    </table>
</form>
```

代码说明：

■ 表单的 action 属性值为空字符串，这样数据将在提交时被发送到当前页面进行处理，在效果上，本操作相当于刷新页面。除了包含表单元素外，form 标签还可以包含其他用于布局的 HTML 元素，例如这里的表格。

■ 密码文本框必须使用 type=password 属性来确保输入内容被隐藏。

■ placeholder 属性用于在文本框中显示提示文本，一旦用户输入内容，提示文本将自动被替换。

■ 通过设置 required 属性，可以指定两个文本框为必填项，如果其中一个未填写数据，则在单击提交按钮时将拒绝提交表单。

■ 使用 autofocus 属性可以使页面加载时将输入光标自动聚焦在该文本框中，方便用户快速输入信息。maxlength 属性限制密码文本框最多只能输入 8 个字符。

■ 最后一行的 button 标签代表一个普通按钮。请注意，位于 form 标签内的 button 按钮具有提交表单的功能。

2. 单选按钮和 label 标签

单选按钮的作用是在一系列提供的选项中选择其中的一个选项。

用法如下：

```
<input type="radio" name="组名" value="值" [checked] />说明性文字
```

用法说明：
- type 属性：取值为 "radio"，用于指示该表单元素为单选按钮。
- name 属性：单选按钮的名称。需要注意的是，单选按钮至少包含两个，并且它们的 name 属性值必须相同。这样同组的单选按钮之间才存在互斥选择关系。这意味着在同一组中只能选择其中的一个单选按钮，而其他单选按钮将自动取消选择。
- value 属性：当前单选按钮的值。
- checked 属性：单属性，用于指示当前单选按钮初始状态是否被选中。

此外，单选按钮在页面上仅以形状的方式显示，因此需要使用说明性文字在其前或后来解释该单选按钮所代表的取值。这些说明性文字可以与单选按钮的 value 属性值相同，也可以不同。通过提供与单选按钮相关的说明性文字，用户可以更清楚地理解每个选项的含义，并能够做出正确的选择。

例如，下面提供两组不同的单选按钮，用于选择性别和年龄段。

```
请选择性别：
<input type="radio" name="sex" value="男" checked />男
<input type="radio" name="sex" value="女" />女
<br/>
请选择年龄段：
<input type="radio" name="age" value="1" />小于20
<input type="radio" name="age" value="2" />20～40
<input type="radio" name="age" value="3" checked />大于40
```

页面运行效果如图 3.28 所示。

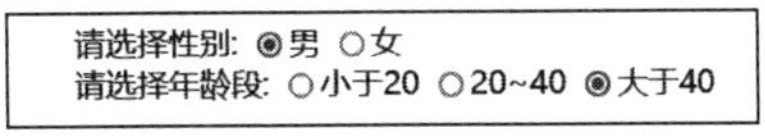

图 3.28 单选按钮

在图 3.28 中，只有在单击单选按钮的图形时才能选中该选项，而单击说明性文字（例如：男、女）并不会触发单选按钮的选择。为了提供更加人性化的操作体验，HTML 提供了 label 标签，用于与没有自身说明性文本的表单元素配合使用，例如文本框、单选按钮和复选框等。通过使用 label 标签，当用户单击 label 标签之间的任意文本时，就可以像单击其包含的表单元素一样触发相应的操作。

label 的用法如下：

```
<label for="表单元素id">标签文本</label>
```

或者直接包裹表单元素：

```
<label >标签文本 <input 目标元素 />  </label>
```

用法说明：for 属性指定与之关联的表单元素的 id（而不是 name 属性）。如果 label 标签直接包含目标表单元素，则可以省略 for 属性。这种用法通常适用于单选按钮或复选框等情况。

例如，当单击标签文本时，可以使相应的文本框获取输入焦点，就像直接单击文本框一样进行操作。以下是示例代码：

```
<label  for="user" >用户名：</label>
<input id="user"  />
<label  for="pwd" >密码：</label>
<input id="pwd"  />
```

再如，可以使用 label 标签包裹单选按钮，这样当单击标签文本时，就会像直接单击单选按钮一样触发相应的操作。以下是示例代码：

```
<label>
       <input type="radio" name="sex" value="男" checked />男
</label>
<label>
       <input type="radio" name="sex" value="女" />女
</label>
```

3. 复选框

复选框用于在提供的多个选项中进行多选，可以选择 0 个或多个选项。

用法如下：

```
<input type="checkbox" name="组名|独立名称" value="值"  [checked] />说明性文字
```

属性说明：

- type 属性：取值为 "checkbox"，用于指示该表单元素为复选框。
- name 属性：对于一组复选框，它们的 name 属性取值通常是相同的。但也可以使用独立的名称。这主要影响服务器端页面如何读取所选复选框的数据。
- value 属性：复选框的值。
- checked 属性：单属性，用于指示复选框的初始状态是否被选中。

另外，与单选按钮类似，复选框在页面中仅显示形状，因此需要在其前或后，使用说明性文字来告诉用户该复选框代表的含义。说明性文字可以与 value 属性值相同，也可以不同。

以下是示例代码，演示如何使用复选框来模拟考试中的多选题。

```
题目1的正确答案是：
<input type="checkbox" name="tm1" value="A" checked>A
<input type="checkbox" name="tm1" value="B" >B
<input type="checkbox" name="tm1" value="C">C
```

```
<br />
题目 2 的正确答案是:
<input type="checkbox" name="tm2" value="A">A
<input type="checkbox" name="tm2" value="B" checked>B
<input type="checkbox" name="tm2" value="C">C
```

运行效果如图 3.29 所示。

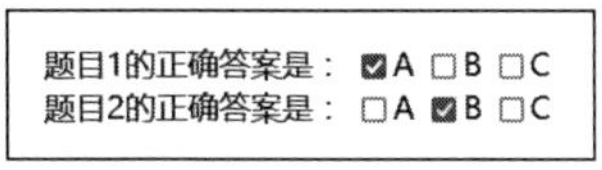

图 3.29　复选框使用

为了方便操作，通常在使用复选框时会使用 label 标签来包裹说明性文字。例如：

```
<label>
    <input type="checkbox" value="1" name="remember"/>
    记住密码
</label>
```

运行效果如图 3.30 所示。

图 3.30　使用标签包裹复选框

4. 列表框

列表框的作用是在提供的多个选项中，让用户只能选择其中一项，类似于单选按钮的作用。同时，列表框也可以让用户选择多个选项，类似于复选框的作用。相比于单选按钮和复选框，列表框占用的页面空间更少。

列表框的用法如下：

```
<select    [size="初始显示的项数"]    [multipart]  >
    <option [value="值"]    [selected] >  选项文本  </option>
    <option [value="值"]    [selected] >  选项文本  </option>
    ...
</select>
```

用法说明：
- select 标签：用于创建列表框，其标签内只能包含 <option> 子标签，用于定义选项。
- size 属性：列表框初始显示的项数，整数。
- multipart 属性：单属性，用于指示列表项是否可以进行多选。当使用该属性时，表示这是一个复选列表框；反之，表示这是一个单选列表框。
- option 标签：列表项标签，标签之间仅包含说明性文本。
- value 属性：表示该列表项的值。如果省略该属性，那么 option 标签之间的文本将默认为该选项的值。
- selected 属性：单属性，指示当前列表项初始状态是否被选中。注意，表示单选按钮和复选框初始选中状态的属性为 checked。

■ disabled 属性：单属性，指示当前列表项不可用，即不能进行选择操作。使用该属性的列表项通常用作标题项。

下面是示例代码，演示了单选列表框的使用，效果如图 3.31 所示。

```
<p> 你来自哪里？ </p>
  <select name="city">
     <option> 广州 </option>
     <option> 深圳 </option>
     <option> 上海 </option>
  </select>
```

代码说明：在此处使用了列表框的默认属性，即作为单选列表框使用。当某个选项被选中时，该列表框的 value 属性值将为选中的 option 标签之间的文本内容。

图 3.31　单选列表框

下面的示例代码演示了复选列表框的使用，其效果如图 3.32 所示。

```
<p> 你的兴趣爱好是？　</p>
  <select name="hobby" multiple size="4">
   <option disabled>请选择一项多或多项 </option>
   <option selected value="1"> 打球 </option>
   <option selected value="2"> 看书 </option>
   <option value="3"> 看电影 </option>
  </select>
```

图 3.32　复选列表框

代码说明：上述代码示例中，在 select 标签中添加了 multiple 属性，表示可以进行多选。同时，设置了 size 属性为 4，表示初始显示的项数为 4 个。其中，使用了 disabled 属性来表示某些项不可选择，仅作为说明项使用。另外，通过 selected 属性来设置初始选择的列表项。此外，每个列表项都设置了具体的 value 属性值，而不是使用 option 标签之间的文本作为该选项的值。

5. 多行文本框

如果需要用户输入较多文本内容，例如，简历页面中的自我介绍或商品的描述信息等，可以使用多行文本框。多行文本框与前面介绍的单行文本框不同，它使用成对的 textarea 标签来表示。

用法如下：

```
<textarea  rows="行数"  cols="列数"  wrap="soft|hard" >
    输入文本
</textarea>
```

用法说明：

■ textarea 标签：用于创建多行文本框，其标签之间是用户输入的内容，也可以设置初始内容。

■ rows 属性：整数，表示初始显示的行数，类似文本框高度，超过行数则出现滚动条。

■ cols 属性：整数，表示在一行中显示多少个字符，类似文本框的宽度。

■ wrap 属性：用于指示是否将换行作为换行符（\r\n）。它有两个取值：soft（默认值）表示在提交到服务器时，只有回车符才会当作换行符，而自动的换行不会被视为换行符；而取值为 hard 时，表示任何换行都会被视为换行符。

6. 文件选择框

文件选择框为用户提供了在本地选择文件的功能，并在提交表单时将文件上传到服务器。

用法如下：

```
<input type="file" name="upload" />
```

图 3.33 展示了一个用于录入商品信息的界面。在该界面中，使用单行文本框输入商品名称，使用多行文本框输入商品描述信息，并使用文件选择框选择商品图片。为了实现元素的对齐，使用表格进行了定位。

图 3.33　商品信息录入

具体实现代码如下：

```
<table >
  <tr>
      <td>商品名称：</td>
      <td> <input  name="proName"/> </td>
  </tr>
  <tr>
      <td valign="middle">商品描述：</td>
      <td> <textarea name="proInfo"></textarea></td>
  </tr>
  <tr>
      <td>手机图片</td>
      <td> <input type="file" name="proImg"/> </td>
  </tr>
</table>
```

代码说明：在上述代码中，每个表单元素都被赋予了 name 属性，这样在表单提交时，服务器端页面可以通过 name 属性获取用户在表单元素中输入或选择的内容。这样做是方便服务器端对用户提交的数据进行处理和使用。

7. 按钮

按钮用于执行用户的操作。在 HTML 中，有不同类型的按钮可供选择，包括提交按钮、重置按钮、图片提交按钮和普通按钮，以满足不同的操作需求。

（1）提交和重置按钮。

提交按钮用于执行表单的提交操作，而重置按钮则将所有表单元素恢复到初始值，即未录入数据时的状态。需要注意的是，这两个按钮必须位于表单标签（form）内才有效。

提交按钮和重置按钮的用法如下：

```
<input type="submit" value="按钮文字">
<input type="reset" value="按钮文字">
```

用法说明：submit 属性表示提交按钮，reset 属性表示重置按钮。而 value 属性则用于设置按钮表面上显示的文本内容，如果省略 value 属性，则会显示默认的按钮文本。

（2）图片提交按钮。

图片提交按钮是指使用图片来替代提交按钮的文本，从而为按钮提供更多无法通过按钮属性实现的效果。这样的按钮可以通过选择合适的图片来增强用户界面的吸引力或者传达特定的信息。

用法如下：

```
<input type="image" src="图片URL" width="宽度" height="高度"/>
```

用法说明：使用 image 属性值可以创建一个图片提交按钮，其中 src 属性指定图片文件的 URL，而 width 和 height 属性则用于设置图片的尺寸，单位为像素。需要注意的是，图片提交按钮只有在表单标签（form）内才具有提交功能。另外，该按钮没有文本，也没有按钮边框。

（3）普通按钮。

通常情况下，我们使用成对的 button 标签来创建按钮，这样的标签可以包含各种 HTML 元素，以实现丰富多样的按钮样式和功能。

用法如下：

```
<button>文本或其他标签</button>
```

用法说明：button 标签之间不仅可以包含仅文本，还可以包含其他各种 HTML 元素，比如可以包含图片，也可以实现图片和文本的混合。

下面的示例展示了一个图片和文本混合的按钮，如图 3.34 所示。

图 3.34 图文按钮

```
<button>
        <img src="麦克风.png"/><br/>
    麦克风
</button>
```

普通按钮与提交按钮位于表单标签内时具有相同的作用，但普通按钮通常用于响应用户的单击操作，执行 JavaScript 代码或者其他自定义的操作。

3.8 应用实例——制作注册表单

创建一个注册信息表,效果参考图3.35。

图 3.35 注册信息表

分析:

(1)可以使用标题标签来设置表格标题,并通过 align 属性将其居中显示在页面上。

(2)为了使表格居中显示在页面上,可以使用 align 属性,并估算一个适当的宽度,比如这里使用 400 px。

(3)确定表格中最大列数的行,制作模板行。其他行参照模板行进行单元格合并。在图 3.35 中,最大列数的行是第 1 至第 4 行,可以将第 1 行作为模板行。

(4)用户名和密码项使用单行文本框,并使用 placeholder 属性设置提示信息。

(5)性别项使用单选按钮,注意两个单选按钮的 name 属性相同。

(6)为了显示表格中的头像,使用 rowspan=4 将第 1 行至第 4 行的第 3 个单元格进行行合并,并删除被合并的单元格。

(7)第 5 行使用文件选择框,使用 colspan=2 合并后面两列,注意要删除被合并的单元格。

(8)第 6 行使用单选列表框,合并后面两个单元格。

(9)第 7 行使用复选框,合并后面两个单元格。

(10)第 8 行合并了所有的单元格。

(11)第 9 行合并所有单元格,用来加入多行文本框,列数属性 cols 估算为 70(先设置小的值,如 10、20、50、100 等,再调试到合适的值),以填充满单元格。

(12)最后一行也合并所有单元格,并在其中添加居中显示的提交按钮和重置按钮。可以通过设置按钮的 value 属性来修改按钮文本。

注意: 所有的表单元素都应该放置在 form 标签中。

具体实现代码如下:

```
<!-- 标题居中 -->
<h3 align="center">用户注册</h3>
```

```html
<!-- 表单:默认属性 -->
<form>
    <table width="600px" border="1" align="center">
    <!-- 第1行 -->
        <tr>
            <td align="center">用户名</td>
            <td><input placeholder="请输入用户名" required /></td>
            <td rowspan="4" align="center">
                <img src="./avater.png" width="80px" />
            </td>
        </tr>

    <!-- 第2行 -->
        <tr>
        <td align="center">密码</td>
            <td><input type="password"
                required maxlength="6"
                placeholder="请输入6位密码" />
            </td>
        </tr>

    <!-- 第3行 -->
        <tr>
            <td align="center">确认密码</td>
            <td><input type="password"
                required maxlength="6"
                placeholder="请再次输入密码" />
            </td>
        </tr>

    <!-- 第4行 -->
        <tr>
            <td align="center">性别</td>
            <td><input type="radio" />男
                <input type="radio" />女
            </td>
        </tr>

    <!-- 第5行 -->
        <tr>
            <td align="center">选择头像</td>
            <td colspan="2" align="right" bgcolor="#eee">
                <input type="file" />
            </td>
```

```html
        </tr>

        <!-- 第6行 -->
        <tr>
            <td align="center">城市</td>
            <td colspan="2">
                <select>
                    <option>广州</option>
                    <option>上海</option>
                    <option>深圳</option>
                </select>
            </td>
        </tr>
        <!-- 第7行 -->
        <tr>
            <td align="center">爱好</td>
            <td colspan="2">
                <input type="checkbox" name="love" value="1" />唱歌
                <input type="checkbox" name="love" value="2" />跳舞
                <input type="checkbox" name="love" value="3" />健身
                <input type="checkbox" name="love" value="4" />旅游
                <input type="checkbox" name="love" value="5" />美食
            </td>
        </tr>

<!-- 第8行 -->
<tr>
  <td colspan="3" align="center" bgcolor="#eee">
      个人简介
  </td>
</tr>
<!-- 第9行 -->
<tr>
    <td colspan="3"><textarea cols="70"></textarea></td>
</tr>
<!-- 第10行 -->
<tr>
    <td colspan="3" align="center">
        <input type="submit" value="提交注册信息" />
        <input type="reset" value="重新输入" />
    </td>
</tr>
</table>
</form>
```

小　结

本章详细介绍了 HTML 文档中常用的标签，涵盖了列表、链接、表格、表单、图像热点以及音视频播放标签的使用方法。

列表标签展示简单的数据项，本章重点介绍了不同类型的列表标签，包括有序列表、无序列表和定义列表，并解释了它们各自的用途和语法结构。

链接标签在 HTML 中是导航至目标位置的重要工具，本章着重介绍了链接标签中的 href 属性，讨论了相对位置和绝对位置的取值方式，同时解释了目标页面打开位置属性 target 的作用和用法。

表格在网页设计中常用于展示数据，本章详细介绍了表格的结构以及行列标签的使用方法，还介绍了行列合并的技巧，帮助读者更好地掌握表格的设计与布局。

表单是用来收集用户信息的重要组件，本章对各种基本的表单元素进行了详细介绍，包括输入框、复选框、单选按钮、下拉菜单等，帮助读者了解如何创建各种类型的表单以满足网页需求。

此外，本章还介绍了图像热点标签的使用方法，帮助用户创建可点击区域，以及音视频播放标签的应用，使用户能够在网页中嵌入多媒体内容，丰富页面的展示形式。

通过本章的学习，读者可以全面了解 HTML 文档中常用标签的功能和用法，为创建丰富多样的网页内容提供了基础知识和技巧。

习　题

一、填空题

1. 列表有三种类型，分别是 _____ 、 _____ 和 _____ 。
2. ul 是 _____ 列表标签，有序列表的标签是 _____ 。
3. ul 的 type 属性取值有 _____ 、 _____ 、 _____ 和 _____ 。
4. ol 中的 type 表示 _____ ，start _____ 。
5. dl 是 _____ 列表，包含子标签 _____ 和 _____ 。
6. 按目标类型分，超链接可以分为 _____ 、 _____ 、 _____ 和 _____ 。
7. 按链接内容分，超链接可以分为 _____ 和 _____ 。
8. 超链接的 target 属性取值可以有 _____ 、 _____ 、 _____ 和 _____ 。
9. 超链接路径中的 ./ 表示 _____ ，../ 表示 _____ 。
10. 图片热点区域的形状可以有 _____ 、 _____ 和 _____ 。
11. 假如 shape=rect coords=20,80,40,100，那么 20,80 表示 _____ ，40,100 表示 _____ 。
12. 假如有 shape=circle coords=20,40,12，那么 20,40 表示 _____ ，12 表示 _____ 。
13. 假如图片热点区域名称为 ifrm，那么在图片中创建热点的用法是：<img src=" 图片 URL" _____ />。

14. 视频播放的标签是_____；音频播放的标签是_____。
15. 音、视频播放标签中的属性 controls 表示_____；autoplay 表示_____；muted 表示_____；loop 表示_____；preload 表示_____。
16. table 标签之间只能包含_____、_____、_____ 和_____ 子标签。
17. _____ 实现在列方向将相邻的 2 个单元格合并。
18. _____ 实现在行方向将相邻的 3 个单元格合并。
19. 要使表格显示 1 px 边框线，使用_____。
20. 要使表格中单元格之间没有间隔，使用_____。
21. 要使表格在页面居中，使用的属性及其取值为_____。
22. 表单的作用是_____，其标签为_____。
23. 当 input 标签中的 type 取值为_____时，表示密码文本框；当 input 标签中的 type 取值为_____时，表示单选按钮；当 input 标签中的 type 取值为_____时，表示复选框。
24. 要使文本框标识为必填项，可以使用_____属性。
25. 在 select 标签中添加_____属性，可以使之成为多选列表框。
26. 要使单选按钮或复选框初始被选中，可以为其标签添加_____属性。
27. 在列表框中，要使列表项初始被选中，可以为其标签添加_____属性。

二、判断题

1. 无序列表和有序列表的标签之间只能包含列表项标签。（   ）
2. 列表项是一个容器标签，可以包含文本、图片、标题和段落等其他标签。（   ）
3. 当 type 属性取值为 none 时，有序列表和无序列表效果相同。（   ）
4. 无序列表中的列表项可以使用与其他列表项不同的符号。（   ）
5. 无序列表中的列表项可以改变当前编号，其后续的列表项编号不会顺延。（   ）
6. 超链接的相对路径一般用于指向本网站的其他页面。（   ）
7. 超链接的绝对路径一般用于指向外部网站的页面。（   ）
8. 空链接指向当前页面。（   ）
9. 可以使用超链接实现文件下载功能。（   ）
10. 邮件链接可以直接发送邮件。（   ）
11. 锚点链接只能跳转到当前页面的锚点位置。（   ）
12. 锚点链接可以跳转到外部网站页面的锚点位置。（   ）
13. 当链接属性 href 取值为 # 时，可以实现跳转到页面顶部功能。（   ）
14. 如果要在一个页面包含其他页面的内容，可以使用嵌入式 iframe。（   ）
15. tr 只能包含 td 子标签。（   ）
16. 单元格可以包含文本、图片等，也可以包含一个表格。（   ）
17. 表格中每一行的单元格数是相同的。（   ）
18. 只要设置了最大列数的行的单元格的宽度，表格中所有列的宽度也就固定了。（   ）
19. 如果设置了列的宽度，那么表格的最大宽度也就固定了。（   ）
20. 如果设置了表格中每一列的宽度，而没有设置表格的宽度，那么当浏览器窗口缩小超过列宽度总和时，单元格的宽度不会改变。（   ）

21. 默认情况下，表格的宽度由单元格内容决定。（   ）
22. 所有表单元素必须放置在 form 标签中，在执行提交操作时才会被提交到服务器。（   ）
23. 如果表单中有必填项未录入数据，在单击提交按钮时也会执行表单提交操作。（   ）
24. 多行文本框也使用 input 标签。（   ）
25. placeholder 是占位用的字符信息，在该表单元素未录入数据时将代表表单元素的 value 值。（   ）

第 4 章

CSS 基础

学习目标

- 理解 CSS 在网页设计中的核心作用，熟练掌握其基本语法和书写规范。
- 熟练掌握 CSS 基础选择器的使用方法，能够精准定位并应用样式到指定的 HTML 元素。
- 掌握 CSS 组合选择器的用法，实现更灵活、复杂的样式选择和应用。
- 理解样式的继承、层叠和优先级规则，确保样式的正确应用和冲突解决。

4.1 认识 CSS

CSS（cascading style sheets，层叠式样式表），主要用于增强 HTML 元素的效果，同时提供更方便、更灵活的页面布局方式。在 Web 页面中，HTML 标签主要用于内容的呈现，通过样式属性或格式化标签来控制元素的有限效果。而 CSS 则专注于增强 HTML 元素的表现，使页面效果更加丰富，包括字体效果、文本效果、边框、圆角、阴影、背景、过渡和动画、定位和布局等。此外，CSS 的重要特性是实现了样式和内容的分离，使得 HTML 文档的阅读和维护更加方便。

CSS 语法格式：

```
选择器 { 样式规则 }
```

语法说明：

■ 选择器用于选择需要应用样式规则的 HTML 元素，即确定哪些目标元素将被样式声明所影响。

■ CSS 提供了丰富的选择器来为目标元素声明样式，其中包含标签选择器、ID 选择器、类选择器、属性选择器和伪类、伪元素选择器，以及组合选择器等。

■ 样式规则由一组 CSS 预定义的样式属性及其值所组成，其格式如下：

```
属性名：属性值；属性名：属性值；…
```

属性名是指 CSS 预定义的样式属性名称，而属性值为样式属性的设定值，这两者之间使用冒号":"隔开。每一组属性以分号";"作为结束符。

为了更好地学习接下来的内容，先了解常用的字体样式属性，见表 4.1。

表 4.1　字体样式属性

属 性 名	说　　明
font-family	字体名，多个字体以逗号分隔。如果字体名包含空格，使用单（双）引号括起
font-size	字体大小，单位为 px 或百分比 %，如果使用 %，则相对其父元素的字体大小
font-style	斜体，取值为 normal、oblique（倾斜）和 italic（斜体）
font-weight	字体粗细，取值为数字或关键字，包括 100～900、bold（等价 700）、bolder、lighter
color	文本颜色（前景色）

以标签选择器为例，如果要为段落标签声明样式，使其文本字体颜色为红色、大小为 16 px，那么对应的 CSS 样式声明如下：

```
p { color:red; font-size:16px; }
```

应用该样式后，页面上的所有段落文本都会呈现红色且大小为 16 px 的字体效果。需要注意的是，页面文本的默认大小为 16 px。

各种类型选择器声明的样式组成了一个 CSS。根据编辑位置的不同，CSS 可以分为内联样式、内部样式表和外部样式表。

下面以标签选择器为例，介绍 CSS 的编辑位置。

4.1.1　内联样式

内联样式是指直接在 HTML 元素的 style 属性中使用样式规则。需要注意的是，在 body 标签之间的每个元素都可以具有 style 属性。

例 4.1　使用内联样式表分别将两个段落的文本设置为灰色和红色，并且字体大小均为 12 px。

具体实现代码如下：

```
1.    <!DOCTYPE html>
2.    <html>
3.        <body>
4.            <p style="color:gray;font-size:12px;">段落 1</p>
5.            <p style="color:red;font-size:12px;">段落 2</p>
6.        </body>
7.    </html>
```

代码说明：在行 4、行 5 中的两个段落标签都使用了 style 属性来使用样式。在浏览器打开该页面后，段落 1 将显示 12 px、灰色的文字；段落 2 将显示 12 px、红色的文字。

如果页面内容简单且只需对特定元素应用简单样式，使用内联样式表是比较方便的选择。然而，当页面较为复杂或样式规则较复杂时，过多的内联样式将导致文档的阅读和维护变得困难，因此通常情况下内联样式的使用较少。

4.1.2 内部样式表

内部样式表是通过在 HTML 文档的任意位置使用 style 标签来声明样式。一种常用的做法是将 style 标签放在 head 标签内，这样可以更好地组织样式规则。

例 4.2 使用内部样式表，将页面所有的段落文本设置为黑体、18 px、灰色。

具体实现代码如下：

```
1.    <!--index.html 文件 -->
2.    <html>
3.        <head>
4.            <!-- 内部样式表 -->
5.            <style>
6.                p { font-family:黑体; font-size:18px; color:gray;}
7.            </style>
8.        </head>
9.        <body>
10.           <p> 段落1</p>
11.           <p> 段落2</p>
12.       </body>
13.   </html>
```

代码说明：在代码的第 5 行到第 7 行中，使用 style 标签来声明样式，并使用标签选择器。其中，font-family 表示字体名称，如果浏览器不支持该字体，将会使用默认字体进行显示。此外，font-family 样式值可以设置多个备选字体名称，使用逗号进行分隔。如果字体名称包含空格，需要使用双引号或单引号括起，例如下面的语句：

```
font-family:黑体, "Microsoft Yahei", "Times New Roman"
```

内部样式表仅对当前页面有效。为了方便介绍，在本章的所有示例中，如果没有特别说明，都使用内部样式表。此外，由于 style 标签可以放置在文档的任意位置，为了方便阅读和关注点的分离，本书的所有示例都将内部样式表放置在文档末尾。

需要注意的是，在 HTML 文档中，注释符使用 <!-- -->，而在 CSS 中，注释符则使用 /* */。

4.1.3 外部样式表

外部样式表是将一组样式规则声明在一个独立的、扩展名为 css 的文档中，然后通过在需要使用该样式表的各个 HTML 页面中使用 link 标签进行引入。这种方式的最大优点是可以实现多个页面共享样式，从而实现样式的复用，同时也使得各个页面的风格更加统一。

例 4.3 使用外部样式表，将当前页面的段落效果设置为"黑体、18 px、灰色"。

使用外部样式表的步骤如下：

（1）创建项目后，在项目的根目录下添加 mycss.css 样式文件并输入以下样式规则：

```
/* 这是mycss.css文件的内容 */
p { font-family:黑体 ; font-size:18px ; color:gray;}
```

注意：样式文件扩展名为 css，而且在该文档内不需要使用 style 标签来包含样式规则。

（2）然后在与 mycss.css 文件相同的目录中添加 index.html 文件，输入以下内容：

```
1.  <html>
2.    <head>
3.      <link rel="stylesheet" href="mycss.css">
4.    </head>
5.    <body>
6.      <p>使用外部样式的段落文本</p>
7.    </body>
8.  </html>
```

代码说明：第 3 行，使用 head 标签的子标签 link 来引入外部样式文件。其中，rel 属性的取值为 stylesheet，表示引入的文件类型为样式文件，而 href 属性表示样式文件的 URL。这样，mycss.css 文件中声明的样式规则将会在 index.html 文件中生效。

可以创建多个 CSS 文件，将不同的样式表分类存放，例如，文本样式、布局样式等。如果一个页面需要引用多个 CSS 文件，可以使用多个 link 标签逐个引入这些文件。

以下是示例代码，实现将外部样式文件 text.css 和 layout.css 引入当前页面。

```
<head>
    <link rel="stylesheet" href="text.css" >
    <link rel="stylesheet" href="layout.css" >
</head>
```

4.2 CSS 基础选择器

除了前面介绍的标签选择器，CSS 基础选择器还包括 id 选择器、类选择器、属性选择器以及伪类和伪元素选择器。

如果在以下的例子中使用了在表 4.1 中没有列出的样式属性，我们将在示例分析过程中进行详细说明。

接下来，以内部样式表为例，逐个介绍 CSS 基础选择器。这将帮助我们更好地理解和应用这些选择器。

4.2.1 标签选择器

标签选择器表示选择具有相同标签名的 HTML 元素来应用样式。标签选择器以 HTML 标签名来声明样式，这样所有相同标签名的 HTML 元素都将具有相同的样式。

例如，下面使用标签选择器来定义样式，将页面所有的段落文本显示为红色。

```
p { color:red ;}
```

而下面定义的样式将页面所有的标题和段落文本都设置为 16 px 大小：

```
p,h1,h2,h3,h4,h5,h6 { font-size:16px; }
```

说明：为多个相同或不同类型元素声明相同的样式时，选择器之间使用逗号分隔。

特别地，有时候我们可能需要为页面上的所有标签设置相同的样式。例如，想要统一设置当前页面中所有元素的字体和盒子模型等属性，这时可以使用通配符选择器。通配符选择器使用星号（*）作为选择器，用于为页面上的所有标签声明相同的样式。

以下是示例代码，用于将页面上的所有元素设置为"微软雅黑"字体，并且字体大小为 16 px。

```
*{font-family:" 微软雅黑 ";font-size:16px;}
```

4.2.2 id 选择器

id 选择器使用格式 "#id" 来声明样式。其中，id 是 HTML 元素的 id 属性的取值。每个 HTML 标签都可以设置具有唯一值的 id 属性，因此 id 选择器可以用来针对特定的一个元素声明样式。

例如，下面使用 id 选择器声明了两个样式：

```
/* css */
#p1 { font-weight:bold; }
#p2 { font-style:italic; }
```

下面两个段落分别应用上面定义的样式：

```
<!-- html -->
<p id="p1">这是段落1，粗体</p>
<p id="p2">这是段落2，斜体</p>
```

4.2.3 类选择器

要为多个 HTML 元素应用相同的样式，可以使用类选择器来声明样式。类选择器使用格式 ".类名"来定义样式，同一个样式类可以应用于相同或不同类型的 HTML 元素，实现样式的复用。

例如，下面定义一个带灰色边框的样式类 grayborder：

```
.grayborder{
border:1px solid gray;
}
```

HTML 元素使用 class 属性来引用类样式。例如，下面的图片和段落都使用了 grayborder 样式类。

```
<p class="grayborder">段落边框</p>
<img src="1.jpg" class="grayborder" />
```

其中，边框样式属性 border 的用法如下：

```
/* border 是复合属性：同时声明元素上、下、左、右四个边框 */
border:边框宽度 边框样式 边框颜色;
```

边框宽度的单位是像素，用于表示边框的粗细。边框样式的取值可以是 solid（实线）、dotted（点画线）、dashed（虚线）或 double（双线边框）等。边框颜色的取值可以使用英文单词、十六进制或函数 rgb（0～255，0～255，0～255）。

每个元素的四个边框可以单独声明样式，例如，上边框（border-top）、右边框（border-right）、下边框（border-bottom）和左边框（border-left）。这些属性的取值与复合属性 border 一致，包括边框的宽度、样式和颜色三个值。通过单独声明每个边框的样式，可以对元素的不同边框进行个性化的设置。

例如，使用内联样式表使段落具有灰色、宽度为 1 px 的虚线边框：

```html
<p style="border-bottom:1px dashed gray;">段落文本</p>
```

如果希望限制类样式仅应用于特定类型的 HTML 元素，可以在类选择器之前加上对应的标签名。例如：

```css
p.color{color:red;}
```

这样，color 样式类只对 p 元素有效，对其他类型元素无效，其应用示例如下：

```html
<p class="color">这是红色的字体</p>/*有效*/
<a href="#" class="color">这不是红色字体的链接</a> /*无效*/
```

4.2.4 属性选择器

属性选择器使用"[属性规则]"的格式作为选择器，用于为具有指定属性或属性取值的 HTML 元素声明样式。

以下是属性选择器的用法示例。

1. 为具有指定属性的元素声明样式

```css
[disabled]{ color:gray; cursor:not-allow;}
```

说明：所有具有 disabled 属性的元素，文本颜色将设置为灰色，并且当鼠标悬停在这些元素上方时，光标将显示为"禁止" ⊘ 图标。其中，cursor 是鼠标样式属性，用于设置鼠标悬停在该元素上时的光标图标。例如，手指形状 👆 样式可以通过设置 cursor 为 pointer 来实现。

2. 为包含部分属性值的元素声明样式

```css
1.    a[title]  { font-weight:bold; }/* 表示包含属性 */
2.    a[title^='tip'] { color:gray; } /*  ^= 以...开头 */
3.    [href$='com']   { color:red; }  /*  $= 以...结尾 */
4.    a[href*='https'] { color:red; } /*  *= 值包含... */
5.    img[alt][title] { border:1px solid gray; }
      /*需要同时满足条件，类似逻辑与的关系 */
```

代码说明：
- 行1：表示所有包含 title 属性的链接标签，其文本加粗显示。
- 行2：表示所有具有 title 属性，且属性值以 tip 开头的链接标签，其文本设置为灰色。
- 行3：表示所有 href 属性值以 com 结尾的元素，其文本设置为红色。
- 行4：表示所有 href 属性包含 https 的链接为红色。
- 行5：表示同时包含 alt 和 title 属性的所有图片，添加宽度为 1 px 的灰色实线边框。

例 4.4 使用属性选择器，使所有普通文本框和密码文本框仅显示下边框；对于不可用的按钮，在鼠标悬停时显示禁止图标。此外，将具有 type 属性的元素的文本设置为灰色。

具体实现代码如下：

```
1.  <!DOCTYPE html>
2.  <html>
3.    <body>
4.      <p>用户名：<input type="text" /></p>
5.      <p>密码：<input type="password" /></p>
6.      <p><input type="submit" value="登录" disabled/></p>
7.    </body>
8.  </html>
9.  <!—这里把样式表放在文档的最后，使 HTML 和 CSS 分离，便于阅读 -->
10. <style>
11. /* 使用通配符 */
12.     [type*="text"],[type*="pass"]{
13.         border: none;
14.         outline: none;      /*去掉外部轮廓线*/
15.         border-bottom: 1px solid gray;
16.     }
17. /* 所有包含 disabled 属性的元素 */
18. /* 给不可用元素加上不允许图标 */
19. /* cursor（鼠标图标）常用属性：pointer / not-allow；此外，每个表单元素都具有 disabled 属性。 */
20.     [disabled]{
21.         cursor: not-allowed;
22.     }
23. /* 所有包含 type 属性的元素，字体颜色为灰色 */
24.     [type] {
25.         color:gray;
26.     }
27. </style>
```

代码说明：
- 行12：具有 type 属性且值为 text，以及具有 type 属性且值包含 pass 的元素，都将使用下边框。当多个选择器声明相同样式时，应使用逗号分隔，这类似于逻辑或的关系。
- 行13：由于文本框默认带有边框，因此使用 border:none 来取消默认边框。

- 行 14：outline 是元素的外边框轮廓线样式。在文本框获得焦点时，outline 属性会自动添加外边框轮廓线样式。然而，在单线边框的文本框中，这种效果可能不够美观。因此，可以将 outline 属性的值设置为 none，以取消外部轮廓线效果。
- 行 15：设置下边框，使文本框仅有下边框。
- 行 20～22：使具有 disabled 属性的元素在鼠标悬停时显示"禁止"光标。
- 行 24～26：使具有 type 属性的元素，文本为灰色。

实际运行效果如图 4.1 所示。

图 4.1　运行结果

4.2.5　伪类、伪元素选择器

伪类是一种依赖于存在的元素，但没有显式在标签中引用的样式类，主要用于产生特定的效果。例如，链接的伪类 a:hover，表示为鼠标悬停时需要呈现的样式。伪类选择器还可以用于选择不同位置的元素来应用样式，例如，以 "nth-" 为前缀的一组伪类。

伪元素选择器用于选择一个元素的某个部分来应用样式，例如，段落首行或行首字母。此外，伪元素也可以用于在文档中添加不存在的元素，例如，::before 和 ::after。伪元素不是一个实际存在于文档对象模型中的元素，它们本质上是指无法使用 JavaScript 查询到的元素。

表 4.2 列出了一些常用的伪类、伪元素选择器。

表 4.2　常用的伪类和伪元素

伪类 / 伪元素	含　义
:link	用于链接，选择所有未访问链接
:visited	用于链接，选择所有访问过的链接
:hover	选择鼠标悬停的元素
:active	用于链接，选择正在活动链接
:focus	选择元素输入后具有焦点
:first-of-type	选择第 1 个子元素
:last-of-type	选择最后 1 个子元素
:nth-of-type(n)	选择第 n 个子元素，n 从 1 开始
:nth-last-of-type(n)	选择倒数第 n 个元素，n 从 1 开始
::first-letter	选择第 1 个字符
::first-line	选择第 1 行
::before	在元素之前插入内容
::after	在元素之后插入内容

说明：伪类使用单冒号作为前缀，而伪元素使用双冒号作为前缀。但在实际使用中，我们并不需要区分是伪元素还是伪类，VSCode 编辑器也会给出相应的使用提示。

例 4.5 鼠标在链接元素悬停时，将链接文本显示为黑底白字。

具体实现代码如下：

```
1.   <!DOCTYPE html>
2.   <html>
3.   <a href="#">这是链接</a>
4.   </html>
5.   <style>
6.      a:hover{
7.          background-color: black;
8.          color:white;
9.      }
10.  </style>
```

运行效果如图 4.2 所示。

图 4.2 运行结果

代码说明：:hover 伪类可以应用于任何 HTML 元素，表示当鼠标进入元素时的样式，鼠标离开后将恢复原来的样式。

除此之外，还有其他三个仅适用于链接的伪类，可根据需要使用：a:link 表示未访问过的链接样式，a:visited 表示已访问过的链接样式，a:active 表示激活链接（鼠标按下但未松开）时的样式。请注意，如果一个链接要同时使用这四个伪类，必须按照以下顺序使用：

:link → :visited → :hover → :active

例 4.6 创建一个 3×3 的表格，其中奇数行的背景设置为灰色，偶数行的背景设置为绿色。当鼠标悬停在任意行时，将背景色改为黄色。此外，使表格的两侧没有边框线（实现：每行的第一个单元格没有左边框线，每行的最后一个单元格没有右边框线）。

实现效果如图 4.3 所示。

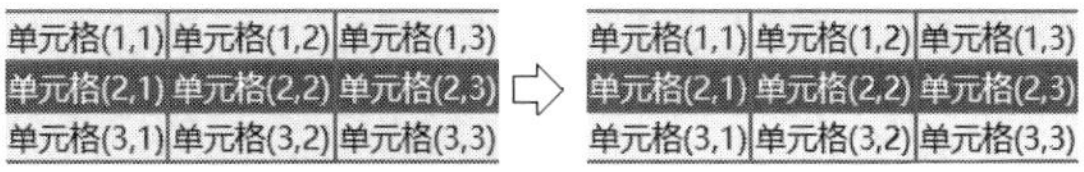

图 4.3 运行效果

具体实现代码如下：

```
1.   <!DOCTYPE html>
2.   <html>
3.     <table>
4.       <tr>
5.         <td>单元格 (1,1)</td>
6.         <td>单元格 (1,2)</td>
7.         <td>单元格 (1,3)</td>
```

```
8.         </tr>
9.         <tr>
10.            <td>单元格(2,1)</td>
11.            <td>单元格(2,2)</td>
12.            <td>单元格(2,3)</td>
13.        </tr>
14.        <tr>
15.            <td>单元格(3,1)</td>
16.            <td>单元格(3,2)</td>
17.            <td>单元格(3,3)</td>
18.        </tr>
19.    </table>
20. </html>
21.
22. <style>
23.    table {
24.        border-collapse: collapse;
25.    }
26.
27.    td {
28.        border: 2px solid red;
29.    }
30.
31.    /* 每行第1个单元格无左边框 */
32.    td:nth-of-type(1) {
33.        border-left: none;
34.    }
35.
36.    /* 每行最后1个单元格无右边框 */
37.    td:nth-last-of-type(1) {
38.        border-right: none;
39.    }
40.
41.    /* 2倍位置行 = 偶数行 */
42.    tr:nth-of-type(2n) {
43.        color: white;
44.        background-color: green;
45.    }
46.
47.    /* 2倍+1位置行 = 奇数行 */
48.    tr:nth-of-type(2n + 1) {
49.        color: black;
50.        background-color: whitesmoke;
```

```
51.    }
52.
53.    /* 鼠标在行悬停时 */
54.    tr:hover {
55.      cursor: pointer;/*鼠标呈手状*/
56.      color: black;
57.      background-color: yellow;
58.    }
59. </style>
60.
```

代码说明：

■ 行 3～19：一个 3 行 3 列的表格。

■ 行 23～25：为表格添加样式。其中，border-collapse: collapse 语句表示如果表格的单元格有边框线，则将表格边框线折叠，即让相邻的单元格之间的边框线重叠，显示为细边框线效果。

■ 行 27～29：为每个单元格添加边框线，以显示表格线。为了突出效果，使用了 2 px 的边框线。需要注意的是，除非在 table 标签中使用 border 属性，否则表格的单元格是没有边框线的。而如果使用 CSS，在 table 选择器中定义 border 样式，border 仅表示表格的外部边框，而不是单元格的边框。

■ 行 32～34：伪类选择器 td:nth-of-type（1）用于选择每行中的第一个单元格来声明样式，位置从 1 开始计算。而 border-left: none 语句则表示去掉这些单元格的左边框。

■ 行 37～39：伪类选择器 td:nth-last-of-type（1）用于选择每行最后一个单元格来声明样式，并将这些单元格的右边框去掉。

■ 行 42：tr:nth-of-type（2n）中的 2n 表示从 0 到 n−1 的 2 倍，其中 n 类似于一个循环变量，其终止值是查询到的元素个数。它用于选择偶数行，例如，第 0 行（不存在，位置从 1 开始）、第 2 行（2×1）等。也可以使用 even 关键字来替代偶数位置的元素，例如：tr:nth-of-type（even）。

■ 行 48：类似于第 42 行，tr:nth-of-type（2n+1）表示第 1 行（2×0+1）、第 3 行（2×1+1）等，即奇数行。也可以使用 odd 关键字来代替奇数位置的元素，例如，tr:nth-of-type（odd）。

■ 行 54～58：在鼠标悬停在某一行时，将鼠标光标显示为手状。通常，手状光标表示目标对象可以被单击，同时也会使该行高亮显示（通过改变背景色和前景色实现）。

例 4.7 使用伪元素在每个列表项之前添加文本图形，效果如图 4.4 所示。

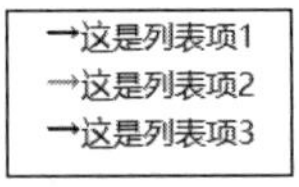

→这是列表项1
→这是列表项2
→这是列表项3

图 4.4 使用伪元素插字符图形

具体实现代码如下：

```
1. <!DOCTYPE html>
2. <html>
3.   <body>
```

```
4.     <ul>
5.         <li>这是列表项 1</li>
6.         <li>这是列表项 2</li>
7.         <li>这是列表项 3</li>
8.     </ul>
9.   </body>
10. </html>
11.
12.   <style>
13.     ul {
14.         list-style: none;
15.     }
16.     li::before {
17.         content: "→";
18.         font-size: 18px;
19.     }
20.     li:hover::before {
21.         color: red;
22.         font-weight: bold;
23.     }
24.   </style>
```

代码说明:
- 行 4 ~ 8: 创建无序列表。
- 行 14: 取消列表项前导符号。list-style 可以为列表项添加丰富的前导符号,包括 circle (空心圆)、disc (实心圆)、square (正方形) 以及罗马数字等,也可以自定义符号,用来取代原来无序列表的属性设置,但这些取值很少使用。如果要取消列表项的前导符号,将 list-style 设置为 none。
- 行 16: 使用伪元素 li::before 在每个列表项文本之前 (即 <li> 起始标签之后) 添加一个右箭头。需要注意的是, ::before 伪元素必须包含 content 属性,该属性的值可以是文本 (也可以是空字符串)。之后可以为该伪元素设置各种属性,例如字体、颜色等样式。如果使用 ::after 伪元素,则会在指定元素之后 (即结束标签 </li> 之前) 添加内容。
- 行 20: 同时使用伪类和伪元素选择器,表示当鼠标悬停在列表项时,将伪元素的字体加粗、红色。注意元素、伪类和伪元素三者之间不要有空格。

4.3 CSS 组合选择器

组合选择器是由连接符将基础选择器组合而成的选择器。根据连接符的不同,组合选择器可以分为后代选择器、直接子元素选择器、相邻元素选择器和所有相邻元素选择器等几种类型。

1. 后代选择器

后代选择器使用空格作为连接符来连接不同的选择器,用于选择位于前面选择器中的所有指定子元素及其后代元素。

例如，假如 HTML 内容如下：

```
<ul>
    <li>
        <a href="#">链接 1</a>
        <p> <a href="#">链接 2</a> </p>
        <a href="#">链接 3</a>
    </li>
</ul>
```

下面的样式声明将使 li 中的所有链接的文本设置为红色：

```
li a {
    color: red;
}
```

说明：上述代码表示在 li 元素中，将其子元素以及孙子元素中的所有链接的文本设置为红色。

2. 直接子元素选择器

直接子元素选择器使用 ">" 连接不同的选择器，表示只选择前面选择器的直接子元素，而不包括直接子元素的后代元素。

例如，如果上例中的样式修改为

```
li>a {
    color: red;
}
```

那么，只有"链接 1"和"链接 3"的文本为红色，因为"链接 2"不是 li 的直接子元素，所以保持默认的链接颜色。

3. 相邻元素选择器

相邻元素选择器使用 "+" 连接不同的选择器，表示只选择前面选择器的下一个且仅一个与其相邻的元素，也被称为相邻兄弟选择器。

例如，HTML 内容如下：

```
<p id="p1">段落 1 </p>
<a href="#">link a</a>
<a href="#">link b</a>
<p id="p2">段落 2</p>
<a href="#">link c</a>
```

那么，下面声明的样式只有链接"link a"的文本加粗。

```
#p1+a{
    font-weight: bold;
}
```

4. 所有相邻元素选择器

所有相邻元素选择器使用"~"连接接不同的选择器，表示选择前面选择器其后面所有同层次相邻的元素，也叫所有兄弟选择器。

例如，假如修改上面的样式为

```
#p1～a{
    font-weight: bold;
}
```

那么 id 为 p1 的元素，其后面所有的链接文本都将加粗显示。

例 4.8 理解组合选择器。

分析以下示例所产生的样式效果：

```
1.   <!DOCTYPE html>
2.   <html>
3.     <body>
4.       <ul>
5.         <li>
6.           列表项 1
7.           <p>段落 1</p>
8.           <a href="#">链接 0</a>
9.           <p id="p2">
10.             段落 2
11.             <a href="#">链接 1</a>
12.          </p>
13.          <a href="#">链接 2</a>
14.          <a href="#">链接 3</a>
15.          <a href="#">链接 4</a>
16.        </li>
17.        <li>列表项 2</li>
18.      </ul>
19.    </body>
20.  </html>
21.
22.  <style>
23.     /* 所有元素选择器 */
24.     * {  font-size: 18px;  }
25.     /* 后代选择器 */
26.     li a {  font-weight: bold;  }
27.     /* 直接子元素选择器 */
28.     /* 除链接 1，都是 li 的直接子元素 a */
29.     li>a {  border: 2px solid red;  }
30.     /* 兄弟选择器 */
31.     p+a {  background-color: rgb(0, 255, 0);  }
```

```
32.      /* 相邻兄弟选择器 */
33.      #p2～a {  font-style: italic;  }
34.  </style>
```

代码说明：

行 4 ~ 18，一个无序列表，包含两个列表项。元素之间的层次关系如图 4.5 所示。

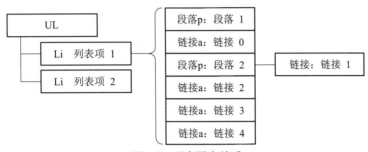

图 4.5　元素层次关系

在图 4.5 中，第一个列表项包含了六个直接子元素，分别是两个段落和四个链接。其中，"段落 2" 包含了一个直接子元素，即 "链接 1"。在 "列表项 1" 中，除了 "链接 1" 这个孙子元素外，其他子元素都是同层次的相邻元素。一个元素的相邻元素是指它后面的第一个元素，而一个元素的所有相邻元素是指它后面的所有同层次的元素。

■ 行 24：使用通配符选择器，将页面上的所有元素的字体大小统一声明为 18 px。

■ 行 26：使用后代选择器 li a，将列表项中的所有链接子元素（包括 "链接 1"）都声明为粗体字。

■ 行 29：使用直接子元素选择器 li>a，将列表项的直接子元素中的链接都添加一个 2 px 宽的红色边框。请注意，"链接 1" 不是其直接子元素，因此该样式对其不起作用。

■ 行 31：使用相邻元素选择器 p+a，将所有段落元素后面的第一个相邻链接设置为绿色背景。需要注意的是，如果段落元素后面没有链接元素，则没有符合条件的目标元素。在这个例子中，"链接 0" 是 "段落 1" 的第一个相邻元素，"链接 2" 是 "段落 2" 的第一个相邻元素，而其他元素都不符合条件。

■ 行 33，使用所有相邻元素选择器 #p2 ～ a，将具有 id 为 "p2" 的元素后面的所有相邻链接声明为斜体字体。在这个例子中，"链接 2"、"链接 3" 和 "链接 4" 都满足该条件。

最终效果如图 4.6 所示。

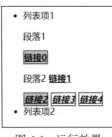

图 4.6　运行效果

4.4 样式继承、层叠和优先级

1. 继承

子元素可以继承父元素的字体和文本样式，例如，字体大小、颜色、行高和字符间隔等。然而，其他样式，如边框和阴影等样式，则不会被子元素继承。

链接是个例外，它具有默认的颜色和下划线样式，不会继承父元素的颜色，但会继承其他文本和字体样式。例如：

```
<p style="color:red;font-style: italic;font-size:18px;">
    <a href="#">链接颜色</a>
</p>
```

链接文本继承了斜体、18 px 的样式，但颜色并不会显示为红色。因此，如果要改变链接默认的颜色，需要单独为其声明样式。

2. 层叠

层叠是指当同一个元素使用多个选择器声明样式时，这些选择器的不同样式将叠加应用到该元素上。相同的样式属性将被最后声明的样式所覆盖，即采用了"无则叠加、有则覆盖"的原则。

举个例子，下面的段落同时使用了三个样式类：font、color 和 em。其中，em 和 color 样式类都定义了颜色样式。然而，由于 em 样式类位于最后定义，它覆盖了 color 类的定义。同时，em 样式类与 font 类样式叠加，因此段落文本最终显示的样式为：24 px、加粗和红色。

```
<!DOCTYPE html>
<html>
<body>
    <p class=" font color em">这是段落</p>
</body>
</html>
<style>
    .font {
        font-size: 24px;
        font-weight: bold;
    }
    .color {    color: gray;    }
    .em {    color: red;    }
</style>
```

3. 优先级

当同一个元素使用了不同类型的选择器时，如果它们都定义了相同的样式属性，就会出现优先级的问题。最终，元素的样式将由优先级最高的选择器决定。

通常情况下，样式的优先级按照以下顺序从高到低排列：
（1）ID 选择器。
（2）类选择器。
（3）通配符选择器（全局选择器）。
（4）标签选择器。

此外，如果一个 HTML 文档同时存在内联样式表、内部样式表和外部样式表，那么元素的样式效果遵循就近原则。也就是说，在存在相同样式属性的情况下，内联样式具有最高的优先级，其次是内部样式表，最后是外部样式表。

假定有：

```
<p class="myp" id="p1">这是段落</p>
```

以及声明了以下的样式规则：

```
*{ font-weight: bold;  color:black;}
p{ color: gray; }
#p1{color: red;}
.myp{color:yellow}
```

那么，段落文本最终的样式效果为：加粗（叠加）、红色（id 选择器的优先级最高）。

4.5 应用实例——图文样式

按以下要求声明样式，实现图 4.7 所示的效果。
（1）使用全局样式，所有文字使用"微软雅黑"字体。
（2）标题 1 文本"CSS 介绍"，使用内联样式，设置大小为 32 px，颜色为灰色。
（3）段落文本："来源：百度词条 2023-10-22"，使用 ID 选择器，设置为灰色，字体大小为 12 px。
（4）图片使用标签选择器，设置宽度为 200 px。
（5）段落文本"内容介绍"等，使用类选择器，设置背景颜色为 whitesmoke，字体大小为 14 px，宽度为 600 px。

其中，HTML 内容如下：

```
<h1 style="font-size: 32px;color:gray;">CSS 介绍 </h1>
<p id="title"> 百度词条 2023-10-22</p>
<img src="css.png" />
<p class="content">
    内容介绍 <br />
    层叠样式表（英文全称：Cascading Style  Sheets）是一种用来表现 HTML（标准通用标签语言的一个应用）或 XML（标准通用标签语言的一个子集）等文件样式的计算机语言。CSS 不仅可以静态地修饰网页，还可以配合各种脚本语言动态地对网页各元素进行格式化。</p>
```

要求实现的效果如图 4.7 所示。

图 4.7　样式效果

具体实现代码如下：

```
<style>
    /* 要求 1：使用全局选择器 */
    * {  font-family: 微软雅黑；  }

    /* 要求 2：见 HTML 标签 */
    /* 要求 3：使用 id 选择器 */
    #title {
        color: gray;
        font-size: 12px;
    }

    /* 要求 4：使用标签选择器 */
    img {  width: 200px;  }

    /* 要求 5：使用类选择器 */
    .content {
        background-color: whitesmoke;
        font-size: 14px;
        width: 600px;
    }
</style>
```

小　　结

本章详细剖析了 CSS 的基础知识与语法体系。首先，深入探讨了 CSS 在网页设计中的核心作用及其基础语法规则，为后续的学习打下了坚实的基础。随后，重点介绍一些常用的基本选择器，包括标签选择器、ID 选择器、类选择器、属性选择器以及伪类和伪元素选择器。通过掌握这些选择器，可以灵活地控制网页内容的样式和效果。

紧接着，学习了组合选择器的应用技巧。这些选择器能够结合多个条件，使我们能够更精准地定位并样式化目标元素。例如，后代选择器、子元素选择器、相邻兄弟选择器等，它们的灵活运用极大地提升了样式化元素的精确性和效率。

最后，深入讨论了样式的继承和层叠机制，以及 CSS 样式的优先级规则。样式的继承使得子元素能够继承父元素的样式特性，而层叠规则决定了在样式冲突时，哪一条样式会被优先应用。对这些概念的深入理解，使我们能够更加高效地管理和应用 CSS 样式，确保网页呈现出符合预期的美观效果。

习　　题

一、填空题

1. CSS 的中文含义是 _____ ，其中第 1 个 S 是指 _____ 。
2. CSS 基础选择器有 _____ 、_____ 、_____ 、_____ 、_____ 。
3. CSS 组合选择器有 _____ 、_____ 、_____ 、_____ 、_____ 。
4. CSS 按书写位置可以分为 _____ 、_____ 和 _____ 。

二、判断题

1. 子元素可以继承父元素所有的样式。（　　）
2. 在 HTML 文档中，ID 选择器只能为一个元素声明样式。（　　）
3. 样式类可以应用多个元素。（　　）
4. 多个选择器使用空格连接时，表示为其后代元素声明样式。（　　）
5. 多个选择器使用 ">" 连接时，表示为其直接子元素声明样式。（　　）
6. 多个选择器使用 "+" 连接时，表示为相邻元素声明样式。（　　）
7. 多个选择器使用 "~" 连接时，表示为所有相邻元素声明样式。（　　）
8. "*" 号选择器表示为所有元素声明相同的样式。（　　）

三、选择题

1. CSS 的作用是（　　）。
   A. 控制网页的内容   B. 控制网页的样式和布局
   C. 控制网页的交互功能   D. 控制网页的服务器端逻辑
2. CSS 选择器用于（　　）。
   A. 改变网页的结构   B. 控制网页的行为
   C. 声明网页的样式   D. 决定网页的主题颜色
3. CSS 选择器中用于选择所有元素的是（　　）。
   A. 类选择器   B. ID 选择器
   C. 元素选择器   D. 后代选择器
4. 在 CSS 中，（　　）使用类选择器。
   A. 使用 # 符号   B. 使用 . 符号
   C. 使用 * 符号   D. 使用 @ 符号

5. （　　）可以选择具有特定 ID 的元素。
A. 类选择器　　　　　　　　　　　　B. 元素选择器
C. ID 选择器　　　　　　　　　　　　D. 后代选择器
6. （　　）可以选择所有 \<a> 元素的子元素。
A. 后代选择器　　　　　　　　　　　B. 子元素选择器
C. 相邻兄弟选择器　　　　　　　　　D. 通用选择器
7. CSS 中，（　　）声明一个 ID 选择器。
A. 使用 # 符号　　　　　　　　　　　B. 使用 . 符号
C. 使用 * 符号　　　　　　　　　　　D. 使用 @ 符号
8. 组合选择器是用来（　　）。
A. 结合多个选择器　　　　　　　　　B. 创建新的 HTML 元素
C. 控制网页的布局　　　　　　　　　D. 定义网页的交互逻辑
9. 在 CSS 中，样式的继承指的是（　　）。
A. 子元素继承父元素的样式　　　　　B. 父元素继承子元素的样式
C. 所有元素共享相同样式　　　　　　D. 没有继承概念
10. 样式的层叠是指（　　）。
A. 多个样式属性叠加在一起　　　　　B. 样式按照层次展示
C. 样式按照优先级展示　　　　　　　D. 样式按照颜色叠加展示

第 5 章

盒子模型、文本样式和背景

学习目标

- ❖ 理解盒子模型的基本概念,并能熟练运用其进行页面布局和元素定位。
- ❖ 熟练掌握行内元素和块元素的特性,了解它们的转换方法,并能根据需求灵活应用。
- ❖ 掌握属性值的常用单位,能够准确设置元素的尺寸和位置。
- ❖ 熟练掌握文本样式属性的设置,提升页面文本的可读性和美观度。
- ❖ 理解并掌握背景色和背景图属性的应用,为页面元素添加丰富的视觉效果。

5.1 盒子模型

在 HTML 文档中,每一个在 body 标签之间的元素都可以视为一个 Box(盒子)模型,如图 5.1 所示。

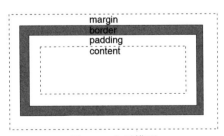

图 5.1 盒子模型

从图 5.1 可以清楚地看出,每个 HTML 元素都由外边距(margin)、边框(border)、内边距(padding)和内容(content)组成。需要注意的是,内边距和外边距是透明的,不会影响元素的背景或内容。在元素的样式属性中,宽度属性(width)和高度属性(height)分别指的是内容的宽度和高度。

1. 外边距

外边距是指元素与其周围元素之间的间隔，它由上、右、下、左四个独立属性组成。用法如下：

```
margin-top: 上外边距 px;
margin-right: 右外边距 px;
margin-bottom: 下外边距 px;
margin-left: 左外边距 px;
```

每个外边距可以单独设置，但通常使用复合属性 margin 来统一设置它们。

复合属性有以下几种取值方式：

（1）margin: 上、右、下、左；使用四个取值，按顺时针方向从顶部开始设置四个外边距。例如，margin: 10 px 10 px 10 px 10 px 表示上、右、下、左外边距均为 10 px。如果四个值相同，可以简写为 margin: 10 px。

（2）margin: 上下、左右；使用两个取值，表示上下和左右外边距。例如，margin: 2 px 4 px 表示上、下外边距均为 2 px，左、右外边距均为 4 px。

（3）margin: 上、左右、下；使用三个取值，表示上边距、左右边距和下边距。例如，margin: 2 px 4 px 3 px 表示上边距为 2 px，左右边距均为 4 px，下边距为 3 px。

2. 内边距

内边距是指内容与边框之间的间隔，它由上、右、下、左四个样式属性组成，分别表示上内边距、右内边距、下内边距和左内边距。

内边距具有四个独立的属性，其用法如下：

```
padding-top: 上内边距 px;
padding-right: 右内边距 px;
padding-bottom: 下内边距 px;
padding-left: 左内边距 px;
```

内边距通常也使用复合属性 padding 来设置，其取值方式类似于 margin，具体如下：

（1）padding: 上、右、下、左；使用四个取值，按顺时针方向从顶部开始设置四个内边距。例如，padding: 10 px 10 px 10 px 10 px 表示上、右、下、左内边距均为 10 px。如果四个值相同，可以简写为 padding: 10 px。

（2）padding: 上下、左右；使用两个取值，表示上下和左右内边距。例如，padding: 2 px 4 px 表示上、下内边距均为 2 px，左、右内边距均为 4 px。

（3）padding: 上、左右、下；使用三个取值，表示上内边距、左右内边距和下内边距。例如，padding: 2 px 4 px 3 px 表示上内边距为 2 px，左、右内边距均为 4 px，下内边距为 3 px。

3. 边框

边框由上、右、下、左四个边框组成。边框样式可以单独设置，也可以使用复合属性来统一设置。以上边框为例，其用法如下：

```
border-top-width: 上边框宽度 px; /*必须设置边框宽度值才会显示边框*/
border-top-style: 上边框样式;
  /*样式取值为: none|solid|dotted|dashed|double*/
```

```
border-top-color:上边框颜色;
```

> **注意**：边框宽度是必须设置的。

如果四个边框样式一致，使用复合属性 border 更加简单，如：

```
border:宽度 样式 颜色 ;/* 如border:1px solid red;*/
```

4. 内容

内容区域包含宽度和高度，是指元素内部可真正容纳其他子元素的空间。

根据盒子模型的组成，一个元素在页面中实际占用的空间，即总宽度和总高度可以通过以下公式计算得出：

总宽度 = 左外边距 + 左边框 + 左内边距 +content 宽度 + 右内边距 + 右边框 + 右外边距
总高度 = 上外边距 + 上边框 + 上内边距 +content 高度 + 下内边距 + 下边框 + 下外边距

其中，内容宽度和内容高度指的是元素内部真正容纳子元素的宽度和高度，而内边距、边框宽度则是元素周围的间隔和边框的宽度。

例 5.1 认识元素所占用的页面空间。

假定有 3 个段落，width 和 height 分别为 100 px、40 px，背景色为 #ccc，在此基础上，添加以下样式：

（1）段落 1：不设置内边距、外边距和边框。
（2）段落 2：不设置内边距，而外边距和边框均设置为 10 px。
（3）段落 3：内边距、外边距和边框均设置为 10 px。

效果如图 5.2（a）所示。

具体实现代码如下：

```
<!DOCTYPE html>
<html>
    <body>
    <p class="p1">W/H:100/40</p>
    <p class="p1 p2">W/H:140/100</p>
    <p class="p1 p2 p3">W/H:160/120</p>
    </body>
</html>

<style>
    .p1{ width:100px;height:40px;background-color:#ccc;}
    .p2{ margin:10px;border:10px solid #ccc; }
    .p3{ padding:10px; }
</style>
```

代码说明：这里使用了样式类 p1 来定义段落的宽度和高度。需要注意，默认情况下，宽度和高度指的是内容的宽度和高度。当第二个段落设置了边框和外边距后，它在页面中所占的空间在水平和垂直方向上都增加了（10×2 + 10×2）px。而第三个段落在此基础上又增加了

10×2 px 的内边距。此外，元素的背景色使用了 background-color 样式属性，其取值与 color 完全一致。

从图 5.1（a）可以观察到，尽管三个段落的宽度和高度属性值设置相同，但它们实际占用的页面空间却不相同。

为了避免复杂的计算，并且避免在调整元素的边框和内边距时对其他元素的布局产生影响，通常会使用全局选择器将所有元素的 box-sizing 属性值设置为 border-box（边框盒子）。这样，所有元素的宽度和高度的值都会包含边框和内边距。即：

$$width = 左、右内边距 + 左、右边框 + content 宽度$$
$$height = 上、下内边距 + 上、下边框 + content 高度$$

需要注意的是，这里的 width 和 height 样式值不包括外边框。此外，box-sizing 属性有两个取值：border-box 和 content-box（默认值）。

在例 5.1 中，添加如下的样式，使元素的宽度和高度确定后所占用的页面空间一致，即所有元素都使用边框盒子：

```
*{ box-sizing:border-box; }
```

这样，三个段落效果将会如图 5.2（b）所示。

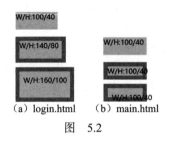

图 5.2

5.2 块元素和行内元素

HTML 元素按其表现可以分为两大类：块元素和行内元素。

1. 块元素

块元素具有以下特征：

（1）其前后元素会自动分行。

（2）默认宽度为 100%，高度为 auto（由子元素高度决定）。

（3）可以设置宽度和高度。

（4）通常作为容器元素使用。

典型的块元素有：div、p、h1～h6、ul、li 等。

其中，div 是最常用的块元素之一，它没有默认属性。作为容器元素，div 可以包含任意其他的 HTML 元素，主要用于元素定位和页面布局。

2. 行内元素

行内元素具有以下特征：

（1）在一行中显示，前后的其他行内元素不会自动分行。

（2）无法通过宽度和高度属性来改变大小，宽度和高度由内容决定。但是，img 元素是个例外，它可以改变宽度和高度。此外，当行内元素处于绝对定位时，也可以改变其大小。

（3）可以通过改变 padding、字体大小和左、右外边距来改变行内元素实际占用页面的宽度，但是，上下外边距和上下内边距的改变不会影响其他元素在垂直方向上的布局。

典型的行内元素有：span、a 和 img。

span 是一个纯粹的行内文本标签，没有默认属性。当需要对部分文本进行单独的样式修饰时，可以使用 span 标签将其包裹起来。

例如，在一行文本中，可以使用 span 标签来设置部分文本的不同颜色。

```
<p>
我们熟知的颜色有 <span style="color:red;"> 红 </span>
<span style="color:green;"> 绿 </span>
<span style="color:blue;"> 蓝 </span> 等。
</p>
```

实际运行效果如图 5.3 所示。

图 5.3　样式效果

3. 块元素与行内元素的相互转换

通过 CSS 中的 display 样式属性，可以实现块级元素和内联元素之间的相互转换。

display 属性常用取值如下：

- **none**：元素不显示，即隐藏，不占用页面空间。
- **block**：显示为块元素，使其具有块元素的特征。如果与 none 配合使用，可以实现块元素在显示/隐藏之间切换。
- **inline**：显示为行内元素，使其具有行内元素的特征。
- **inline-block**：显示为行内块级元素，具备部分块级元素的特征，可以通过改变宽度和高度属性来调整大小。同时，也具有行内元素的特征，即元素的大小由内容决定，并且前后元素不会分行。这个属性可以实现使多个元素水平排列，并且可以改变大小。

实际上，可以将 img 和表单元素视为行内块级元素。它们既可以改变宽度和高度，又不会导致其前后的其他行内元素换行。需要注意的是，表单元素的宽度和高度并不是由其内容决定的。

例 5.2　将列表项转换为行内块元素，实现列表项的水平排列，效果如图 5.4 所示。

图 5.4　运行效果

分析：列表项是块元素，默认情况下会占据父元素的整个宽度，其前后元素分行显示。通过使用 display 属性，可以将列表项转换为行内块元素，这样它的宽度和高度将由内容决定，同时也可以进行手动设置，列表项就能够在一行中水平排列显示。

具体实现代码如下：

```
1.  <html>
2.  <body>
3.      <ul>
4.          <li>项目 A</li>
5.          <li>项目 B</li>
6.          <li>项目 C</li>
7.      </ul>
8.  </body>
9.  </html>
10. <style>
11.     li {
12.         padding: 4px;
13.         border: 1px solid #ccc;
14.         display: inline-block;
15.     }
16. </style>
```

代码说明：

■ 行 3～7：创建无序列表。

■ 行 11～15：使用标签选择器来声明样式。在第 12 行，设置了 4 px 的内边距，这样可以使文本在列表项中水平和垂直居中显示。在第 13 行，设置了 1 px 的浅灰色边框。而在第 14 行，将 li 元素的 display 属性从块级元素改为行内块级元素，这样就能够实现水平排列而不换行显示。

5.3　单位与文本样式

5.3.1　CSS 的单位

在之前的例子中，使用了像素作为宽度、高度和字体大小等的单位。然而，在 CSS 中，单位可以分为绝对单位和相对单位。绝对单位是固定的值，代表真实的物理尺寸。它的具体大小取决于输出介质，而不依赖环境（如显示器、分辨率、操作系统等）。一些常见的绝对单位包括厘米（cm）、毫米（mm）等。

相对单位则是相对于其他元素或设备相关的大小值。它们的具体大小取决于上下文环境，如像素、em（相对于父元素字体大小的倍数）和百分比（%）等。在 Web 页面中，极少使用绝对单位，通常使用相对单位。

在 HTML 页面中，默认的字体大小为 16 px，这意味着 1 em 等于 16 px。em 是相对于当前元素字体大小的倍数。如果当前元素没有设置字体大小，那么 em 将相对于其父元素的字体大小进行计算，因为字体样式可以继承。

通常情况下，em 被用作字体大小、字符间距和行高的单位，而很少用作宽度或高度的单位。另一方面，百分比（%）作为单位时，表示相对于父元素对应属性值的百分比。例如，设置宽度为 50%，意味着它相对于父元素宽度的 50%。同样地，如果设置字体大小为 50%，则表示相对于父元素字体大小的 50%。

例 5.3 使用 em 作为字体大小的单位。

```
1.   <html>
2.     <body>
3.       <p>这是段落文字，默认大小 (16px)</p>
4.       <p style="font-size:16px;">这是段落文字，大小为 16px</p>
5.       <p style="font-size:1.5em;">这是段落文字，大小为 24px (1.5*16px) </p>
6.       <div style="font-size:12px;">
7.         <p style="font-size:2em">
                div 中的子元素，大小为 24px(2*12px)</p>
8.       </div>
9.     </body>
10.  </html>
11.
12.  <style>
13.     p{ margin: 0; }
14.  </style>
```

代码说明：em 是相对于当前元素的字体大小的倍数来确定的。如果当前元素没有设置字体大小，它将参考其父元素的字体大小。需要注意的是，在页面中，body 元素的默认字体大小通常为 16 px。

当使用 em 作为单位时，如果一个元素逐级向上查找，发现其所有父元素都没有设置字体大小，那么该元素将相对于 body 元素的字体大小进行计算。

本页面的运行效果如图 5.5 所示。

这是段落文字，默认大小(16px)
这是段落文字,大小为16px
这是段落文字,大小为24px (1.5*16px)
div中的子元素，大小为24px (2*12px)

图 5.5　使用 em 为单位

例 5.4 参照图 5.6 的样式效果，通过分析以下代码来理解相对单位。

图 5.6　样式效果

```
1.   <!DOCTYPE html>
```

```
2.   <html>
3.   <body>
4.       <p>这是段落，默认大小和宽度</p>
5.       <p style="font-size:100%;width:50%;">这是段落，字体大小 100%; 页面宽度的 50%;</p>
6.       <div style="font-size:12px;width:50%;">
7.           这是div文字,12px大小,50%页面宽度
8.            <p style="font-size:150%;width:50%;">150%大小; 50%页面宽度</p>
9.       </div>
10.  </body>
11.  </html>
12.  <style>
13.      p, div {
14.          border: 2px dotted black;
15.          padding-left: 10px;
16.      }
17.  </style>
```

代码说明：使用 % 为单位时是相对父元素对应的属性值。

- 行 4：段落元素，其父元素为 body，默认情况下，其宽度为页面宽度的 100%，字体大小为 16 px。
- 行 5：段落元素，字体大小为父元素的 100%，即 16 px，宽度为页面宽度的 50%。
- 行 6：div 元素包含文本和一个子元素段落 p。div 的宽度设置为页面宽度的 50%，同时文本的字体大小为 12 px。子元素 p 的字体大小是相对于其父元素 div 的字体大小计算的，即 12 × 1.5 = 24 px。此外，p 的宽度设置为相对于其父元素 div 宽度的 50%。
- 行 14 ~ 15：同时为元素 p 和 div 加上 2 px 的黑色、虚线边框，并使它们有一定的左内边距。

5.3.2 文本样式

在本节中，我们将继续介绍其他常用的文本样式。这些文本样式包括字符间距、行高、文本缩进、文本装饰线、大小写转换以及水平和垂直对齐等。

1. 字符间距

字符间隔属性 letter-spacing 可以在文本的字符之间添加一定的间隔，从而调整字符之间的间距。

用法如下：

```
letter-spacing:px | em;
```

说明：如果使用 em 为单位，则字符间隔将相对当前元素的字体大小。

例如，下面两个段落，一个使用默认的字符间隔，一个使用 1.5 em 的字符间隔，可以通过对比图 5.7 中它们的效果来观察它们之间的差别。

```
<p>正常字符间隔</p>
<p style=" letter-spacing:1.5em;">相对字体大小,1.5em字符间隔</p>
```

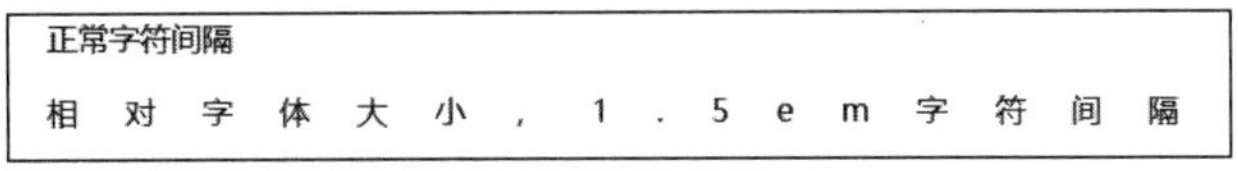

```
正常字符间隔
相 对 字 体 大 小 , 1 . 5 e m 字 符 间 隔
```

图 5.7　默认间隔和 1.5em 间隔

2. 首行缩进

首行缩进属性 text-indent 用于规定文本块中首行文本的缩进距离。
用法如下：

```
text-indent : px | em | %
```

下面是一个示例代码，演示了如何使两个段落的首行均缩进两个字符，效果如图 5.8 所示。

```
<p style="text-indent:2em;width: 100px;">这是首行缩进2个字符</p>
<p style="text-indent:32px;width: 100px;">这是首行缩进2个字符</p>
```

```
这是首行
缩进2个字符
这是首行
缩进2个字符
```

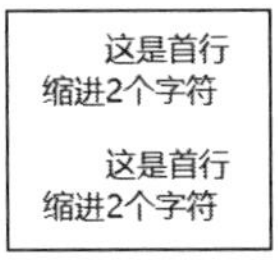

图 5.8　首行缩进

3. 大小写转换

text-transform 样式属性用于对英文文本进行大小写转换，包括将文本转换为全大写、全小写，或将每个单词的首字母转换为大写。
用法如下：

```
text-transform : none | uppercase(转换为大写) | lowercase(转换为小写) |
capitalize(单词首字母大写)
```

下面是一个示例代码，演示了如何使用 text-transform 属性来实现不同的大小写转换效果，效果如图 5.9 所示。

```
<p style="text-transform: capitalize;">hello world!</p>
<p style="text-transform: uppercase;">hello world!</p>
<p style="text-transform: lowercase;">hello world!</p>
```

```
Hello World!
HELLO WORLD!
hello world!
```

图 5.9　大小写转换效果

4. 文本装饰线

text-decoration 样式属性用于为文本添加或取消装饰线。装饰线包括下划线、上划线和删除线。此外，它还可以用于取消默认的下划线，如超链接。

用法如下:

```
text-decoration : none(无) | underline(下划线) | overline(上划线) | line-throught(删除线)
```

下面是一个示例代码,演示了如何使用 text-decoration 属性来添加或取消不同的装饰线效果,效果如图 5.10 所示。

```
<a href="#" style="text-decoration: none">取消下划线的链接</a> |
<span style="text-decoration: underline">添加下划线的文本</span> |
<span style="text-decoration: line-through">划线价: $199</span>
```

图 5.10 样式效果

5. 水平对齐

text-align 样式属性用于控制文本的对齐方式。

用法如下:

```
text-align: left(左对齐) | center(居中对齐) | right(右对齐) | justify(两端对齐)
```

说明:text-align 样式属性取代了 HTML 元素中的对齐属性 align,用于控制文本的对齐方式,包括段落和标题等元素的对齐方式属性。

6. 行高

line-height 样式属性用于设置文本在一行中占用的高度。它可以影响行间距、行高和文本的垂直对齐方式。

用法如下:

```
line-height : px|em|%
```

注意:当使用 em 或 % 作为单位时,行高是相对于元素的字体大小来计算的。同时,子元素会继承父元素的文本样式,包括字体样式和行高。

例如,下面有两个段落,它们的高度都是 40 px。然而,第一个段落使用了默认的行高,第二个段落的行高设置为 40 px。效果如图 5.11 所示。

```
<p style="height:40px;">文本内容,默认行高</p>
<p style="height:40px;line-height:40px;">文本内容,行高 = 高度</p>
```

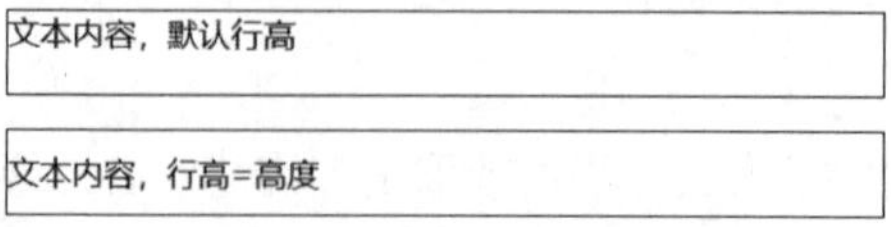

图 5.11 行高样式效果

说明：当块元素高度与行高值相等时，其包含的文本或其他行内元素将垂直居中显示。

例 5.5　行高的应用。

请实现如图 5.12 所示的效果，使文本和 div 子元素在它们各自的父元素 div 中水平和垂直居中显示。

分析：当块级元素的高度与行高一致时，其中的文本将垂直居中显示。而要实现文本的水平居中，可以使用 text-align 属性。为了同时实现水平和垂直居中，可以将父元素的高度与行高设置为相等，并将子元素转换为行内块元素。这样就可以在父元素中实现垂直居中效果。

图 5.12　居中显示

具体实现代码如下：

```
1.   <!DOCTYPE html>
2.   <html>
3.       <body>
4.           <div class="txt">文本居中</div>
5.           <div class="main-div">
6.               <div class="sub-div">行内块居中</div>
7.           </div>
8.       </body>
9.   </html>
10.  <style>
11.      .txt{
12.          border: 1px dotted gray;
13.          width:200px;
14.      /* 文本垂直居中 */
15.          height:40px;
16.          line-height: 40px;
17.      /* 水平居中 */
18.          text-align: center;
19.      }
20.      .main-div{
21.          border:1px dotted gray;
22.          width:200px;
23.      /* 使行内块元素垂直居中 */
24.          height:100px;
25.          line-height: 100px;
26.          text-align: center;
```

```
27.         }
28.
29.         .sub-div{
30.         /* 转换为行内块，否则无法改变位置 */
31.             display: inline-block;
32.         /* 文本样式会继承，这里覆盖父元素的样式 */
33.             width:100px;
34.             height:40px;
35.             line-height: 40px;
36.             background-color: #ccc;
37.         }
38. </style>
```

代码说明：
- 行 15、16：实现行内元素（文本）垂直居中对齐。
- 行 18：实现行内元素（文本）水平居中对齐。
- 行 24～26：使行内子元素垂直、水平居中对齐。
- 行 31～35：在第 31 行，将包含文本的子 div 转换为行内块元素。由于父元素 div 已经设置了与行高一致的高度，并继承了水平居中样式，因此整个子 div 作为行内块元素将水平和垂直居中显示。然而，由于子 div 会继承父元素的行高，导致文本不会自动垂直居中。因此，在第 35 行中，将子元素 div 的行高覆盖为与高度一致的 40 px。这样，子 div 中的文本才会垂直居中显示。

这也是解决"如何使子 div 在父 div 中居中"的方法之一。当然，在学习后续章节的内容后，你将会了解更多更实用的实现垂直居中的方法，如弹性布局。

7. 垂直对齐

vertical-align 样式属性用来指定行内元素之间或表格单元格中文本的垂直对齐方式。

用法如下：

```
vertical-align: top（对齐容器顶部）| middle（与容器居中对齐）| bottom（对齐容器底部）|text-top（与容器文本顶部对齐） | text-bottom（与容器文本底部对齐）| super（上标）|sub（下标）
```

说明：top 和 text-top 取值之间的区别在于，top 是相对于父元素的顶部对齐，而 text-top 是相对于父元素中文本的顶部对齐。在默认行高的情况下，这两者的效果没有明显区别。同样地，bottom 和 text-bottom 之间也存在类似的区别。而 super 和 sub 分别等同于 HTML 中的 sup 标记和 sub 标记。所有的垂直对齐方式都是在一行的高度范围内进行的。

例如，设置不同的垂直对齐方式来实现段落中的图片在顶部对齐、与文本顶部对齐以及居中对齐的效果，如图 5.13 所示。

图 5.13　对齐方式

具体实现代码如下：

```
1.   <!DOCTYPE html>
2.   <html>
3.       <body>
4.           <p><img src="images/info.png" class="img1">新消息！</p>
5.           <p><img src="images/info.png" class="img2">新消息！</p>
6.           <p><img src="images/info.png" class="img3">新消息！</p>
7.       </body>
8.   </html>
9.   <style>
10.      p{
11.          width:100px;
12.          height: 30px;
13.          line-height: 30px;
14.
15.          border: 1px solid #ccc;
16.          font-size:14px;
17.          display: inline-block;
18.      }
19.      .img1{ vertical-align: top; }
20.      .img2{ vertical-align: text-top; }
21.      .img3{ vertical-align: middle; }
22.  </style>
```

代码说明：

■ 行 4～6：在页面中添加三个段落。每个段落都包含了位于当前项目下的 images 目录中的 info.png 图片文件（请确保该目录中存在该图片）。这些段落都具有 class 属性，对应不同的样式类，这些样式类用于实现图片在段落中的垂直对齐方式。

■ 行 12～13：设置段落的高度和行高一致，这样文本自动水平居中对齐。

■ 行 17：将段落元素设置为行内块元素，从而使得这三个段落在一行中水平显示。

■ 行 19：对齐段落顶部。

■ 行 20：与段落文本顶部对齐。

■ 行 21：在段落中居中对齐

vertical-align 属性适用于两种场景：

（1）使各个行内元素在父元素中垂直对齐，如文本与图片的对齐；

（2）用于表格单元格中的内容垂直对齐。

需要注意的是，vertical-align 只对行内元素、行内块元素和表格单元格元素有效，不能直接使用它来垂直对齐块级元素，如无法直接使用它来使 div 元素在其父元素中垂直居中。

5.4 应用实例——分组链接

模仿某商城主页中的二级导航菜单，实现如图 5.14 所示的分组链接效果。

```
电器设备  > 手机 电脑 手机 电脑 充电器 CPU SSD
其他商品  > 运动鞋 皮鞋 跑步鞋 挎包 T恤 手表 雀巢咖啡 蓝山咖啡 星巴克咖啡
          奶茶 麦乳精 福禄营养 316保温杯 301保温杯 玻璃杯 水壶 茶杯 塑
          料杯
```

图 5.14 分组链接效果

实现思路分析如下：

（1）通常，使用一个固定宽度的 div 容器来包含所有的内容。

（2）每一组链接可以使用一个无序列表作为容器，其中包含两个列表项，即链接标题项和内容链接项。将每个列表项转换为行内块元素，以便水平排列它们。

（3）对于每个列表的第 1 项，可以设置宽度并将文本加粗，然后使用伪类在末尾添加指示符 ">"。

（4）对于每个列表的第 2 项，可以设置宽度和字体颜色，并在其中包含一组链接。

（5）需要解决列表项转换为行内块元素后的间隙问题。

具体实现代码如下：

```
1.   <!DOCTYPE html>
2.   <html>
3.   <body>
4.       <div class="container">
5.           <ul>
6.               <li><a href="#">电器设备</a></li>
7.               <li>
8.                   <a href="#">手机</a>
9.                   <a href="#">电脑</a>
10.                  <a href="#">手机</a>
11.                  <a href="#">电脑</a>
12.                  <a href="#">充电器</a>
13.                  <a href="#">CPU</a>
14.                  <a href="#">SSD</a>
15.              </li>
16.          </ul>
17.
18.          <ul>
19.              <li><a href="#">其他商品</a></li>
20.              <li>
21.                  <a href="#">运动鞋</a>
22.                  <a href="#">皮鞋</a>
23.                  <a href="#">跑步鞋</a>
24.                  <a href="#">挎包</a>
25.                  <a href="#">T恤</a>
```

```
26.            <a href="#">手表</a>
27.            <a href="#">雀巢咖啡</a>
28.            <a href="#">蓝山咖啡</a>
29.            <a href="#">星巴克咖啡</a>
30.            <a href="#">奶茶</a>
31.            <a href="#">麦乳精</a>
32.            <a href="#">福禄营养</a>
33.            <a href="#">316保温杯</a>
34.            <a href="#">301保温杯</a>
35.            <a href="#">玻璃杯</a>
36.            <a href="#">水壶</a>
37.            <a href="#">茶杯</a>
38.            <a href="#">塑料杯</a>
39.        </li>
40.      </ul>
41.   </div>
42. </body>
43. </html>
44.
45. <style>
46.     * {
47.         box-sizing: border-box;
48.     }
49.
50.     .container {
51.         width: 600px;
52.         border: 1px solid #ccc;
53.     }
54.
55.     ul {
56.         list-style: none;
57.         margin: 10px;
58.         padding: 0;
59.         /* 如有需要，消除行内块元素之间的间隙 */
60.         font-size: 0;
61.     }
62.
63.     li {
64.         display: inline-block;
65.         /* 重新设置字体大小 */
66.         font-size: 16px;
67.     }
68.
69.     li:nth-of-type(1) {
```

```
70.            width: 100px;
71.            padding-left: 10px;
72.            font-weight: bold;
73.            /* 行内块元素顶部对齐 */
74.            vertical-align: top;
75.        }
76.
77.        li:nth-of-type(2) {
78.            /* 600-100-1*2=478 */
79.            width: 478px;
80.        }
81.
82.        li:nth-of-type(1)::after {
83.            content: '>';
84.            margin-left: 10px;
85.        }
86.
87.        /* 为了美观，取消链接下划线 */
88.        a {
89.            color: #666;
90.            text-decoration: none;
91.        }
92.
93.        a:hover {
94.            /* 鼠标悬停时才出现下划线 */
95.            text-decoration: underline;
96.        }
97.    </style>
```

代码说明：

- 行 4 ~ 41：HTML 主体内容。在一个 div 容器中，添加了两个无序列表，每个无序列表都包含两个列表项。每组列表的第一个列表项包含标题链接，而第二个列表项包含一组内容链接。
- 行 46 ~ 48：使用全局选择器来声明样式，将所有元素都设置为使用边框盒子模型。这样做是为了根据容器 div 的宽度来准确计算和分配列表项所占用的宽度。
- 行 50 ~ 53：声明容器 div 的样式，使其宽度为 600 px，并带有 1 px 的浅灰色实线边框。注意，在调试过程中，为了能够观察效果，会给元素添加边框或背景。调试完毕后，如果不再需要这些样式，可以将其移除。
- 行 55 ~ 61：无序列表的样式。在使用无序列表时，通常会首先去掉列表项的前导符号，并将内外边距设置为 0。在这里，将边距设置为 10 px，以便与容器 div 和下一个列表项保持一定的间距。此外，由于列表项将被转换为行内块元素，每个列表项之间会存在一定的间隙，这些间隙会影响后续列表项宽度的计算。为了消除这种影响，将字体大小设置为 0。需要注意的是，由于继承的原因，列表项及其包含的链接文本的字体大小也会变为 0。因此，在后续的列表项中，需要重新设置子元素的字体大小（第 66 行）。

- 行 63～67：将列表项转换为行内块元素，以实现水平排列，并恢复字体大小。
- 行 69～75：使用伪类，设置每个列表的第一个列表项样式为：宽度 100 px，文本与左边距离为 10 px，加粗文本并顶部垂直对齐。
- 行 77～80：使用伪类，设置每个列表的第二个列表项宽度为 478 px，该值的计算方式如下：容器宽度（600 px）− 容器边框（1×2 px）− 第 1 个列表项宽度（100 px）=478 px

当然，也可以使用估算值，如 460 px，但是如果超过 478 px，列表项将会换行显示，无法实现所需的水平排列效果。

- 行 82～85：使用伪元素，在第一个列表项后添加">"指示符，这样就不需要逐个在每个列表项中添加指示符，方便以后进行修改。
- 行 87～96：所有链接取消下划线，仅在鼠标悬停时出现下划线。

空白字符和文本溢出的处理

空白字符包括回车符、Tab 制表符和空格。为了控制这些空白字符的处理方式，可以使用 white-space 属性。常用的取值包括：

- nowrap：多个连续空白字符会被视为一个空格处理，即使文本超出容器宽度，也不会换行。
- pre-wrap：保留所有空白字符，类似于 HTML 中的 pre 标记，保持原始的空白字符布局。

如果文本超出了块元素的宽度，默认情况下会自动换行显示。为了控制文本截断的方式，可以使用 text-overflow 属性。常用的取值有 clip（截断文本，超出部分隐藏）和 ellipsis（截断文本并显示省略号）。为了实现这两种效果，需要将 overflow 属性设置为 hidden。如果想要显示省略号，还需要将 text-overflow 设置为 ellipsis，同时将 white-space 设置为 nowrap。

- overflow 属性用于定义当子元素或文本内容超出元素范围时的处理方式。常用的取值有：
  - visible：默认值，内容不会被修剪，超出部分会呈现在元素框之外。
  - hidden：内容会被修剪，超出部分是不可见的。
  - scroll：内容会被修剪，但浏览器会显示滚动条以便查看超出部分的内容。
  - auto：如果内容被修剪，则浏览器会显示滚动条以便查看超出部分的内容。

例如，实现如图 5.15 所示的长标题新闻列表效果，使每行文本在超出其容器的宽度时都将被截断，并显示省略号。

```
HTML的全称为超文本标记语...
CSS不仅可以静态地修饰网页...
JavaScript（简称"JS"）是...
```

图 5.15　样式效果

具体实现代码如下：

```
1.    <!DOCTYPE html>
2.    <html>
3.        <body>
4.            <ul>
5.                <li>HTML 的全称为超文本标记语言，是一种标记语言。</li>
6.                <li>CSS 不仅可以静态地修饰网页，还可以配合各种脚本语言动态地对网页各元素进行格式化。</li>
7.                <li>JavaScript（简称"JS"）是一种具有函数优先的轻量级，解释型或即时编译型的编程语言。</li>
```

```
8.            </ul>
9.        </body>
10.   </html>
11.   <style>
12.        ul{
13.            list-style: none;
14.            padding: 0;
15.            margin:0;
16.            /* 设置宽度，让文本溢出 */
17.            width:200px;
18.        }
19.        li{
20.            /* 要使文本溢出时显示省略号，三者必须取值如下 */
21.            white-space: nowrap;
22.            text-overflow: ellipsis;
23.            overflow: hidden;
24.            /* 显示虚线下边框 */
25.            border-bottom: 1px dotted gray;
26.            /* 字体和颜色 */
27.            font-size: 14px;
28.            color:gray;
29.        }
30.   </style>
```

代码说明：

- 行 4～8：创建无序列表，列表项文本需要足够长。
- 行 12～18：取消列表符号，并设置内外边距为 0，这三者经常配合使用。行 17 用于限制整个无序列表的宽度，这样列表项的宽度也就固定，当文本长度超出列表项时，后面的样式将使其截断并显示省略号。
- 行 21～23：当文本超出容器（列表项）宽度时间，截断文本并出现省略号，三者必须同时设置才生效。
- 行 25、行 27～28：设置虚线下边框和字体样式，使显示效果更佳。

5.5 颜色与背景

5.5.1 背景色

color 属性用于指定文本的颜色，而 background-color 属性用于指定元素的背景色。颜色的取值可以使用关键字（如 red、gray 等），也可以使用以 # 为前缀的十六进制数（如 #FF0000），或者使用其 3 位的缩写形式（如 #f00）。此外，还可以使用 rgb 或 rgba 函数来指定颜色值。

rgb 和 rgba 函数的用法以下：

```
rgb(R,G,B)
rgba(R,G,B,A)
```

用法说明：参数 R、G、B 是整数，代表红、绿、蓝三种颜色的饱和度。它们的取值范围都在 0 ～ 255 之间。例如，黑色可以表示为 rgb（0，0，0），白色可以表示为 rgb（255，255，255）。而参数 A 是一个小数，表示透明度，取值范围为 0 ～ 1 之间。其中，0 表示完全透明，1 表示完全不透明。透明度值越小，透明度越高。例如，半透明的红色可以表示为 rgba（255，0，0，0.5）。

例如，制作一个半透明的平面按钮，效果如图 5.16 所示。

半透明按钮

图 5.16 半透明平面按钮

具体实现如下：

（1）在 HTML 文档添加一个 button 按钮，使用样式类 bt，如：

```
<button class="bt">半透明按钮</button>
```

（2）创建样式类 bt，代码如下：

```
.bt{
        padding: 10px 20px;/*注释1*/
        border: none;/*注释2*/
        background-color: rgba(49, 201, 61, 0.5);/*注释3*/
}
```

代码说明：
- 注释 1：使按钮上、下有 10 px 以及左、右有 20 px 的内边距，自动撑大按钮，同时使得文本自动水平和垂直居中。
- 注释 2：去掉默认的边框，呈现为平面按钮。
- 注释 3：按钮背景为半透明。这里的 R、G、B 三个颜色值可以通过 VSCode 编辑器的颜色面板选取，参数取值为 0.5 表示按钮背景半透明。

5.5.2 背景图

在大多数情况下，常常需要使用背景图来美化页面或使其他 HTML 元素更加美观和直观。为了更好地使用背景图来装饰元素，我们需要先了解常用的背景属性以及它们的取值。

背景图常用属性如下：

1. background-image 属性

background-image 属性用于指定元素背景图的来源，用法如下：

```
background-image:url("背景图 URL");
```

说明：属性值使用 url 函数，其参数为图片的路径和文件名。

例如，div 元素的背景图使用 images 目录中的图片 1.jpg：

```
background-image:url("images/1.jpg")
```

在默认情况下，当图片尺寸大于元素尺寸时，图片将完整显示，超出元素范围的部分将被隐藏。而当图片尺寸小于元素尺寸时，图片将以平铺方式重复显示，此时背景色将被图片覆盖。

2. background-repeat 属性

background-repeat 属性用于指定背景图在图片尺寸小于元素尺寸时的填充方式，用法如下：

```
background-repeat: no-repeat | repeat | repeat-x | repeat-y
```

background-repeat 属性取值及其含义如下：
- no-repeat：表示背景图不重复显示。
- repeat：默认值，表示背景图将重复显示，即使用平铺方式。
- repeat-x：表示背景图仅在水平方向重复显示。
- repeat-y：表示背景图仅在垂直方向重复显示。

3. background-position 属性

background-position 属性用于指定背景图开始显示的位置，用法如下：

```
background-position: x  y  |  关键字组合
```

说明：参数值 x、y 表示图片相对于元素左上角的偏移距离，可以取负值，单位为像素或百分比。另外，还可以使用关键字的组合来表示位置，例如：center center（完全居中）、left top（左上角，也是默认值）、right top（右上角）、left bottom（左下角）、right bottom（右下角）等。

4. background-size 属性

设置背景图的大小。可以通过设置背景的宽度、高度实现背景图的缩放。单位为 px 或者 %，也可以使用关键字，用法如下：

```
background-size: x  y  |  x%  y% | contain | cover
```

属性取值和含义如下所述：
- x y：数字，表示背景图的宽度和高度，单位 px。
- x% y%：表示分别相对元素的宽度和高度的百分比值。
- contain：关键字，用于将背景图的宽度缩小至元素的宽度（相当于宽度取值为 100%），然后按比例自动调整高度。
- cover：关键字，用于将背景图缩小至元素的高度（相当于高度取值为 100%）然后按比例自动调整宽度。

5. background-attachment 属性

background-attachment 属性用于设置背景图是否跟随页面滚动，用法如下：

```
background-attachment: fixed|scroll
```

属性取值和含义如下所述：
- fixed：表示页面滚动时，背景图固定，不跟随滚动。
- scroll：默认值，表示页面滚动时，背景图跟随滚动。

6. 复合属性

可以使用复合属性 background 来一次性设置背景图或背景色。
用法如下：

```
background: 背景色  url("图片URL")图片填充方式  位置 / 大小;
```

说明：如果图片尺寸小于元素尺寸，元素的背景色将会显示为设置的颜色。如果想要设置背景图的大小，可以使用斜杠（/）将图片尺寸与其他属性值分隔开。

例如，使用背景图的复合属性，为元素添加背景色和背景图。其中，背景色为白色，背景图大小为 100 px，居中显示，并且不使用填充方式。

以下是示例代码：

```
background: white url("../1.png") no-repeat center center/100px 100px;
```

上面的各个参数是根据需要而定，可选的，而非必需的。例如：

```
/*只显示背景色*/
background: white;
/*只显示背景图*/
background: url("../1.png");
/*背景图不重复显示*/
background: url("../1.png") no-repeat;
/*背景图居中、不重复显示*/
background: url("../1.png") no-repeat center;
```

下面以实例的方式来介绍常用背景属性的使用。

例 5.6 为两个 div 添加背景图，并使用不同的背景图属性及取值来观察它们在页面显示的效果。

假设两个 div 的宽度和高度分别为 400 px 和 200 px，使用 background-image 属性来设置图片来源。在默认情况下，如果图片尺寸小于 div，图片将以平铺方式显示，如图 5.17（a）所示；如果图片尺寸大于 div，将只显示部分图片，如图 5.17（b）所示。

（a）平铺　　　　　　　　　　　（b）部分显示

图 5.17　背景属性

（1）默认方式显示图片：

```
<!DOCTYPE html>
<html>
<body>
```

```
            <div class="small"></div>
            <div class="large"></div>
    </body>
    </html>
    <style>
        div {
            display: inline-block;    /*两个 div 水平排列 */
            width: 400px;
            height: 200px;
        }

        .small { background: url('images/small.png'); }
        .large { background: url('images/large.png'); }
    </style>
```

（2）如果希望在图片比 div 小时不重复显示，可以在 small 类中添加以下样式：

```
background-repeat: no-repeat;
```

这样，图片将不会重复显示，如图 5.18（a）所示。

（3）如果图片尺寸比 div 大，并且希望完整显示图片，可以在 large 类中添加以下样式：

```
background-size: 100% 100%;
```

这样，图片的宽度和高度将适应 div 的大小，从而完整显示整个图片，如图 5.18（b）所示。

（a）不重复显示　　　　　　（b）完整显示图片

图 5.18　例 5.1 效果

（4）如果背景图比 div 小，并且希望在指定位置完整显示。例如，左上角（left top）、右上角（right top）、左下角（left bottom）、右下角（right bottom）或者居中（center center）显示，可以使用 background-position 属性。例如，背景图居中完整显示，实现如图 5.19 所示的效果，可以在 small 类中添加以下样式：

图 5.19　居中显示图片

```
background-repeat: no-repeat;
background-position: center center;
```

例 5.7 制作一个带背景图、平面效果文本框,以实现如图 5.20 所示的效果。

图 5.20 文本框背景

分析:首先确定文本框的宽度和高度,然后选择合适的图片作为其背景图。设置背景图的大小,使其适应文本框的尺寸,并且不重复显示。将背景图靠左居中显示,同时在文本框的左侧留出一定的内边距,以确保输入的内容不会遮挡背景图。

具体实现代码如下:

```
1.   <!DOCTYPE html>
2.   <html>
3.       <body>
4.           <input class="user" placeholder=" 请输入用户名 "/>
5.       </body>
6.   </html>
7.
8.   <style>
9.       .user{
10.          width:200px;
11.          height:40px;
12.          padding-left:38px;
13.          background-image: url("./images/user.png");
14.          background-repeat: no-repeat;
15.          background-position: 4px center;
16.          background-size: 30px 36px;
17.
18.          /* 处理文本框的边框 */
19.          border:1px solid gray;
20.          outline: none;
21.      }
22.  </style>
```

代码说明:
- 行 12:设置文本框的左内边距。根据背景图的宽度、位置确定文本框输入文本的起始位置。
- 行 13:设置背景图。
- 行 14:设置背景图不重复显示。
- 行 15:设置背景图的起始位置。为了美观,使其偏移左边距离为 4 px,且垂直居中。
- 行 16:设置背景图的大小。可以根据文本框的高度(40 px)进行初步估算,并在浏览器中通过调试效果进行微调,以获取最佳值。

■ 行 19：设置边框样式，覆盖文本框默认的立体边框，使其呈现平面样式。
■ 行 20：去掉文本框外轮廓线。外轮廓线（outline）是在文本框取得输入焦点时自动出现的，其取值规则与 border 属性一致。

我们经常会看到一些网站将多个页面共享的小图片集成在一张图中，这种图片被称为"雪碧图（sprite）"或"精灵图"。在使用这种图片时，可以根据局部图片的位置和大小将其作为元素的背景图，并通过调整元素的大小来适应局部的某个图片。这种做法有以下优点：不需要多次下载图片文件，从而提高了访问速度，并增强了用户体验。

以百度主页的搜索文本框为例，介绍如何从一张图片中获取特定的图像，例如图 5.21 中的搜索框背景图。

图 5.21　搜索框背景图

先把百度的图片下载下来，该图片是一个 24×96 大小的图片，包含 4 个小图，每个图片大小是 24×24，如图 5.22 所示。

图 5.22　背景图

为了突出重点，在一个 div 中做了简化处理，初始时只显示第 3 张浅色的图像。当鼠标悬停时，会显示第 4 张深色的图像，效果如图 5.23 所示。

（a）初始显示　　　　　　　（b）鼠标悬停

图 5.23　鼠标效果

分析：如果直接将图片作为背景图放在 div 中，图片默认会从左上角开始显示第 1 张图，这并不是我们需要的效果。我们希望初始显示第 3 张图片，为此，需要通过设置文本框的背景位置（background-position）来实现。具体而言，需要将顶部距离设置为负值（−2×24），左边距离设置为 0，即 background-position 的取值为 0 −48 px。同时，还需要确保 div 的尺寸为 24×24，这样才能恰好容纳一张图片，否则其他位置的图片也会显示出来。

具体实现代码如下：

```
<!DOCTYPE html>
<html>
<body>
    <div class="sprite" ></div>
</body>
</html>

<style>
```

```
.sprite{
    width:24px;
    height: 24px;

    background-image: url("./images/baidu.png");
    background-repeat: no-repeat;
    background-position: 0 -48px ;
}

.sprite:hover{
    background-position: 0 -72px;
}
</style>
```

代码说明：这里主要的思路是将 div 元素的大小设置为作为背景图的局部图片的大小，这样超出 div 区域的其他部分将会被自动遮挡。同时，需要确定局部图片在整张图片中的起始位置，这个起始位置就是将整张图片在 div 元素中进行偏移的距离。

要确定局部图片在整个图片中的起始位置，可以使用 Windows 系统自带的画图程序进行测算，或者通过在线工具来获取并自动生成 CSS。

在使用图片作为页面背景时，当内容足够多以至于浏览器窗口出现滚动条时，默认情况下背景图片会跟随滚动条的滚动而滚动。然而，在许多情况下，我们希望当内容滚动时，背景图保持固定不动。为了实现这一效果，可以通过设置 background-attachment 属性为 fixed 来实现。

例如，使用页面背景图，在浏览器窗口滚动时，背景图不跟随滚动。

具体实现代码如下：

```
1.   <!DOCTYPE html>
2.   <html>
3.       <body>
4.           <div class="content">
5.               这是div, 足够高度窗口出现滚动条
6.           </div>
7.       </body>
8.   </html>
9.
10.  <style>
11.      body{
12.          background-image: url("./images/copyright.png");
13.          background-size: 30%;
14.          background-attachment: fixed;
15.      }
16.
17.      .content{   height: 1000px; }
18.  </style>
```

代码说明：

■ 行 11 ~ 15：使用标签选择器，为页面添加背景图。该图片可以自己制作或从网上下载。在代码的第 13 行，可以通过调整参数来将背景图的大小设置为适合的尺寸。其中，参数 30% 表示背景图的宽度相对于页面宽度的百分比，而背景图的高度将会按比例自动缩放。在代码的第 14 行，可以设置背景图在页面滚动时不跟随滚动。

■ 行 17：设置 div 元素的高度。为了模拟页面上存在大量其他内容而产生滚动条，这里可以给予一个足够的值（如 1000 px）。这种方法也是常用的调试技巧之一。

运行效果如图 5.24 所示。

图 5.24 固定背景

CSS3 支持为一个元素同时设置多张背景图，这称为多重背景。在使用多重背景时，第一个指定的背景图将位于最上层，其后的背景图依次叠加显示。每个背景图属性的取值之间使用逗号进行分隔，而其他各个图片属性的取值在位置上一一对应。

例如，同时使用三张图作为 div 的背景图，实现如图 5.25 所示的效果。

图 5.25 多重背景

具体实现代码如下：

```
1.   <!DOCTYPE html>
2.   <html>
3.   <body>
4.       <div class="mul-bg"> </div>
5.   </body>
6.   </html>
7.   <style>
8.       .mul-bg {
9.           width: 600px;
10.          height: 300px;
11.          background-image: url("./images/cat1.jpg"),
```

```
                 url("./images/cat2.jpg"),
                 url("./images/cathouse.png");
12.        background-repeat: no-repeat;
13.        background-size: 10%, 10%, 30%;
14.        background-position: left top, right top, center top;
15.        opacity: 0.8;
16.     }
17. </style>
```

代码说明：

■ 行 11：使用三张背景图，每张背景图属性使用逗号分隔。第一张显示在最前面，最后一张显示在底部。在这里，页面上显示在中间的图片是最后一张 cathous.png。

■ 行 12：使每张背景图都不重复显示。如果该属性只使用一个值，表示所有背景图的属性取值都相同。

■ 行 13：设置三张图片相对父元素的宽度分别为 10%、10% 和 30%，高度将按比例自动变化。注意，属性值使用逗号分隔，对应每一张图片的属性。

■ 行 14：设置三张图片分别位于为左上角、右上角和顶部居中。

■ 行 15：opacity 属性用于控制元素的透明度，取值范围为 0 到 1 之间的小数，其中 0 表示完全透明，而 1 表示完全不透明。在这里，使用 opacity 属性的目的是给 div 元素添加浅色效果。需要注意的是，使用 opacity 属性会使其子元素也具有一定的透明度。

5.6 应用实例——数据看板

制作一个半透明的数据看板，用于展示统计比赛信息，如图 5.26 所示。

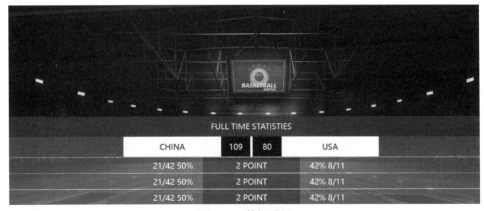

图 5.26 数据看板

分析

（1）使用一个 div 作为主容器，设置合适的宽度和高度，并为其添加背景图，然后再添加一个数据容器 div 作为其子元素。

（2）数据容器 div 用于控制数据展示整体位置，通过设置其上外边距，使其位于主容器

div 的底部。其包含的子元素如下：

- 标题栏：使用一个包含文本的 div，文本水平、垂直居中。
- 比分栏 div：此栏用于显示比赛双方的比分信息，中间使用分隔栏进行分隔。我们可以使用 div 和 span 元素，并将它们显示为行内块元素，以便能够调整宽度和高度，并水平居中排列。通过使用分隔栏作为界限，可以使元素在左右两侧对称排列。

统计信息栏：此部分用于显示一组具有相同样式的文本，可以使用无序列表来实现。每个列表项包含三个 span 元素，用于显示数字信息。

元素层次关系分布如图 5.27 所示。

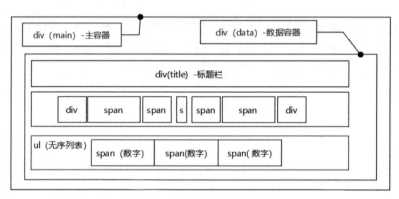

图 5.27　元素层次关系示意图

具体实现代码如下：

1. HTML 内容

根据上面分析，创建 HTML 内容。

```html
<!-- 主容器 -->
<div class="main">
    <!-- 数据容器 -->
    <div class="data">
        <!-- 标题栏 -->
        <div class="title">FULL TIME STATISTICS</div>
        <!-- 比分栏 -->
        <div class="score">
            <div class="flag flag1"></div>
            <span class="country">CHINA</span>
            <span class="num">109</span>
            <span class="line"> </span>
            <span class="num">80</span>
            <span class="country">USA</span>
            <div class="flag flag2"></div>
        </div>
        <!-- 统计信息栏 -->
        <ul>
            <li>
```

```html
                <span>21/42 50%</span>
                <span>2 POINT</span>
                <span>42% 8/11</span>
            </li>
            <li>
                <span>21/42 50%</span>
                <span>2 POINT</span>
                <span>42% 8/11</span>
            </li>
            <li>
                <span>21/42 50%</span>
                <span>2 POINT</span>
                <span>42% 8/11</span>
            </li>
        </ul>
    </div>
</div>
```

2. CSS 内容

```
1.   <style>
2.       * { box-sizing: border-box; }
3.       .main {
4.           height: 400px;
5.           width: 1000px;
6.           /*容器居中 */
7.           margin:0 auto;
8.           /* 为使data样式类中的margin-top起作用，这里必须设置padding-top */
9.           padding-top: 2px;
10.          /* 背景图大小100% */
11.          background-image: url("images/nvlan.jpeg");
12.          background-repeat: no-repeat;
13.          background-size: 100%;
14.          color: white;
15.      }
16.          /*数据容器 */
17.      .data {
18.          background-color: rgba(255, 255, 255, 0.6);
19.          /* 400-2-2-176*/
20.          margin-top: 220px;
21.      }
22.
23.      /* 标题栏 */
24.      .title {
```

```css
25.        padding: 10px;
26.        text-align: center;
27.        background-color: rgba(0, 0, 0, 0.6);
28.    }
29.
30.    /* 比分栏容器 */
31.    .score {
32.        background-color: rgba(0, 0, 0, 0.4);
33.        height: 40px;
34.        line-height: 40px;
35.        text-align: center;
36.        font-size: 0;
37.    }
38.    /* 所有子元素转换为行内块,实现水平排列和改变大小 */
39.    .score>* {
40.        font-size: 16px;
41.        display: inline-block;
42.        /* 文本对齐:没有文本的空div 类似img对齐效果 */
43.        vertical-align: middle;
44.    }
45.
46.    .flag {
47.        width: 40px;
48.        height: 100%;
49.        margin: 0 4px;
50.        background-repeat: no-repeat;
51.        background-size: 100% 100%;
52.    }
53.
54.    .flag1 { background-image: url("./images/cn.jpg"); }
55.    .flag2 { background-image: url("./images/usa.png"); }
56.
57.    .country {
58.        width: 200px;
59.        background-color: white;
60.        color: black;
61.    }
62.
63.    .num {
64.        width: 60px;
65.        background-color: black;
66.    }
67.
68.    .line {
```

```css
69.            /* 作为分隔线 */
70.            background-color: white;
71.        }
72.
73.        /* 统计信息列表 */
74.        ul {
75.            list-style: none;
76.            padding: 0;
77.            margin: 2px 0;
78.        }
79.
80.        li {
81.            height: 30px;
82.            font-size: 0;
83.            margin: 2px 0;
84.        }
85.
86.        li * {
87.            font-size: 16px;
88.            display: inline-block;
89.            height: 100%;
90.            line-height: 2em;
91.        }
92.
93.        li>span:nth-of-type(1) {
94.            width: 40%;
95.            padding-right: 20px;
96.            text-align: right;
97.            background-color: rgba(0, 0, 0, 0.4);
98.        }
99.
100.       li>span:nth-of-type(2) {
101.           width: 20%;
102.           text-align: center;
103.           background-color: rgba(0, 0, 0, 0.6);
104.       }
105.
106.       li>span:nth-of-type(3) {
107.           width: 40%;
108.           text-align: left;
109.           background-color: rgba(0, 0, 0, 0.4);
110.           padding-left: 20px;
111.       }
112. </style>
```

代码说明：
- 行 2：使用全局选择器声明样式，使所有的元素都使用边框盒子模型。
- 行 3～15：声明主容器样式类"main"。设置其宽度、高度和背景图，并使其在页面水平居中显示。请注意，在第 7 行中，当 margin 的左右外边距设置为 auto 时，元素将在其父元素中水平居中。行 9 设置了内上边距，这是因为主容器"main"前面没有任何其他元素。如果为其子元素（数据容器"data"）设置了 margin-top 属性，会导致主容器的 margin-top 属性也跟随改变（这是 div 元素的特性）。为了避免这种情况发生，我们为主容器"main"设置了一定的内边距（2px）。
- 行 17～21：声明数据容器样式类"data"。设置其背景色并添加一定的透明度。为了将"data"定位于主容器底部，使用了上外边距。上外边距的值通过计算得到：主容器"main"的高度减去两倍的内边距再减去"data"的高度。可以通过浏览器的调试功能来获取"data"元素的高度（查看盒子模型尺寸来确定"data"的高度）。请注意，这一步骤是在完成其他元素样式设置之后才进行的。在学习了 CSS 定位章节的内容后，将不再需要进行这样烦琐的计算。
- 行 24～28：声明标题栏样式类"title"。使用内边距来调整元素的高度，并使文本居中对齐。然后为标题栏设置背景色并添加一定的透明度。
- 行 31～37：声明分数栏样式类"score"。设置高度和行高相等，以实现包含的行内元素的垂直居中。请注意，子元素将继承行高属性，从而使文本垂直居中。在行 36 中，将字体大小设置为 0，以消除行内子元素之间的间隙。请注意，由于字体和文本样式会继承，所以子元素本身需要恢复字体大小。
- 行 39～44：使用直接子元素选择器，将"score"的直接子元素全部转换为行内元素，这样不论原来的元素是块级元素还是行内元素，都将水平排列，并且可以改变它们的大小。同时，在这里恢复字体大小为 16 px。
- 行 68～71：使用包含一个空格的 span 元素，由于它被转换为行内元素并包含一个空格，所以只需要设置白色背景，就可以将其作为分隔线使用。
- 行 74～111：使用列表项包含三个 span 元素，并将它们转换为行内块元素。同时，使用伪类来设置各个 span 元素的对齐方式、内边距和背景色。

小　　结

本章首先深入介绍了盒模型的概念和应用，特别强调了边框盒子模型的重要性。随后，对块元素和行内元素的特征进行了总结，并探讨了它们之间相互转换的方法。进一步地，详细介绍了样式属性的单位，同时补充了文本样式属性的实际运用。最后，对背景图的各个属性进行了深入探讨，为读者提供了全面的了解和应用指导。

习　　题

一、填空题

1. margin: 4px 表示 _____；margin: 10px 4px 表示 _____；margin: 2px 4px 6px 表示 _____。

2. 如果要将块元素转换为行内块元素，可以设置 _____。
3. 如果要隐藏一个元素，可以设置 _____。
4. 如果要使文本在 div 中水平、垂直居中显示，可以设置 _____。
5. 如果要去掉链接 a 的下划线，可以设置 _____。
6. 如果要使 width 和 height 属性包含边框和内边距，可以设置 _____。

二、判断题

1. margin 可以取负值。（   ）
2. 当块元素的左、右外边距同时设置为 auto 时，其将在父元素中水平居中显示。（   ）
3. 块元素前后的其他元素都将分行显示。（   ）
4. 行内元素可以通过 width 来改变宽度。（   ）
5. 行内元素可以通过 padding-left 和 padding-right 来改变其实际占用的页面宽度。（   ）
6. background-position 可以取负值。（   ）
7. 背景图可以缩放。（   ）
8. 如果所有元素都使用 box-sizing:border-box 样式，那么 width 和 height 属性也包含外边距 margin。（   ）

第 6 章

定位与浮动

学习目标

❖ 掌握位置属性与定位属性的基本概念与原理。
❖ 理解相对位置和绝对位置的特点,并能精准地应用于元素的定位。
❖ 熟练掌握固定定位的应用场景与技巧。
❖ 理解并掌握 z-index 属性的作用与用法。
❖ 掌握浮动属性的特性,并能结合定位属性实现元素的局部布局。

  HTML 元素默认以标准文档流的方式排列。块元素逐个由上到下排列,每个块元素独立为一行,宽度为父元素宽度的 100%。因此,前后的元素会分行排列。行内元素从左到右逐个排列,不分行,大小默认由内容决定。默认情况下,元素的位置按照它们出现的先后次序,无法改变。

  CSS 提供了位置属性 position,结合定位属性 left、right、top 和 bottom,可以将 HTML 元素重新定位到页面的任意位置。此外,浮动属性 float 可以使元素水平排列,display 属性可以在块元素和行内元素之间进行转换,也可以实现元素的显示和隐藏。定位、浮动和转换属性是实现传统页面布局的基础。

  位置属性 position 取值和含义见表 6.1。

表 6.1   position 取值和含义

取 值	含 义
static	默认值,元素以标准文档流方式排列
relative	相对位置,相对元素原始位置定位
absolute	绝对位置,相对父元素进行定位,父元素的 position 属性必须为非默认值
fixed	固定位置,相对浏览器窗口定位
sticky	粘性位置,在距离窗口或父元素某一位置时在页面或父元素中浮动

6.1 相 对 定 位

相对定位是指当元素的位置属性 position 取值为 relative 时,可以通过改变其 left、top、right、bottom 四个定位属性来改变其默认位置。

在定位属性中,left 和 top 属性是指元素左上角相对其原来位置的左上角的偏移距离,而 right 和 bottom 属性是指元素右下角相对其原来位置右下角的偏移距离。如果同时设置 left 和 right 属性,那么 right 属性将被忽略;同样,如果同时设置 top 和 bottom,那么 bottom 属性将被忽略。

相对定位的元素在改变位置后依然占据其原来的空间,不影响其前后的元素的布局。通常情况下,相对定位属性不会单独使用,而是为其子元素在进行绝对定位时提供位置参考。

例 6.1　理解相对位置的特性。

图 6.1(a)展示了三个宽度为 60 px、高度为 40 px 的 div 元素,它们的位置属性采用默认值。如果将 DIV2 的位置属性改为相对位置,并设置 left 属性为 20 px,top 属性为 –20 px,那么 DIV2 将相对于其原始位置向右偏移 20 px,向上偏移 20 px,如图 6.1(b)所示。

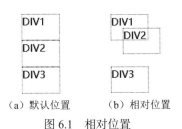

(a) 默认位置　　(b) 相对位置

图 6.1　相对位置

以下是实现图 6.1(b)效果的代码:

```
1.  <!DOCTYPE html>
2.  <html>
3.    <body>
4.      <div >DIV1</div>
5.      <div class="rela">DIV2</div>
6.      <div >DIV3</div>
7.    </body>
8.  </html>
9.  <style>
10.   div{
11.     border:1px dotted gray;
12.     width:60px;
13.     height:40px;
14.   }
15.   .rela{
16.     position: relative;
17.     left:20px
```

```
18.         top:-20px;
19.     }
20. </style>
```

代码说明：

- 行 3 ～ 6：在页面上添加三个 div 元素，其中 DIV2 应用了样式类 rela。
- 行 10 ～ 14：使用标签选择器为三个 div 元素设置相同的高度、宽度和虚线边框。注意，在调试阶段为了能够看到它们在页面上的显示效果，通常会为元素添加边框或背景色。
- 行 15 ～ 19：用于声明名为 "rela" 的样式类。首先设置位置属性为 relative，这使得元素可以改变位置。left 和 top 属性表示相对于元素原始位置（0，0）的偏移量，向左和向上偏移 20 px。如果两者都取正值，则表示向左和向下偏移；如果两者都取负值，则表示向右和向上偏移。

根据例子 6.1，可以得知，相对定位的元素仍然占据原来的空间，但可以相对于其原始位置（这里是左上角）发生改变，而不会影响其前后元素的布局。

6.2 绝 对 定 位

绝对定位是指当元素的位置属性 position 取值为 absolute 时，可以通过调整其 left、top、right 和 bottom 属性来将其重新定位到页面的任意位置。

绝对定位是相对于具有非默认位置的父元素进行定位的。非默认位置指的是 position 属性的值不是默认值（static），可以是 relative、absolute、fixed 等。如果在逐级向上的父元素中没有设置位置属性，那么绝对定位的元素将相对于页面的左上角（0，0）进行定位。

绝对定位的元素脱离了原来的位置，不再占用原来的空间，因此其后续元素会占据其空出来的空间。在定位属性中，绝对定位元素的 left、top、right 和 bottom 属性分别指的是其外侧边框与父元素对应边框内侧之间的距离，与父元素的内边距大小无关。定位属性的示意图如图 6.2 所示。

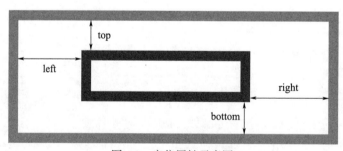

图 6.2　定位属性示意图

如果同时改变元素的 left 和 right 属性，或者 top 和 bottom 属性，并且在元素没有设置宽度或高度的情况下，元素对应的宽度或高度将会自动调整，这与相对定位属性不同。另外，具有绝对定位的元素（无论是块级元素还是行内元素）将具有行内块元素的特性，即宽度和高度默认由子元素的大小决定，但也可以进行自定义改变。

例 6.2　理解绝对位置的特性。

图 6.3（a）展示了一个具有相对定位属性的父元素 div（最外部虚线区域），其中包含三个

宽高均为 40 px 的 div 子元素，当前它们的位置属性都采用默认值。如果将 DIV2 的位置属性改为绝对位置，并将其 left 属性设为 120 px，top 属性设为 0 px，那么它将相对于其父元素的原点（left:0; top:0）进行重新定位，不再占用原来的空间。同时，它也不会占用页面中其他元素的空间，就像漂浮在页面上一样，如图 6.3（b）所示。

（a）默认位置　　　（b）绝对位置

图 6.3　绝对位置效果

以下是实现图 6.3（b）效果的代码：

```
1.  <!DOCTYPE html>
2.  <html>
3.    <body>
4.      <div class="container">
5.        <div>DIV1</div>
6.        <div class="ab">DIV2</div>
7.        <div>DIV3</div>
8.      </div>
9.    </body>
10. </html>
11. <style>
12.   * {
13.     box-sizing: border-box;
14.   }
15.   .container {
16.     width: 100px;
17.     padding: 10px;
18.     border: 1px dotted gray;
19.     /* 为子元素定位作为参考 */
20.     position: relative;
21.   }
22.   .container>div {
23.     width: 40px;
24.     height: 40px;
25.     border: 1px dotted gray;
26.   }
27.   .ab {
28.     position: absolute;
29.     left: 120px;
30.     top: 0;
```

代码说明：
- 行 4～8：HTML 部分的内容，用于在 div 容器元素中包含三个 div 子元素。
- 行 12～14：为便于计算，这里使用全局选择器将所有元素都设置为边框盒子模型（border-box），即元素的宽度和高度都包含边框和内边距。
- 行 15～21：定义了一个名为 container 的父元素样式类。其中，第 20 行将位置属性设置为相对定位，这样做的目的是让具有绝对定位的子元素能够参考父元素边框内侧的位置进行定位。
- 行 22～26：使用直接子元素选择器为所有 div 子元素声明样式，包括宽度、高度和边框。这样做的目的是在页面上能够清楚地观察到它们所占用的空间，这是一种常用的调试手段。
- 行 27～30：为子元素 DIV2 声明样式，将其位置设置为绝对定位。其中，left:120 px 表示以具有相对定位的父元素的左边框内侧为参考点，向左偏移 120 px；top:0 表示与父元素的上边框内侧对齐。需要注意的是，由于父元素存在边框线，DIV2 与父元素顶部有 1 px 的边框距离，因此不完全对齐。如果需要完全对齐，可以使用 top:-1 px 语句。从图 6.3（b）可以看出，此时 DIV2 不再占用原来的空间，也不会影响其他元素（如果新位置上存在其他元素）的位置。它就像浮动在页面上，而后面的元素将填补其空出的空间。

例 6.3 使用位置和定位属性实现如图 6.4 所示的搜索框效果。

图 6.4　搜索框

分析：首先，考虑使用一个容器 div 来包含三个子元素，以实现图 6.4 所示的效果。这三个子元素包括一个文本框和两个具有背景图的 div，它们会相对于父容器进行绝对定位。文本框应该占满容器宽度的 100%，但容器的右侧需要预留一定的空间（通过 padding-right 设置），以容纳背景图 div。需要注意的是，此时文本框实际占用的宽度是容器宽度减去容器的右内边距。

通过以上分析，我们可以使用以下 HTML 标签来实现。

```
<div class="container">
    <input class="txt" placeholder="请输入查询关键字" />
    <div class="camera"></div>
    <div class="search"></div>
</div>
```

具体实现样式如下：

（1）确定容器样式。

容器的大小应根据实际需求确定。在这个例子中，假设容器的宽度为 400 px，高度为 40 px，带有 2 px 的红色边框线。同时，容器的右内边距应设置为 100 px，以留出空间来容纳一个宽度为 40 px 的 div，其背景图为"照相机"，以及一个宽度为 60 px 的 div，其背景图为"搜索"。这两个 div 都应使用绝对定位，并位于容器的右边。需要注意的是，容器本身需要使用相对定位。

具体样式如下:

```
container {
        width: 400px;
        height: 40px;
        border: 2px solid red;
        padding-right: 100px;/*预留空间*/
        position: relative;/*为2个子元素div做参考*/
}
```

（2）文本框样式。

文本框的宽度设置为容器的100%。然而，由于容器具有100 px的右内边距，文本框的实际宽度将与容器右边保持100 px的距离。此外，文本框的高度设置为100%，以便与其父元素相匹配，并且应该去除边框和外轮廓线，以实现与父容器融为一体的效果。

具体样式如下：

```
txt {
        width: 100%;
        height: 100%;
        border: none;/*去掉文本框初始边框*/
        outline: none;/*去掉外轮廓线，使得取得输入焦点时为无外边框*/
}
```

（3）照相机图片框样式。

照相机图片框是一个具有绝对定位的div，宽度设置为40 px，高度设置为100%。它距离容器右边有60 px的距离，以便为"搜索"的div元素预留空间。背景图使用"照相机.png"（也可以使用任意其他图片），并将其大小限定为20×20。同时，需要将背景图在div中水平和垂直居中显示。

具体样式如下：

```
.camera {
        width: 40px;
        height: 100%;
        background-image: url("照相机.png");
        background-repeat: no-repeat;
        background-size: 20px 20px;
        background-position: center center;/*水平、垂直居中*/
        /*绝对定位*/
        position: absolute;/*绝对位置*/
        right: 60px;/*离父容器右边具有60px*/
        top: 0;/*对齐父容器顶部*/
}
```

（4）搜索图片框。

与照相机图片框样式类似，不同的是其与容器右边距离为0。

具体样式如下：

```
search {
        width: 60px;
        height: 100%;
        background-color: red;

        background-image: url('./搜索白色.png');
        background-repeat: no-repeat;
        background-size: 20px 20px;
        background-position: center center;

        /*绝对定位*/
        position: absolute;/*绝对位置*/
        right: 0px;/*靠右边*/
        top: 0;
}
```

步骤（3）和（4）中的大部分样式属性相同，可以将这些相同的样式属性提取出来，创建一个公共样式类，以便简化样式代码。读者可以尝试自行实现这个公共样式类。

最后，为避免文本框高度为100%时超出容器高度，这里所有元素都使用border-box盒子模型。

```
*{box-sizing: border-box;}
```

例6.4 购物车信息提示框的实现。

参考某商城首页的购物车信息提示框，结合前面介绍的样式属性，并利用相对位置和绝对位置，来实现图6.5所示的效果。

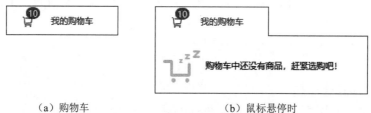

（a）购物车　　　　　　　　　　（b）鼠标悬停时

图6.5　购物车信息提示框

根据图6.5展示的效果，可以使用一个整体容器来包含两部分内容：正常显示区域；鼠标悬停时显示的下拉区域。为此将其划分为如图6.6所示的结构。

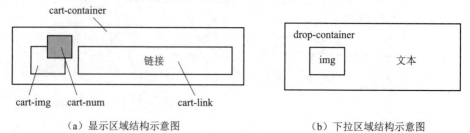

（a）显示区域结构示意图　　　　　　（b）下拉区域结构示意图

图6.6　购物车结构示意图

图 6.6（a）展示了正常显示区域的结构。在该图中，使用一个 div 元素作为整体容器，命名为 cart-container，其中包含两个子元素：cart-img 和 cart-link。cart-img 是一个块元素，相对于整体容器进行绝对定位，并显示购物车背景图。它的子元素 cart-num 也是一个 div 元素，用于显示购物数量，采用绝对定位并位于右上角。cart-link 使用链接元素，在整体容器中垂直居中，并且有一定的左外边距，以便在容器的左侧留出足够的空间来容纳 cart-img。

图 6.6（b）展示了下拉显示区域的结构。下拉区域是整体容器 cart-container 的子元素，使用一个 div 元素作为容器，命名为 drop-container，它将相对于整体容器进行绝对定位，并位于整体容器的底部。drop-container 包含两个水平和垂直对齐的行内元素：img 和文本 span。在初始状态下，drop-container 是隐藏的，只有当鼠标悬停在整体容器上时，它才会显示出来。

结合上述结构分析，在 HTML 主体内容中代码如下：

```html
<div class="cart-container">
        <!-- 图标和数字 -->
        <div class="cart-img">
           <span class="cart-num">10</span>
        </div>
        <a href="#" class=cart-link>我的购物车</a>

        <!-- 2. 下拉信息 -->
        <div class="drop-container">
                <img src="./images/cart_empty.png" />
                购物车中还没有商品，赶紧选购吧！
        </div>
</div>
```

以下是具体的样式实现：
（1）全局样式和整体容器 cart-container。

```css
* {     box-sizing: border-box;      }
.cart-container {
        width: 200px;
        height: 40px;
        border: 1px solid #ccc;
        line-height: 38px;
        /* 为子元素作位置参考 */
        position: relative;
}
```

代码说明：为了方便进行位置计算，在这里使用全局选择器来声明所有元素具有边框盒子模型。对于整体容器 cart-container，为其设置了合适的宽度和高度，并加上浅灰色边框，同时将行高（line-height）与高度（height）属性值设为相等，以实现其子元素（链接 cart-link）的垂直居中对齐。最后，将其位置属性设置为相对位置，以使子元素 cart-img 相对它进行绝对定位。

(2)正常显示区域 cart。

为 cart-link 链接添加样式,去除下划线,选择适当的字体颜色,并设置适度的左外边距,以为绝对定位的 cart-img 元素留出一定的空间。其样式如下:

```css
.cart-link {
        text-decoration: none;
        color: #333;
        padding-left: 60px;
}
```

cart-img 块元素采用绝对定位,并设置初始宽度和高度为 20 px。为了使其在父容器中居中,可以计算距离容器顶部的距离为:容器内容高度减去 cart-img 的高度再除以 2,即(38 px-20 px)/2=9 px。此外,还需为其设置离容器左侧一定距离,并最后设置居中的背景图。具体实现代码如下:

```css
.cart-img {
        position: absolute;
        left: 10px;
        width: 20px;
        height: 20px;
        top: 9px;
        /* 居中背景图 */
        background-image: url('./images/shop.png');
        background-repeat: no-repeat;
        background-position: center center;
        background-size: 20px 20px;
}
```

使 cart-img 的子元素 cart-num 相对于其进行绝对定位,并位于右上角。然后设置行高和水平对齐方式让其文本居中对齐。具体样式如下:

```css
.cart-num {
        position: absolute;
        right: -10px;
        top: -10px;
    width: 20px;
        height: 20px;
        line-height: 20px;
        border-radius: 50%;

        text-align: center;
        font-size: 12px;
        background-color: red;
        color: white;
}
```

在这里，使用 "border-radius: 50%" 语句可以将元素显示为圆形。需要注意的是，由于子元素会继承父元素的行高，因此需要重新设置元素的行高，以使文本垂直居中对齐。

（3）下拉区域 drop-container。

下拉区域 drop-container 采用绝对定位，位于整体容器 cart-container 的底部。初始状态设置为隐藏，左对齐整体容器，并设置适当的宽度和高度。具体样式如下：

```css
/* 下拉区域 */
.drop-container {
        position: absolute;
        /* 与底部边框线重合 */
        top: 38px;
        /* 对齐容器左边 */
        left: -1px;
        width: 400px;
        Padding-left: 20px;
        height: 80px;
        line-height: 80px;
        border: 1px solid #ccc;
        display: none;
}
```

在这里，由于整体容器的内容高度为 38 px，因此 top: 38 px 语句使得元素顶端与整体容器的底部重合，而 left: -1 px 语句使得元素左边与整体容器左边重叠，即完全对齐父容器左边。

下拉区域的图片需要设置合适大小，并在容器中垂直居中。具体样式如下：

```css
.drop-container>img {
        width: 40px;
        height: 40px;
        vertical-align: middle;
}
```

（4）悬停效果。

当鼠标悬停在整体容器 cart-container 上时，下拉区域 cart-container 将显示出来，并且整体容器的下边框和下拉区域的部分上边框将消失，使得两者的外部边框线连贯起来。实现这种效果的方法是使用伪类，在整体容器底部插入一个绝对定位的 div 元素，其边框为 1 px 且与背景色相同，以遮挡整体容器的下边框线。具体样式如下：

```css
/* 鼠标悬停在整体容器 */
.cart-container:hover>.drop-container {
 display: block;
}

.cart-container:hover::after {
        content: "";
```

```
    display: block;
    position: absolute;
    left:0;
    right: 0;
    /*与底部边框线重合*/
    bottom: -1px;
    border: 1px solid white;
    z-index: 100;
}
```

这样,整体容器的下边框将被完全覆盖,从而在鼠标悬停时,下拉区域元素与整体容器的外部边框线在视觉上形成完整的连贯效果,即实现了图 6.5(b)所示的效果。

6.3 固定定位

固定定位(position 属性取值为 fixed)与绝对定位相似,但不同之处在于固定定位是相对于浏览器窗口进行定位,而不会随页面滚动而滚动。

固定位置的元素将浮动在页面之上,不会占用页面空间。

具有固定位置的元素,无论是块元素还是行内元素,都可以通过调整 left、top、right、bottom 属性来进行定位,并结合 width 和 height 属性来改变大小。这些元素的默认位置是相对于浏览器窗口的左上角,即 left=0,top=0。

当同时将 left 和 right 属性设置为 0 时,固定位置的元素的宽度将自动调整为浏览器窗口宽度的 100%,并会随着浏览器窗口大小的变化而自动调整;而当同时将 top 和 right 属性设置为 0 时,元素的高度将自动调整为浏览器窗口高度的 100%,并会随着浏览器窗口大小的变化而自动调整。

例 6.5 制作停靠在浏览器窗口底部的信息栏,如图 6.7 所示。

图 6.7 固定在浏览器窗口底部的 div

具体实现代码如下:

```
1.  <!DOCTYPE html>
2.  <html>
3.    <body>
4.      <div class="bottom">固定在浏览器底部的信息栏</div>
5.    </body>
```

```
6.    </html>
7.
8.    <style>
9.      .bottom{
10.       position: fixed;/*固定位置*/
11.       background-color: gray;
12.       left:0;
13.       right:0;
14.       bottom: 0;
15.       height: 40px;
16.     }
17.    </style>
```

代码说明：

■ 行 10：将位置属性设置为固定（fixed），这样就能够通过改变 left、right、top、bottom、width 和 height 属性来调整元素的位置和大小。

■ 行 12 和行 13：使宽度占满（拉伸）浏览器的宽度，即 100% 宽度。

■ 行 14：离浏览器底部为 0，即停靠在浏览器窗口底部。

■ 行 15：设置元素具有一定的高度，如果不设置高度，那么高度由内容决定。

> **注意**：如果在第 10 行使用绝对定位，那么当页面在垂直方向上发生滚动时，元素也会跟随滚动而移动，而不会一直固定在浏览器底部。

6.4　z-index 属性

多个元素具有非默认位置且它们的部分区域发生重叠时，后面的元素可能会遮挡前面的元素。然而，通过使用 z-index 属性，我们可以改变元素在 z 轴（面向用户的方向）上的位置。z-index 属性的值是一个整数，默认为 0，并且可以取负值。数值越大，元素在堆叠顺序中就越靠前。

例 6.6　z-index 属性的使用。

下面展示了 3 个绝对定位的 div，它们具有相同的高度和宽度，但拥有不同的背景图。通过调整 left 和 top 属性，使它们在部分区域上发生重叠，如图 6.8（a）所示。我们将通过改变 z-index 属性，使鼠标悬停在某个 div 上时，使其置于顶层显示，实现图 6.8（b）中的效果。

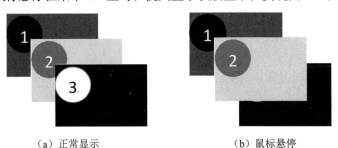

（a）正常显示　　　　　　　　（b）鼠标悬停

图 6.8　z-index 属性的使用

具体实现代码如下：

```
1.   <!DOCTYPE html>
2.   <html>
3.     <body>
4.       <div class="img img1"></div>
5.       <div class="img img2"></div>
6.       <div class="img img3"></div>
7.     </body>
8.   </html>
9.   <style>
10.    .img{
11.      position: absolute;
12.      width:200px;
13.      height: 200px;
14.      background-repeat: no-repeat;
15.      background-size: 100% 100%;
16.    }
17.    .img:hover{
18.      z-index: 100;
19.    }
20.    .img1{
21.      left:0;
22.      top:0;
23.      background-image: url('./images/1.jpg');
24.    }
25.    .img2{
26.      left:20px;
27.      top:20px;
28.      background-image: url('./images/2.jpg');
29.    }
30.    .img3{
31.      left:40px;
32.      top:40px;
33.      background-image: url('./images/3.jpg');
34.    }
35.  </style>
```

代码说明：

■ 行 10～16：声明一个共享的样式类"img"，以便为所有的图片设置共同的样式。这样做可以将它们都设为绝对定位，以便后续可以重新定位它们，并且设置它们具有相同的宽度、高度和背景图样式。

■ 行 17～19：鼠标悬停在指定的元素上时使其位于最前面。通过改变 z-index 属性为任意大于 0 的整数来实现鼠标悬停时将指定元素置于最前面。

- 行 20～34：通过调整 left 和 top 值来使具有绝对定位的 div 的位置错开，并为它们设置不同的背景图样式。

例 6.7 典型应用：侧边栏导航。

本例是固定位置、相对位置、绝对位置和 z-index 综合应用的例子。参考京东商城页面中的侧边导航栏的实现，效果如图 6.9 所示。

（a）正常显示　　　　（b）鼠标悬停

图 6.9　侧边栏导航

实现思路如下：

（1）使用固定定位，添加停靠在窗口右侧的容器元素 div，使其高度为当前窗口高度。

（2）添加包含三个列表项的无序列表作为子元素。列表项设置为相对位置，为文本链接做定位参考。

（3）每个列表项至少包含一个背景图的链接，链接转换为块元素，填充满 li。根据需要再在列表项中添加绝对定位的文本链接，如图 6.5（b）中的"我的购物车"。

（4）文本链接是相对列表项 li 绝对定位的子元素，初始显示在最右侧，这样将被浏览器窗口遮挡，在鼠标悬停在 li 时，使其再位于 li 的最右侧，从而显示文本链接。

具体实现代码如下：

```
1.    <!DOCTYPE html>
2.    <html>
3.    <body>
4.        <div class="side">
5.            <ul class="nav">
6.                <li>
7.                    <a href="#" class="bg coupon"></a>
8.                    <a href="#" class="tip">我的优惠券</a>
9.                </li>
10.               <li>
11.                   <a href="#" class="bg cart"></a>
12.                   <a href="#" class="tip">我的购物车</a>
13.               </li>
14.               <li>
15.                   <a href="#" class="bg service"></a>
16.               </li>
17.           </ul>
18.       </div>
```

```
19.    </body>
20.    </html>
21.
22.    <style>
23.        * { box-sizing: border-box; }
24.        /* 位于右侧,高度100% */
25.        .side {
26.            position: fixed;
27.            width: 40px;
28.            right: 0px;
29.            top: 0;
30.            bottom: 0;
31.            background-color: #eee;
32.        }
33.        ul.nav {
34.            list-style: none;
35.            padding: 0;
36.            margin: 100px 0;
37.        }
38.        ul.nav>li {
39.            position: relative;
40.            width: 40px;
41.            height: 40px;
42.        }
43.        /* 第1个链接大小 */
44.        ul.nav>li>a:nth-of-type(1) {
45.            display: block;
46.            height: 100%;
47.        }
48.        /* 链接背景 */
49.        a.bg {
50.            /* 设置合适大小,居中显示 */
51.            background-repeat: no-repeat;
52.            background-size: 20px 20px;
53.            background-position: center;
54.        }
55.        /* 链接背景图 */
56.        a.coupon { background-image: url('images/优惠券.png'); }
57.        a.cart { background-image: url('images/购物车.png'); }
58.        a.service { background-image: url('images/客服.png'); }
59.
60.        /* 链接提示文本 */
61.        .tip {
```

```
62.            position: absolute;
63.            z-index: -10;
64.            text-decoration: none;
65.
66.            right: -140px;
67.            width: 140px;
68.            top: 0;
69.            height: 40px;
70.            line-height: 40px;
71.
72.            padding-left: 10px;
73.            background-color: yellowgreen;
74.        }
75.        ul.nav>li:hover .tip {right: 0; }
76.    </style>
```

代码说明：

为避免样式名冲突并增强可理解性，本例在类名前面使用标记限定，使样式应用范围更加明确。

- 行 25 ~ 32：侧边栏容器，固定在窗口最右侧。top 和 bottom 为 0 时，高度将为窗口的 100%。
- 行 33 ~ 37：导航栏容器 UL。清除其默认样式，同时使其离容器顶部一定距离。
- 行 38 ~ 42：使列表项相对定位，为其子元素的定位做参考位置，同时设置合适的宽度和高度。
- 行 44 ~ 47：将每个列表项的第 1 个链接转换块元素，同时设置高度填充满列表项空间，以便显示背景图。
- 行 49 ~ 54：每个链接背景图的样式，大小为 20×20 px，居中显示。
- 行 56 ~ 58：分别设置每个链接的背景图来源。
- 行 61 ~ 74：文本链接的样式设置，作为列表项的子元素进行绝对定位。为不遮挡其他正常链接，使其位于 z 轴位置的底部，行 66 用于使文本链接初始位于容器最右侧，即被窗口遮挡，取值为 -140 px 是基于其宽度值来设定。行 69 和行 70 是使文本垂直居中显示。
- 行 75：鼠标悬停时，使文本链接对齐容器右边，这样文本链接将全部显示，在视觉上实现从右边出现（如果加上过渡样式，将呈现从右到左弹出的效果）。

6.5 粘性定位

粘性定位是一种将元素的 position 属性设置为 sticky 的定位方式。通过设置其中一个定位属性，如 left、top、right 或 bottom，当父元素的滚动条超过设定值时，元素将停止跟随滚动而固定在页面中，而当滚动条小于设定值时，元素将恢复到原始位置。

请注意，要使用粘性定位，元素必须设置其中一个定位属性，如 left、top、right 或 bottom，并且父元素必须具有滚动条才能生效。

图 6.10 展示了京东商城商品详情页面。在图中，虚线框所包含的内容具有初始位置，但随着页面向上滚动，当该块的位置接近窗口顶端时，它会固定在窗口中。而当下拉页面使其离开窗口顶部一定距离时，它会回到原来的位置。

图 6.10 滚动到浏览器窗口顶部悬浮的信息块

例 6.8 粘性定位的使用。

我们模拟图 6.10 的效果来实现粘性定位。首先，在具有粘性定位的块元素上方和下方各添加一个高度足够的 div，以便出现浏览器窗口滚动条。然后，当距离浏览器顶部 100 px 时，使具有粘性定位的块元素脱离原来的位置，悬浮在页面上，参考图 6.11。

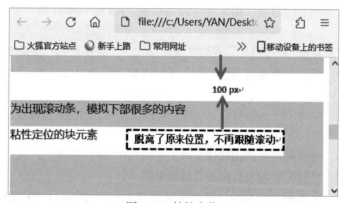

图 6.11 粘性定位

具体实现代码如下：

```
1.  <!DOCTYPE html>
2.  <html>
3.    <body>
4.      <div class="top">模拟上面很多的内容</div>
5.      <div class="sticky">粘性定位的块元素</div>
6.      <div class="bottom">为出现滚动条，模拟下部很多的内容</div>
7.    </body>
8.  </html>
9.
10. <style>
11.   .top,.bottom{
```

```
12.        height: 600px;
13.        background-color: #ccc;
14.    }
15.    .sticky{
16.        position: sticky;
17.        top:100px;
18.        width:400px;
19.        height:40px;
20.        background-color: white;
21.    }
22. </style>
```

代码说明：

■ 行 11~14：为了模拟页面具有足够多的内容，使上下两个 div 元素具有足够的高度，以便在浏览器窗口中出现滚动条。

■ 行 16、17：设置元素的粘性定位属性，在页面滚动到距离浏览器窗口顶部 100 px 的位置时，停止跟随滚动并悬浮在页面上方。

■ 行 18~20：设置宽度、高度和背景属性，以便观察效果。

通过这个例子我们可以发现，要使表格的某一列冻结，只需将该列的位置属性设置为 sticky，并设置 left 属性即可。读者可以自行尝试这个方法。

6.6 浮　　动

浮动是指元素脱离原来的位置，并在原来位置之上"浮动"，不再占用原来的空间。

当元素的样式属性 float 取值为 left 或 right 时，元素将产生浮动效果。当 float 取值为 left 时，元素将水平向左浮动；当 float 取值为 right 时，元素将水平向右浮动；而取值为 none 则表示取消浮动。

浮动元素具有行内块特征，可以调整大小。当多个连续的浮动元素存在时，它们会像行内块元素一样水平依次紧密排列，没有间隙。利用这个特征，可以创建水平导航效果和实现多列浮动布局。

然而，浮动也会带来一些副作用，例如后续元素试图占据其原来的空间，导致文本环绕的情况。为了更好地理解浮动的特点和其带来的副作用，以及如何消除浮动的影响，我们可以通过以下示例来进行说明。

例 6.9　理解浮动的特性。

首先在一个容器元素中添加两个左浮动的 div1 和 div2。为了方便观察，设置了 div1 和 div2 的宽度、高度和背景色，并添加了外边距。接着，在容器元素中添加了一个不浮动的 div3，其中包含了一段长文本。最后，在容器元素外部再添加一个包含长文本的 div，以便观察浮动元素对后续元素布局的影响。

从图 6.12（a）可以看出，浮动的元素 div1 和 div2 水平排列，并且不再占据容器元素的空间，而浮动元素的后续元素 div3 将占据浮动元素原来的空间，此时容器的高度由非浮动元素 div3 决定，同时容器之外的元素也会占据浮动元素部分的空间，文字出现了环绕。

如果再在 div3 添加更多的文本，此时容器元素的高度跟随非浮动元素高度变化，文字也出现了环绕；同时，当容器元素被撑高到超过浮动元素高度时，容器外部元素才会正常显示，如图 6.12（b）所示。

（a）浮动特征　　　　　　（b）浮动特征

图 6.12　浮动效果

具体实现代码如下：

```
1.   <!DOCTYPE html>
2.   <html>
3.       <body>
4.           <div class="container">
5.               <!-- 左浮动元素 -->
6.               <div class="div1">div1</div>
7.               <div class="div2">div2</div>
8.               <!-- 后续元素 -->
9.               <div class="div3">这是div3的内容</div> </div>
10.          <div class="outer">
11.              这是容器外的div元素</br>
12.              这是容器外的div元素</br>
13.          </div>
14.      </body>
15.  </html>
16.  <style>
17.      .container { width: 280px;border:2px dotted black; }
18.      .div1, .div2 {
19.          float: left;
20.          margin-left: 10px;
21.          margin-top: 10px;
22.          width: 60px;
23.          height: 40px;
24.          background-color: white;
25.          border:2px solid black;
26.      }
27.      .div3 { background-color: #ccc;}
28.      .outer{ width:280px;border:2px dotted black; }
29.
30.  </style>
```

代码说明：
- 行 17：容器元素，设置宽度和点线边框，便于观察。
- 行 19：使 div1 和 div2 左浮动，它们将水平排列。
- 行 20～21：使浮动元素之间具有一定间隔，方便观察效果。注意，浮动元素不能使用 left 或 top 来定位，但可以使用外边距，也可以改变宽度和高度（如行 22、行 23）。
- 行 27：设置 div3 的背景色，用于观察它占用浮动元素的空间。
- 行 28：设置容器外部的元素样式，用于观察浮动元素对容器外部元素的影响。

通过例 6.9，我们可以发现，浮动元素会影响其后续元素，使其之后的所有元素文字都可能出现环绕，而非浮动元素会占用其原来的空间；如果一个容器元素包含的都是浮动元素，那么容器元素的高度将为 0。

我们期待得到如图 6.13 所示的效果，消除浮动带来的上述影响。

（1）包含浮动元素的容器高度由浮动或者非浮动子元素的高度最高者决定。

（2）不影响后续元素，即在浮动元素高度大于非浮动元素时，不影响任意后续元素。

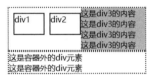

图 6.13　正常效果

如果一个容器中同时存在浮动和非浮动元素，并且需要消除浮动所带来的影响，可以按照以下步骤进行操作：

（1）为包含浮动元素的容器元素设置 overflow 属性值为 hidden。

这样，容器元素将成为一个独立的元素，其高度将由浮动和非浮动元素中最高的那个决定，并且它也会清除浮动子元素对外部元素的影响。另外，也可以通过设置容器元素的高度超过所有子元素的高度来达到同样的效果。

在这里，所谓的独立元素指的是不会影响前后元素的布局，也不会占用浮动元素原来的空间，就好像它本来就是该位置独立的块元素一样。

overflow:hidden 语句的本意是指超过容器空间的子元素将被隐藏而不显示，但它也可以用于清除浮动的影响。

（2）设置非浮动元素的 overflow 属性为 hidden。

步骤（1）中的方法虽然可以确保外部元素不受到浮动元素的影响，但容器内的非浮动元素仍然会占据浮动元素原来的空间。为了解决这个问题，可以通过设置非浮动元素的 overflow 属性来使其成为独立元素，从而不再占据浮动元素的空间。这样做的同时，容器内的文本也不会再被浮动元素环绕。

经过上面步骤（1）和步骤（2），将实现图 6.11 的正常效果，这也是页面多列布局的基础。

如果一个容器元素只包含浮动子元素，并且需要消除浮动子元素对后续元素的影响，根据实际情况可以选择以下几种方法：

（1）设置父元素 overflow 属性为 hidden。如前所述，容器元素将成为一个独立的元素，其高度将由浮动元素中最高的那个决定，并且不会影响后续元素的布局。需要注意的是，这种方法适用于容器中没有超出其空间的其他子元素的情况，例如，不能有绝对定位的元素位于容器之外。

（2）直接设置父容器的高度。一旦容器元素的高度确定，后续元素将不再受其子元素浮动的影响。这种方法适用于容器中包含超出其空间且存在绝对定位的子元素的情况。

（3）在最后一个浮动元素后面使用 `<div style="clear:both"></div>` 标签来清除左右的浮动。然而，使用 ::after 伪类的方式可以替代这种方法，使代码更加优雅。如：

```
.container::after{
    content: '';
    display: block;
    clear: both;
}
```

（4）容器元素转换为行内块元素，然后在其后面使用 `<br>` 标签实现换行。通过这种方式，容器元素也会变成一个独立的元素，但这种用法相对较少见。

例 6.10 使用浮动特性，模拟 CSDN 网站水平导航菜单的实现效果，效果如图 6.14 所示。

图 6.14 水平导航菜单

分析：为了方便后续维护和简化样式的使用，当需要水平排列多个具有相同样式的元素时，通常会使用无序列表，并将列表项设置为左浮动。在图 6.14 中，容器元素保留了一定的内左边距，以便添加背景图并美化导航栏。

通常情况下，如果列表项（li）只包含链接，可以将链接转换为块级元素，并使用适当的内边距，从而"撑大"父元素（li），这样可以方便地实现链接文本的水平和垂直居中对齐。

具体实现代码如下：

```
1.  <!DOCTYPE html>
2.  <html>
3.  <body>
4.      <ul class="nav">
5.          <li><a href="#">首页</a></li>
6.          <li><a href="#">博客</a></li>
7.          <li><a href="#">程序员学院</a></li>
8.          <li><a href="#">下载</a></li>
9.          <li><a href="#">论坛</a></li>
10.         <li><a href="#">问答</a></li>
11.         <li><a href="#">代码</a></li>
12.     </ul>
13.     你将会看到这里的文字不会环绕
14. </body>
15. </html>
16. <style>
17. * { box-sizing: border-box; }
18.     .nav {
```

```css
19.         /* 成为独立元素,不影响后续元素 */
20.         overflow: hidden;
21.         list-style: none;
22.         padding-left: 120px;
23.         margin: 0;
24.         /* 固定宽度,避免窗口缩小换行 */
25.         width: 1000px;
26.         /* 左边背景 */
27.         background-color: #eee;
28.         background-image: url('images/csdn.png');
29.         background-repeat: no-repeat;
30.         background-position: left center;
31.         background-size: 100px;
32.     }
33.     /* 所有列表项左浮动 */
34.     .nav>li { float: left; }
35.     .nav>li>a {
36.         display: block;
37.         color: gray;
38.         padding: 10px;
39.         text-decoration: none;
40.         /* 上边框初始颜色与背景相同,避免在添加上边框时影响元素布局 */
41.         border-top: 2px solid #eee;
42.     }
43.     .nav>li:hover>a {
44.         background-color: #ccc;
45.         border-top-color: red;;
46.     }
47. </style>
```

代码说明:

- 行13:用于测试后续文本是否受前面浮动元素的影响发生环绕。
- 行20:清除由于子元素浮动对容器后续元素布局的影响。可以选择设置适当的高度来代替。例如,可以使用 height: 40px 来设置容器的高度。
- 行22:为左边背景图预留一定的空间。
- 行27~31:设置列表容器 ul 的背景图样式。靠左且垂直居中,宽度为 100 px,高度自适应。
- 行34:使列表项左浮动,实现列表项水平排列。
- 行36:将链接转换为块级元素,这样可以利用 padding 属性来改变其宽度和高度。由于父元素(li)设置了浮动,其大小由子元素链接决定。因此,在这里,每个导航栏的大小由链接决定,而列表项(li)仅起到水平排列的作用。

使每个链接的初始状态包含一个与背景色相同的上边框。这主要用于在鼠标悬停时,只改变上边框的颜色,以增强视觉效果。如果仅在鼠标悬停时才添加边框,会破坏原有的布局,导致容器的高度发生变化,从而造成页面内容的瞬间闪动。

注意：本例中的图片可以使用任意其他图片来代替。

6.7 应用实例——下拉二级导航

模拟京东首页顶部的下拉二级导航。为了更好地理解位置和定位属性的使用，以京东商城主页的顶部导航为例，来介绍如何实现如图 6.15 所示的下拉二级导航。

图 6.15 京东首页顶部的二级下拉导航

为了突出技术细节，将图 6.15 的效果简化为图 6.16。当鼠标悬停在一级导航项目上时，会显示包含二级导航的区域。请注意，这两个区域之间的外部边框线是连贯的。这样的简化效果能够更清晰地展示实现的重要部分。

（a）一级导航　　　　　　（b）二级下拉导航

图 6.16 效果简化图

实现思路：
一级导航使用无序列表，其第二个列表项包含二级导航，而二级导航使用 div 来包含一组链接。
（1）添加容器 div，为其添加一个无序列表，作为一级导航的容器，并浮动在其右边。
（2）使一级导航水平排列，即列表项 li 左浮动。
（3）将 li 中的链接转换为块元素，并设置高度和行高相等，使链接文本垂直居中对齐，而其宽度可以由文本和内边距决定。
（4）设置 ul 的高度，以清除浮动影响。由于 ul 子元素 li 包含绝对定位的二级下拉导航的内容，因此 ul 不能使用 overflow:hidden 来清除浮动影响，否则下拉区域超过 ul 高度将无法显示。
（5）二级导航是一个相对于 li 绝对定位的 div，它仅包含一组简单的链接。初始状态下是隐藏的，只有当鼠标悬停在 li 上时才会显示出来。同时，在 li 中添加一个宽度为 100%、高度为 0、边框为 1px、背景色与 li 相同的 div，用来覆盖 li 的底部边框。这样可以使 li 和二级导航容器 div 的边框线在视觉上连贯起来，中间没有边框线分隔。这里需要注意处理边框覆盖的 1 像素问题。同时要注意，使用伪类 ::after 添加的元素是基于内容模型而不是边框盒子模型。

基于以上分析，以下是 HTML 的内容：

```
<div class="container">
    <ul class="nav-1">
```

```
            <li><a href="#">我的订单</a></li>
            <li class="drop">
                <a href="#">我的京东</a>
                <div class="nav-2">
                    <a href="#">二级导航1</a>
                    <a href="#">二级导航2</a>
                    <a href="#">二级导航3</a>
                    <a href="#">二级导航4</a>
                </div>
            </li>
            <li><a href="#">联系客服</a></li>
        </ul>
    </div>
```

实现样式如下：

（1）容器和整体样式。

```
        * { box-sizing: border-box; }
        ul {
            list-style: none;
            padding: 0;
            margin: 0;
        }
        a {
            text-decoration: none;
            color: #999;
        }
        .container {
            height: 40px;
            width: 600px;
            background-color: #eee;
        }
```

说明：在这里，我们设置了所有元素使用边框盒子模型，并清除了无序列表的默认样式属性。同时，取消了链接的下划线，并初始化了文本颜色。容器 container 包含了一个带有浮动的 ul，而且 ul 包含了超出其高度的子元素（下拉区域）。因此，不能使用 overflow:hidden，而是直接设置了高度值。

（2）一级水平导航。

```
        /* 一级导航容器 */
        .nav-1 { float: right;   }

        /* 左浮动，且为相对位置，作为二级导航容器 nav-2 参考定位 */
        .nav-1>li {
```

```css
        float: left;
        position: relative;
        border: 1px solid #eee;
    }

    /* 链接大小, "撑大" 父元素 li */
    .nav-1>li>a {
        display: block;
        height: 38px;
        line-height: 38px;
        padding: 0 10px;
    }
```

说明：由于 li 元素设置了左浮动，所以它的宽度和高度由子元素决定。此外，将 li 元素的位置属性设置为相对位置，这样，绝对定位的二级导航子元素 div 将以 li 元素为参考进行定位。同时，将链接转换为块级元素，其高度和宽度由文本和内边距决定，以填充满父元素 li，同时使链接文本完全居中。需要注意的是，由于容器 container 的高度为 40 px，而 li 具有 1 px 的边框，所以可用空间的高度为 38 px（40-2）。

（3）二级导航。

二级导航容器 nav-2 使用绝对定位，位于 li 元素的底部，即 top 属性取值为 100%。宽度由实际需要决定，在这里设定为 320 px。为了使 nav-2 与 li 元素的右侧边框线完全对齐，right 属性取值为 -1 px。

在这里，将二级导航容器中的链接转换为行内块元素，以便能够自由改变宽度和高度。如果链接使用浮动方式，那么其父容器 nav-2 需要设置高度或使用 overflow:hidden 方式来消除浮动的影响。

具体实现代码如下：

```css
    /*二级导航容器: 右对齐, 宽度自定 */
    .nav-2 {
        position: absolute;
        display: none;/*初始不显示, 只在父元素悬停时修改为 block */
        top: 100%;    /* 38px* /
        right: -1px; /*对齐父元素的边框*/
        width: 320px;/*自定义值*/
        padding: 10px;
        border: 1px solid gray;
        background-color: white;
    }
    /*链接转换为行内块元素, 以便使其占据一定高度和宽度空间 */
    .nav-2>a {
        display: inline-block;
        padding: 10px;
    }
```

```css
/*鼠标悬停在链接时，背景变色*/
.nav-2>a:hover { background-color: #eee; }
```

（4）鼠标在 li 悬停时效果。

当鼠标悬停在 li 元素上时，如果存在二级导航子元素，将其显示，并使边框线与父元素 li 的边框线颜色一致。此外，还需要在 li 元素中添加一个直线状的 div，使用绝对定位覆盖其底部边框线，以实现视觉上的边框线联通效果。

```css
/* 显示二级导航的内容 */
li.drop:hover>.nav-2 { display: block; }

/*由于 li 本身有边框，这里改变其颜色即可*/
li.drop:hover {
    border-color: gray;
    background-color: white;
}

/* 悬停添加底部线状 div */
li.drop:hover::after {
    content: '';
    position: absolute;
    left: 0;
    right: 0;/*左、右位置为 0，相当于使其宽度为父容器可用空间的 100%宽度*/
    bottom: -1px;  /*li 底部边框线位置*/
    border: 1px solid white;/*与父容器背景色相同 */
}
```

而当鼠标在没有二级导航子元素悬停时，仅改变链接文本颜色：

```css
/* 没有二级导航的 li，鼠标悬停时仅改变文本颜色 */
li:not(.drop):hover>a { color: red; }
```

小　　结

本章详尽地阐述了 HTML 元素的 position 属性以及 float 属性的特性和应用。position 属性作为控制元素在页面上定位的关键，其不同取值赋予了元素多种定位方式。

首先，static 作为元素的默认值，意味着元素将按照正常的文档流进行定位，不受 top、bottom、left、right 属性的影响，而 relative 定位则允许元素根据这四个属性相对于其正常位置进行偏移，同时保留在文档流中的空间。

接下来，absolute 定位使元素完全脱离文档流，并根据最近的非 static 定位祖先元素进行定位。如果没有这样的祖先元素，则根据初始包含块定位。这种定位方式使元素能够独立于其他元素自由放置。

fixed 定位则使元素相对于浏览器窗口固定位置，无论页面如何滚动，它都保持静止。这种特性常用于创建悬浮效果，如固定位置的导航栏。

sticky 定位结合了 relative 和 fixed 的特点，元素在滚动到某个设定值前保持相对定位，超过设定值后则变为固定定位。

此外，本章还探讨了 float 属性的应用。float 属性使元素浮动起来，其他元素会环绕其周围，常用于实现文字环绕图片的效果。然而，浮动元素会脱离文档流，可能对页面布局造成影响，因此需要特别注意清除浮动以避免混乱。

在实际应用中，float 和 position 属性常相互配合，用于创建复杂的布局和定位效果。例如，可以使用 float 排列元素，再利用 position 对特定元素进行微调。通过灵活运用这两个属性，我们可以精确地控制元素在页面上的位置，实现多样化的视觉效果和交互体验。

习　　题

一、填空题

1. 在 CSS 中，position 属性用于设置元素的 _____。
2. position 属性的默认值是 _____。
3. 若要使一个元素相对于其正常位置进行定位，可以将其 position 属性设置为 _____。
4. 绝对定位的元素会相对于 _____ 进行定位。
5. 当一个元素的 position 属性设置为 absolute 时，可以使用 _____ 和 _____ 属性来设置元素的具体位置。
6. 固定定位的元素会相对于 _____ 进行定位，即使页面滚动也保持固定位置。
7. 若要设置固定定位元素距离浏览器窗口顶部的距离，应使用 _____ 属性。
8. 粘性定位（sticky）的元素在滚动到某个位置之前是 _____ 定位的，之后则变为 _____ 定位。
9. z-index 属性用于控制元素的 _____ 顺序，值越大表示元素越 _____。
10. 当使用相对定位时，元素会相对于其 _____ 位置进行偏移，同时保留在文档流中的原始空间。

二、选择题

1. 在 CSS 中，（　　）可以使元素相对于其正常位置进行定位。
   A. position: static;　　　　　　　　B. position: relative;
   C. position: absolute;　　　　　　　D. position: fixed;
2. position: absolute; 的元素是相对于（　　）进行定位的。
   A. 其父元素　　　　　　　　　　　B. 最近的已定位祖先元素（非 static）
   C. 整个文档　　　　　　　　　　　D. 浏览器窗口
3. 默认情况下，元素的定位属性值是（　　）。
   A. static　　　　　　　　　　　　B. relative
   C. absolute　　　　　　　　　　　D. fixed

4. (　　) 使一个元素相对于浏览器窗口进行定位，即使页面滚动也保持固定位置。
   A. position: relative;
   B. position: absolute;
   C. position: fixed;
   D. position: sticky;
5. 当一个元素的 position 属性设置为 relative 时，可以通过 (　　) 来调整其位置。
   A. top 和 right
   B. bottom 和 left
   C. top、right、bottom 和 left
   D. 只有 margin 和 padding
6. 如果一个元素使用了 position: absolute;，但其父元素也使用了 position: relative;，那么这个绝对定位的元素会相对于 (　　) 进行定位。
   A. 其父元素
   B. 其祖父元素
   C. 整个文档
   D. 浏览器窗口
7. (　　) 用于设置绝对定位元素距离其包含块顶部的距离。
   A. margin-top
   B. padding-top
   C. top
   D. position-top
8. 在 CSS 中，position: sticky; 元素在滚动到某个位置之前是 (　　) 定位的。
   A. 相对于父元素
   B. 相对于浏览器窗口
   C. 相对于其正常位置
   D. 相对于最近的已定位祖先元素
9. z-index 属性在 CSS 中用于控制 (　　)。
   A. 元素的宽度
   B. 元素的堆叠顺序
   C. 元素的背景颜色
   D. 元素的字体大小
10. (　　) 用于设置固定定位元素距离浏览器窗口左侧的距离。
    A. left
    B. margin-left
    C. padding-left
    D. position-left

第 7 章

页面布局

学习目标

- 熟练掌握使用 div 元素结合 CSS 样式来实现行列布局的技巧和方法。
- 理解并掌握弹性布局的容器和项的属性,能够灵活应用于页面布局中。

在 CSS2 发布之后,传统的表格布局被以 div 元素为容器、结合大量丰富新样式的 CSS 布局所取代。以 div 为容器的布局基于更完善的盒子模型、定位、浮动和 display 属性,实现了更精确、灵活的页面元素定位,同时简化了页面结构,提高了维护性。随着 CSS3 的发布,页面布局方式更加多样化,其中弹性布局逐渐成为 PC 端主流的布局方式。然而,CSS 和 div 结合的布局以及弹性布局仍然是当前网页布局的两种主要方式。因此,本章将重点介绍这两种布局方式的应用。

7.1 页面布局基础

页面布局是将页面划分为不同的区域,每个区域使用 div 元素作为容器来承载内容,并通过 CSS 样式将其定位在页面的任意位置。

相对于其他具有语义和默认样式的 HTML 块元素,如 p、h1 ~ h6、ul、li 等,div 没有默认的样式属性,因此更适合作为容器元素使用。

页面布局方式在整体上可以分为行布局、列布局和混合布局,三者示意图分别如图 7.1 所示。

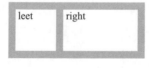

图 7.1 页面布局

无论采用哪种布局方式，通常都会使用一个 div 元素作为根容器，其中包含不同的页面布局方式来承载内容。根容器通常具有固定的宽度，而高度会自适应。通过使用根容器，可以轻松控制整个页面在浏览器窗口中的位置。

7.1.1 行布局

行布局是一种使用 div 将页面从上到下划分为多个区域的布局方式。每个区域宽度为容器宽度的 100%，高度可以固定或根据内容来自适应。这种布局方式是利用了文档标准流来实现的默认布局方式。

例 7.1 典型的三行布局。

典型的三行布局由三个顺序排列的 div 组成，它们作为一个整体位于一个元素容器中。图 7.2 为三行布局的效果图。

```
header
content
footer
```

图 7.2 行布局运行效果

具体实现代码如下：

```
1.   <!DOCTYPE html>
2.   <html>
3.     <body>
4.       <div id="container">
5.         <div id="header">header </div>
6.         <div id="content">content</div>
7.         <div id="footer">footer</div>
8.       </div>
9.     </body>
10.  </html>
11.  <style>
12.    #container {
13.      width: 400px;
14.      margin:0 auto;
15.      border:2px dotted gray;
16.    }
17.    #header, #footer, #content {
18.      min-height: 40px;
19.      border: 1px solid #ccc;
20.      margin:4px;
21.    }
22.  </style>
```

代码说明：
- 行 4 和行 8：布局的根容器，用于控制页面内容整体居中显示。
- 行 5 ～ 7：将页面内容分为上、中、下三个区域。
- 行 12 ～ 15：将根容器的宽度设定为 400 px，即页面内容的宽度。当设置 margin 的左右边距为 auto 时，容器将在水平方向上居中显示在窗口中。同时，在第 15 行为容器添加虚线边框，以便观察运行效果。
- 行 17 ～ 21：使根容器中的三个 div 子元素显示边框、间距和最小高度，以便观察运行效果。这些样式是非必需的，仅用于调试和观察页面布局。

7.1.2 列布局

列布局可以通过浮动属性 float 来实现，使用块元素将页面划分为不同的区域，并从左到右水平排列。另外，也可以使用 display 属性将块元素转换为行内块元素，以达到相同的效果。

典型的列布局包括左右两列布局和左中右三列布局。由于列布局非常常见，此处以典型的三列布局为例，讨论不同的实现方式以及可能遇到的问题。

> **注意**：浮动元素（无论是块元素还是行内元素）具有行内块的特性，即它们的大小默认会自适应子元素，并且可以调整宽度和高度。当浮动元素的宽度超过父容器的宽度时，它们将会换行排列。

1. 三列全浮动

使用三个块元素 div 将页面空间在水平方向分成左、中、右三个区域，三个 div 均设置左浮动。由于浮动不再占据原来的空间，需要采取一定的措施避免浮动元素对后续元素布局的影响。

例 7.2 三列全浮动布局。

为了实现三列全浮动布局，可以在一个根容器中使用三个左浮动的 div 元素。根容器的宽度应固定，并且需要居中显示在页面上。同时，还需要消除浮动的影响，让任意一个浮动元素的高度来决定根容器的高度。此外，还需要设置每个浮动元素的宽度，以使它们能够占满整个根容器的空间。最终的运行效果如图 7.3 所示。

图 7.3 运行效果

具体实现代码如下：

```
1.  <!DOCTYPE html>
2.  <html>
3.    <body>
4.      <div class="container">
5.        <div class="left">left</div>
6.        <div class="center">center</div>
7.        <div class="right">right</div>
8.      </div>
```

```
9.      </body>
10.    </html>
11.
12.    <style>
13.      * { box-sizing: border-box; }
14.      .container {
15.        width: 400px;
16.        margin: 0 auto;
17.        border: 2px dotted gray;
18.        /* 消除浮动的影响 */
19.        overflow: hidden;
20.      }
21.      .left,.right,.center {
22.        float: left;
23.        width: 20%;
24.        min-height: 40px;
25.        border: 1px solid black;
26.      }
27.      .center { width: 60%;height: 60px;}
28.    </style>
```

代码说明：

- 行4和行8：根容器，用于控制页面内容整体居中显示。
- 行13：为了方便计算，将所有元素都应用边框盒子模型，即元素的尺寸包含边框和内边距。
- 行14～20：当将margin的左右边距设置为auto时，可以实现根容器在页面水平居中显示。其中，行19是关键语句，它通过消除浮动的影响，使根容器成为一个独立元素，并且高度自适应，即根容器的高度由子元素中最高的元素决定。这是一种简单有效的方法。当然，也可以在容器后面使用伪类来清除浮动，如：

```
.container::after{
    content:'';
    display: block;
    clear: both;
}
```

注意：如果根容器无法通过设置overflow:hidden来清除浮动，例如在下拉二级导航中存在被隐藏且超出容器空间的元素，那么使用伪类的方式是最佳选择。当然，设置根容器的高度也可以消除浮动的影响，但通常容器的高度是不确定的。

- 行21～26：将三个div元素全部设置为左浮动，并为它们设置最小高度和边框，以便观察运行效果。这里为每个元素设置了初始宽度，但在第27行覆盖了中间元素的宽度。
- 行27：将中间div的宽度修改为60%，这样三个div将按比例占满根容器的宽度。在这里设置高度的目的是观察根容器的高度是否由最高的子元素决定。

2. 前面两列左浮动，最后一列不浮动

使用这种方式时，由于最后一列不浮动的元素将占据前面两列浮动元素空出来的空间，其文本也将产生环绕。为避免这种情况，在下面的例子中，使用 overflow: hidden 语句，将容器元素和最后一列 div 元素都成为独立的元素，从而消除浮动带来的影响。

例 7.3　最右侧不浮动的三列布局。

首先，将根容器的宽度设置为固定值，并居中对齐。然后，使用 "overflow: hidden" 来消除浮动子元素的影响。这样，根容器的高度将由任意子元素的高度决定。接下来，将前面两列设置为浮动，并固定宽度。最后一列不浮动，并使用 "overflow: hidden" 将其设置为独立元素。这样，最后一列的宽度将自动占据根容器剩下的宽度空间。

具体实现代码如下：

```html
1.  <!DOCTYPE html>
2.  <html>
3.    <body>
4.      <div class="container">
5.        <div class="left">left</div>
6.        <div class="center">center</div>
7.        <div class="right">right</div>
8.      </div>
9.    </body>
10. </html>
11.
12. <style>
13.   * { box-sizing: border-box; }
14.   .container {
15.     width: 400px;
16.     margin: 0 auto;
17.     border: 2px dotted gray;
18.     overflow: hidden;
19.   }
20.   .left, .center, .right {
21.     float: left;
22.     min-height: 40px;
23.     border: 1px solid #ccc;
24.   }
25.   .left  { width: 20%; }
26.   .center { width: 60%; }
27.   .right {
28.   /* 取消浮动，覆盖上面的浮动定义 */
29.     float: none;
30.     /* width: 20%; 不设置宽度，将占据剩余空间 */
31.     overflow: hidden;
32.   }
```

```
33.        </style>
```

代码说明：

- 行 4 和行 8：根容器，包含三个 div 子元素。
- 行 13：使所有元素都使用边框盒子模型。
- 行 18：使根容器成为独立元素，不受浮动子元素的影响，高度由其任意子元素高度最高者决定。
- 行 20 ~ 24：初始设置三列均浮动，由于最右侧列不浮动，将在第 29 行修改样式。
- 行 29：取消浮动属性，使之成为非浮动元素。
- 行 31：使其成为独立元素，不再占据浮动元素空出来的空间，文本也不再产生环绕。

在这里，我们可以使用 margin- left 属性来替代第 31 行的语句。margin-left 的取值可以通过以下计算得出：（400−2−2）×0.8=316.8 px。这里的 400−2−2 表示根容器的宽度减去左右边框的宽度，得到容器可分配的宽度，再减去左侧两个浮动元素的宽度（20%+60%）。然而，这种方式需要进行计算，相对烦琐。

运行效果如图 7.4 所示。

图 7.4　运行效果

3．左右浮动，中间不浮动

在三列布局中，通常左右部分使用固定的宽度，而中间部分则是自适应宽度。这种布局方式与之前的布局略有不同。首先，我们需要将左右部分设置为浮动元素，然后再添加中间部分作为非浮动元素，以使其占据根容器中剩余的空间。

例 7.4　左右浮动、中间不浮动的三列布局。

在实现这种布局方式时，需要注意插入 HTML 标签的顺序：先添加实现左右浮动的元素，再添加中间的元素。接下来，为这些元素添加样式。设置前两个元素的宽度为固定值，并分别实现左浮动和右浮动。最后，使用样式使中间元素和根容器元素成为独立元素，以避免浮动元素的影响。

具体实现代码如下：

```
1.    <!DOCTYPE html>
2.    <html>
3.      <body>
4.        <div class="container">
5.          <div class="left">left</div>
6.          <div class="right">right</div>
7.          <div class="center">center</div>
8.        </div>
9.      </body>
10.   </html>
11.
```

```
12.    <style>
13.      .container {
14.        width: 400px;
15.        margin: 0 auto;
16.        border: 2px dotted gray;
17.        overflow: hidden;
18.      }
19.      .left,.right,.center {
20.        min-height: 40px;
21.        border: 1px solid #ccc;
22.      }
23.      .left { float: left; width: 100px;}
24.      .right { float: right; width: 100px;}
25.      .center{ overflow: hidden; }
26.    </style>
```

代码说明：

◆ 行 7：请确保将中间的 div 元素放置在浮动元素的最后，否则会导致右浮动元素在下一行显示。

■ 行 17：将根容器设置为独立元素，不受浮动子元素的影响，并且高度应由最高的子元素决定。

■ 行 19～21：设置每个元素的初始样式，以便观察运行效果。

■ 行 23：左侧的 div 元素设置为左浮动。通常情况下，左、右侧的宽度会被固定。

■ 行 24：右侧的 div 元素设置为右浮动。

■ 行 25：使中间 div 成为独立元素，不占用浮动元素空出来的空间。

通过观察图 7.5 所示的运行效果，可以发现它与图 7.4 完全相同。

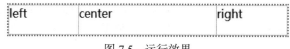

图 7.5　运行效果

7.1.3　混合布局

一旦了解了行布局和列布局的实现方式，混合布局也就变得容易理解了。混合布局是在行布局的基础上，在其中的一行或多行中包含了列布局。因此，我们可以将该行作为列布局的父容器来实现混合布局。

例 7.5　三行两列布局。

三行两列布局是一种典型的混合布局，其中的中间行区域采用了包含两列的布局结构。为了实现这样的布局，我们可以按照之前的方法，将布局元素作为整体放置在一个根容器中，并设置根容器的适当宽度，使得布局元素的内容能够整体居中显示在浏览器窗口中。而对于中间的两列布局，可以将左边列设为左浮动，并固定宽度；而右边的列不浮动，采用自适应宽度的方式。最后，我们需要清除浮动的影响，以确保布局的正确显示。

具体实现代码如下：

```
1.   <!DOCTYPE html>
2.   <html>
3.     <body>
4.       <div class="container">
5.         <div class="header">header</div>
6.         <div class="content">
7.           <div class="left"><p>content-left</p></div>
8.           <div class="right">
9.             <p> content-right</p>
10.            <p>测试文本是否环绕</p>
11.          </div>
12.        </div>
13.        <div class="footer">footer</div>
14.      </div>
15.    </body>
16.  </html>
17.  
18.  <style>
19.    * { box-sizing: border-box; }
20.    .container {
21.      width: 400px;
22.      border: 2px dotted gray;
23.      margin: 0 auto;
24.      padding: 10px;
25.    }
26.  /* 以下样式用于测试 */
27.    .header, .footer, .content {
28.      min-height: 40px;
29.      border: 1px solid #ccc;
30.      margin: 4px 0;
31.      padding: 4px;
32.    }
33.    .content {  overflow: hidden; }
34.  /* 列布局 */
35.    .left, .right {
36.      min-height: 40px;
37.  /* 以下用于测试 */
38.      border: 1px solid white;
39.      background-color: #ccc;
40.    }
41.    .left { float: left; width: 120px; }
42.    .right {  overflow: hidden; }
43.  </style>
```

代码说明：
- 行 4、行 14：创建一个整体容器，以确保页面内容能够在浏览器中居中显示。
- 行 5、行 6 和行 13：添加三组 div 元素，以形成三行布局。其中，第 6 行到第 12 行是行布局的中间部分，它作为两列布局的父容器。
- 行 20～25：根容器样式，固定宽度且在页面居中，其他样式属性用于测试，如边框和边距，以便在页面上看到效果。
- 行 27～32：为上、中、下行布局的 div 元素设置样式，这也是为了测试。
- 行 33：消除左浮动影响，使之成为独立的容器，它是两列布局元素的容器。
- 行 35～40：设置左右布局元素的样式，同样是为了观察运行效果。
- 行 41：设置左浮动，它是列布局中的左侧元素的样式。
- 行 42：设置列布局中右侧元素的样式，使之成为独立元素。

运行效果如图 7.6 所示。

图 7.6　运行效果

7.2　应用实例——页面顶部结构设计

图 7.7 是京东商城首页顶部的效果图。参照该图，分析并实现其布局。

图 7.7　商城主页头部效果

通过观察图 7.7 的效果，我们可以将其布局划分为如图 7.8 所示的结构。

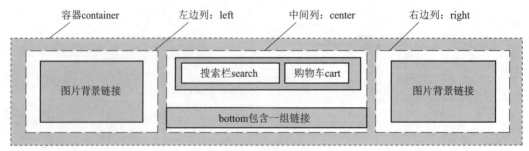

图 7.8　布局结构图

分析：首先，将整体布局分为左、中、右三列，并采用"左右浮动、中间自适应"的布局方式。这三部分都放在一个名为 container 的容器中。为了消除浮动的影响，给容器设置了固定的高度。实际上，这个高度的值需要根据实际调试效果进行微调。例如，可以将初始高度设定为 100 px，并在此基础上进行调整。

左边列（left）和右边列（right）都采用左右浮动，并包含一个图片链接的子元素。我们设置样式使得这些子元素填满其父元素。

中间列（center）采用行布局方式，分为上部分（top）和下部分（bottom）两部分。上部分又包含两个区域，一个是搜索栏（search），另一个是购物车信息栏（cart）。为了使这两个区域水平排列，可以将它们显示为行内块元素，并在父元素 top 上进行居中对齐。下部分与父元素 center 底部对齐，宽度设置为 100%。可以使用绝对定位来实现这一效果。同时，在底部区域（bottom）包含一组链接，所有链接都显示为行内块元素，并使用上下内边距来填充父容器的高度。

具体实现代码如下：

1. HTML 主体内容

```html
<!-- 整体容器 -->
<div class="container">
    <!-- 左右浮动 -->
    <div class="left"><a href="#">左浮动列：背景图的链接</a></div>
    <div class="right"><a href="#">右浮动列：背景图的链接</a></div>
    <!-- 中间之自适应区域 -->
    <div class="center">
        <!-- 顶部：搜索框和购物车信息栏 -->
        <div class="top">
            <div class="search">搜索栏容器</div>
            <div class="cart">购物车信息容器</div>
        </div>
        <!-- 底部：一组链接 -->
        <div class="bottom">
            <a href="#" class="link">其他链接</a>
            <a href="#" class="link">其他链接</a>
            <a href="#" class="link">其他链接</a>
        </div>
    </div>
</div>
```

2. CSS 代码

```
1.  <style>
2.      /* 统一设置 */
3.      * { box-sizing: border-box; }
4.      a {    text-decoration: none; }
5.
```

```css
6.      /* 整体容器 */
7.      .container {
8.          width: 1000px;
9.          height: 180px;
10.         margin: auto;
11.         /* 用于效果测试 */
12.         padding: 10px;
13.         border: 2px dotted black;
14.     }
15.     /* 显示出三个布局的 div, 以便观察效果 */
16.     .container > div {
17.         border: 2px dotted black;
18.         padding: 10px;
19.     }
20.     /* 左右部分 */
21.     .left,.right { width: 200px; height: 100%;}
22.     .left { float: left;}
23.     .right { float: right; }
24.     .left > a,.right > a {
25.         display: block;
26.         height: 100%;
27.         background-color: greenyellow;
28.     }
29.     /* 中间部分 */
30.     .center {
31.         height: 100%;
32.         overflow: hidden;
33.         position: relative;
34.     }
35.     /* 顶部样式 */
36.     .top {
37.         height: 60px;
38.         padding: 10px;
39.         text-align: center;
40.         background-color: #ccc;
41.     }
42.     /* 顶部子元素 */
43.     .search {
44.         display: inline-block;
45.         width: 60%;
46.         height: 100%;
47.         background-color: greenyellow;
48.     }
```

```
49.         .cart {
50.             display: inline-block;
51.             width: 30%;
52.             height: 100%;
53.             background-color: greenyellow;
54.         }
55.         /* 底部样式 */
56.         .bottom {
57.             position: absolute;
58.             left: 0;
59.             right: 0;
60.             bottom: 0;
61.             padding: 10px 0;
62.             /* 不设置高度，由其子元素链接决定其高度 */
63.             background-color: #ccc;
64.         }
65.         /* 底部链接，转换为行内块，使其水平排列且可以改变高度 */
66.         .bottom > a {
67.             display: inline-block;
68.             text-decoration: none;
69.             padding: 2px 10px;
70.             background-color: greenyellow;
71.         }
72.     </style>
```

代码说明：

- 行3、行4：使用通配符选择器来统一设置元素的样式。
- 行7～14：整体容器，设置固定的宽度和高度，并使其在页面居中显示。通过设置固定高度，可以消除子元素浮动带来的影响。高度的具体值可根据实际调试效果进行选定。
- 行21：设置左右两列的宽度和高度。宽度的具体值可根据实际调试效果进行选定。
- 行22、行23：将元素浮动到容器的左右两侧。
- 行24～28：将左右两侧的链接子元素设为块级元素，以填充父元素的空间。这些链接可以使用背景图进行样式设置。
- 行30～34：使中间元素的高度与父元素相同，并使用overflow:hidden属性使其成为独立元素。为了定位底部元素，将中间元素的位置属性设置为相对定位。
- 行36～41：中间列的上部分区域，作为搜索栏和购物车信息栏的父元素。这两个元素将被设置为行内块元素，并水平居中对齐。
- 行43～54：搜索栏和购物车信息栏的容器区域。两者都具有固定的宽度，并被设置为行内块元素。
- 行56～64：绝对定位于父元素底部的容器元素，用于包含一组链接。该容器使用定位属性将其宽度为100%，而高度由链接子元素决定。

本例的运行效果如图 7.9 所示。

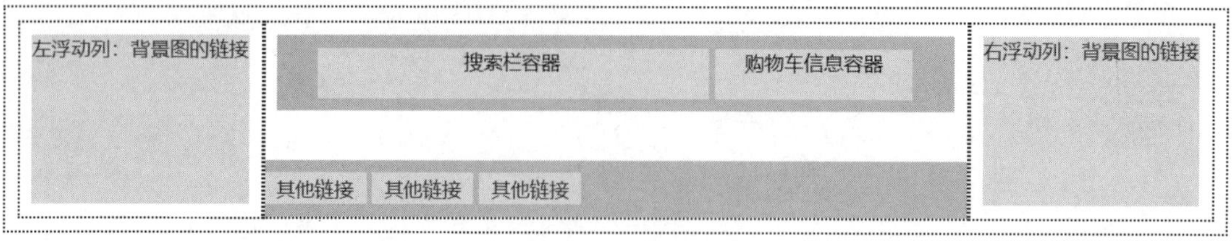

图 7.9 运行效果

7.3 弹性布局

弹性布局是 W3C 于 2009 年推出的一种基于盒子模型的布局方式，它能够简单、快速且响应式地实现各种页面布局。在大多数情况下，弹性布局可以取代基于 position、display 和 float 这三个 CSS 属性与 div 元素结合使用的布局方式，因此也成为目前主流的布局方式。

弹性布局，也称为 flex 布局，是一种通过将容器声明为弹性容器（flexible container）来实现的布局方式。在弹性布局中，容器的直接子元素（弹性项目或 flex item）可以自动水平或垂直排列、对齐，并且可以自适应大小。

当将元素的 display 属性设置为 flex 或 inline-flex 时，该元素将成为一个弹性容器，以下简称为容器，例如 div、ul 和 li 等元素。容器的所有直接子元素被称为"弹性项目"，以下简称为"项目"或"项"。容器和项目可以是任何类型的元素，包括块级元素和行内元素。如果将行内元素（例如链接 a）作为弹性容器，那么该链接包含的文本或图片将成为其弹性项目。

例如，下面的样式类可以将目标元素声明为弹性容器：

```
.box{ display: flex; }
```

或

```
.box { display: inline-flex; }
```

display 属性取值为 flex 或 inline-flex 的区别在于，前者使得弹性容器本身具有块级元素的特征，即宽度为 100%，大小可以改变，并且独占一行；后者使得弹性容器本身具有行内块级元素的特征，即宽度由其内容决定，大小也可以改变，且其后续的其他行内元素不会分行。

为对本节后续内容有更好的理解，我们借助图 7.10 来了解弹性布局的一些基本概念。

如图 7.10 所示，默认情况下，flex 容器包含两根轴，水平方向的主轴（main axis），或叫横轴，以及垂直方向的交叉轴（cross axis），或叫纵轴。主轴的起点（main start）在最左侧，终点（main end）在最右侧，项目由左到右排列，不会自动分行；交叉轴的起点（cross start）在顶端，交叉轴的终点（cross end）在最底端。容器的直接子元素为 flex 项目（flex item），项目具有行内块特征，水平排列，大小由其内容决定。

主轴决定项目的排列方向和对齐方式，起点和终点决定项目排列顺序，也是对齐方式的参考方向。

在非默认情况下，我们可以通过改变容器的方向属性来交换主轴和交叉轴，即主轴也可以是垂直方向，交叉轴也可以是水平方向，起点和终点的含义也将随之相应改变。此外，主轴和交叉轴都可以有多根，例如在图 7.10 中，每一列都有一根交叉轴，所以三根交叉轴，而只有一行，所以只有一根主轴。

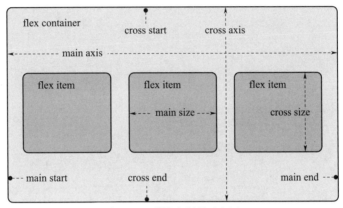

图 7.10　弹性布局基本概念

由于存在多种情况，建议初学者先掌握弹性布局的默认状态下的特征。在默认状态下，弹性容器中的项目按行从左到右排列，主轴为水平轴，交叉轴为垂直轴。初学者可以先理解主轴为水平轴的特征，然后通过实践掌握主轴为垂直轴时的特征。这样的学习顺序可以帮助初学者逐步掌握弹性布局的基本概念和用法。

弹性布局的属性可以分为容器属性和项目属性两大类，下面将对它们进行详细介绍。

7.3.1　flex 容器属性

1. display 属性

使用 display 属性可以声明元素为弹性容器，其直接子元素将作为弹性项目在容器中从左到右水平排列。

例 7.6　使用弹性布局实现水平导航菜单，效果如图 7.11 所示。

在这个例子中，我们将使用无序列表作为弹性容器，而列表项将自动成为弹性项目并水平排列。为了"撑大"父元素，可以将 li 的子元素链接（a）转换为块级元素，并设置其内边距。需要注意的是，链接（a）不是弹性项目，因为它不是弹性容器的直接子元素。

图 7.11　水平导航效果

具体实现代码如下：

（1）HTML 部分：

```
<ul class="container">
    <li class="item">
```

```
                <a href="#">主页</a>
        </li>
        <li class="item">
                <a href="#">商品详情</a>
        </li>
        <li class="item">
                <a href="#">联系我们</a>
        </li>
</ul>
```

（2）CSS 部分：

```
ul {
        list-style: none;
        padding: 0;
        margin: 0;
}

container {
        width: 400px;
        display: flex; /* 作为弹性容器 */
}

item { /* 弹性项目，自动水平排列，没有使用其他样式 */ }

        /* item作为链接的独立容器 */
item>a {
        display: block;/*普通元素，转换为块元素*/
        padding: 10px 20px;
        border: 1px solid #ccc;
        color: #333;
        text-decoration: none;
}
```

从该例子可以看出，只要将容器设置为弹性容器，其直接子元素就会自动成为行内块元素并水平排列。这种方法比使用浮动属性实现要简单得多，而且不需要其他属性来清除浮动的影响。

2. flex-direction 属性

flex-direction 属性用于控制主轴的方向，即项目的排列方向，它包含以下四个属性值：

（1）row：默认值，主轴为水平方向，起点为左端，终点为右端，即项目从左到右排列。

（2）row-reverse：主轴为水平方向，但起点为右端，终点为左端，即项目从右到左排列。

（3）column：主轴为垂直方向，起点为顶端，终点为底端，即项目从上到下排列。

（4）column-reverse：主轴为垂直方向，起点为底端，终点为顶端，即项目从下到上排列。

表 7.1 列出了 flex-direction 属性在不同取值时对应的示意图。

表 7.1　flex-direction 取值效果示例

属　性　值	示　例
flex-direction: row; 默认值	1 2 3
flex-direction: row-reverse;	3 2 1
flex-direction: column;	1 / 2 / 3
flex-direction: column-reverse;	3 / 2 / 1

在表 7.1 中，以默认的行方向排列（flex-direction: row）为例，其具有以下特点：

（1）主轴为横轴，交叉轴为纵轴，项目水平排列。

（2）容器的高度由项目决定，项目的外边距为 0（图中项目之间的间距是手动加上的）。

（3）如果设置了容器的高度，那么项目的高度将等于容器高度的 100%。

（4）当项目的宽度超出容器宽度时，它们不会自动换行，而是尝试缩小项目的宽度以适应容器，如果无法缩小，则会溢出容器。

3. flex-wrap 属性

flex-wrap 属性用于控制项目在主轴方向上的换行行为。它有三个取值：nowrap（不换行）、wrap（换行）和 wrap-reverse（反向换行）。

以主轴水平为例，这三个属性值的含义可以理解为

（1）nowrap 是默认值，表示项目不换行，当超出容器宽度时，会缩小项目的宽度，直到无法再缩小，然后溢出容器。

（2）wrap 表示项目超出容器宽度时会换行显示。

（3）wrap-reverse 表示项目反向换行排列，即第一行在底部，从底部向顶部依次排列各行的项目。

在默认情况下（flex-direction:row），flex-wrap 各种取值效果见表 7.2。

表 7.2　flex-wrap 取值效果示例

属　性　值	示　例
flex-wrap:nowrap; 默认值，不换行，项目自动缩小，直到无法缩小时溢出容器	1 2 3 4 5 6 7 8
flex-wrap:wrap; 换行，按顺序逐行排列，容器高度自适应	1 2 3 4 5 6 / 7 8

续表

属 性 值	示 例
flex-wrap: wrap-reverse; 第 1 行在底部，依次往上排列各行，容器高度自适应	7 8 1 2 3 4 5 6

当主轴为纵轴（flex-direction: column）时，即按列排列时，如果 flex-wrap 的取值为 wrap，当项目超过容器设定的高度时，项目将从上到下、从左到右依次多列排列，且各列的宽度均分容器的宽度。如果容器没有设置高度，则容器的高度会自适应，即只会有一列。

4. flex-flow 属性

flex-flow 属性是 flex-direction 和 flex-wrap 属性的简写形式，默认值为 row nowrap，表示从左到右按行排列，且只有一行。

下面的样式表示项目在水平方向从左到右排列，并允许换行显示。

```
.container {
  flex-flow: row wrap;
}
```

说明：如果容器设置了高度，项目将均分容器的高度，并且行之间的间隔相等。如果项目超出容器的高度，则会溢出。如果容器没有设置高度，则容器的高度由项目的高度决定。

> **注意**：在以下示例和文字描述中，默认情况下假设弹性容器是横向排列的，从左到右，并且可以换行。

5. justify-content 属性

justify-content 属性用于控制 flex 项目在主轴方向对齐方式，其有五个取值：

（1）flex-start：默认值，项目对齐主轴起点，各项紧凑排列，即项之间间隔为 0。
（2）flex-end：项目对齐主轴终点，各项紧凑排列，即项之间间隔为 0。
（3）center：在主轴方向，项目居中对齐，项目之间间隔为 0，两端均分剩余空间。
（4）space-around：项目在主轴方向的外边距相等。
（5）space-between：项目在主轴方向上两端对齐，两端间隔为 0，项目的外边距相等。

以主轴为横轴，项目从左到右排列且换行为例，justify-content 属性各个取值对应的效果见表 7.3。

表 7.3 属性取值效果示例

属 性 值	示 例
justify-content: flex-start; 对齐起始端，左对齐，项目之间间隔为 0	1 2 3 4 5 6 7 8
justify-content: flex-end; 对齐结束端，右对齐，项目之间间隔为 0	1 2 3 4 5 6 7 8

续表

属 性 值	示 例
justify-content: center; 居中对齐，项目之间间隔为 0，两端间隔为该行剩余宽度的平均值	1 2 3 4 5 6 7 8
justify-content: space-around; 环绕，项目前后空白为该行剩余宽度的平均值	1 2 3 4 5 6 7 8
justify-content: space-between; 两端对齐，两端间隔为 0，项目之间的间隔相等	1 2 3 4 5 6 7 8

在上述示例列中，每个项目都有一个 1 px 的白色边框，这样做是为了更好地观察效果。

例 7.7 假设弹性容器 div 直接包含了一组链接项目，这些项目会以多行排列的方式展示。通过改变 justify-content 属性值来观察容器中的排列效果。

（1）HTML 部分：

```
<div class="container">
        <a href="#" class="item"> 华为 </a>
        <a href="#" class="item"> 中兴 </a>
        <a href="#" class="item"> 小米 </a>
        <a href="#" class="item"> 联想 </a>
        <a href="#" class="item"> 诺基亚 </a>
        <a href="#" class="item"> 苹果 </a>
        <a href="#" class="item"> 华硕 </a>
</div>
```

（2）CSS 部分：

```
container {
        display: flex;   /* 作为弹性容器 */
        flex-direction: row; /* 从左到右水平排列，默认，可以省略 */
        flex-wrap: wrap;/*可换行*/

        width: 440px;
        border: 10px solid #ccc;

        /* 主轴对齐（水平对齐）：项目之间无间隔（外边距为 0） */
        /* justify-content: flex-start;起点对齐 */
        /* justify-content: flex-end; 终点对齐 */
        /* justify-content: center;水平居中 */

        /* 项有左右外边距：每行剩余空间均分 */
        ;/* justify-content: space-between 两端对齐 */
```

```
                justify-content: space-around;/*环绕对齐*/
            }
    item {
            padding: 10px 20px;
            border: 1px solid #ccc
            }
```

运行效果如图 7.12 所示。

图 7.12　主轴环绕对齐效果

6. align-items 属性

align-items 属性用于控制项目在交叉轴方向上的对齐方式，其有五个取值：

（1）stretch：默认值，在交叉轴方向拉伸项目。
（2）flex-start：在交叉轴方向对齐起始端。
（3）flex-end：在交叉轴方向对齐结束端。
（4）center：在交叉轴方向居中对齐。
（5）baseline：在交叉轴方向，各项文本基线对齐。

为了测试上述效果，需要设置容器在交叉轴上的大小，例如高度。表 7.4 展示了不同取值时的布局效果。

表 7.4　align-items 属性值示例

属 性 值	示　例
align-items: stretch; 默认值，如果项目部设置了高度，它将被拉伸，且高度相等	1 2 3 4 5 / 6 7 8
align-items: flex-start; 顶部间隔为 0，行间隔相等。各项在水平方向顶部对齐	1 2 3 4 5 / 6 7 8
align-items: flex-end; 底部间隔为 0，行间隔相等。各项在水平方向底部对齐	1 2 3 4 5 / 6 7 8
align-items:center; 上下两端间隔相等，行间隔为两端间隔之和。各项在水平方向居中对齐	1 2 3 4 5 / 6 7 8
align-items:baseline; 文本底部对齐，整体顶端对齐	1 2 3 4 5 / 6 7 8

在表 7.4 中，以 align-items 取默认值 stretch 为例，假设弹性容器采用行布局且可以换行，

并设置了一定的高度。在这种情况下，每行的项目高度将均匀分配容器的高度，而当只有一行时，项目的高度将被拉伸至容器高度的 100%。对于其他取值，项目的高度将由其子元素的高度决定，并在交叉轴方向上具有一定的间隔。此外，当使用基线对齐方式时，无论项目的高度如何变化，文本将在中线上对齐。

7. align-content

与 justify-content 属性类似，align-content 属性的取值基本相同，但它是用于交叉轴上的对齐方式，并且多了一个 stretch 属性值。与 align-items 的区别在于，align-content 除了包括两端对齐和环绕对齐之外，在交叉轴方向上，项目之间的间隔为 0。此外，在使用 align-content 时，容器必须是可换行的，也就是说必须有多行，而 align-items 对单行和多行都有效。

表 7.5 显示了不同取值时的布局效果。

表 7.5　align-content 属性值示例

属 性 值	示　　例
align-content: flex-start; 顶部间隔为 0，行间隔为 0	
align-content: flex-end; 底部间隔为 0，行间隔为 0	
align-content: center; 行间隔为 0，上下间隔相等	
align-content: space-around; 上下间隔相等，行间隔是上下间隔之和	
align-content: space-between; 两端对齐，上下间隔为 0，行之间隔平均	
align-content: stretch; 默认值，不设置项目高度时，项目将被拉伸，即平均高度	

例 7.8　以在交叉轴上居中对齐为例，在例 7.7 的基础上，为弹性容器添加如下内容，用于对比 align-items 和 align-content 在取值为 center 时的效果：

```
container {
        /* 省略其他样式 */
        height: 160px; /* 设置弹性容器合适高度*/
        /*.使用内容对齐其他样式，只能多行*/
        /*  align-content: center;
        /*.使用项对齐其他样式，可以单行，也可以多行 */
```

```
            align-items: center;
        }
```

效果如图 7.13 所示。

(a) 使用align-content　　　　　　　(b) 使用align-items

图 7.13　对比效果

例 7.9　使一个块元素 div 在页面水平、垂直居中显示。

很多网站在登录或注册窗口都使用了水平和垂直居中的布局效果。在本例中，我们将使用弹性布局来实现这种布局。首先，创建一个具有固定大小的登录区域 div 作为项目，然后将其放置在一个固定定位的弹性容器 div 中。将容器的宽度和高度设置为浏览器窗口的大小，并结合使用 justify-content 和 align-items 属性来实现水平和垂直居中。最终的效果可以参考图 7.14。

图 7.14　页面居中的 div

具体实现代码如下：

（1）HTML 部分：

```
<div class="container">
        <div class="item">
                这是登录表单区域div
        </div>
</div>
```

（2）CSS 部分：

```
container {
    /* 固定定位，大小跟随窗口变化 */
    position: fixed;
    left: 0;
    right: 0;
    top: 0;
    bottom: 0;

    /* 作为弹性容器，水平、垂直居中 */
```

```
    display: flex;
    justify-content: center;/*水平居中*/
    align-items: center;/*垂直居中,单行项目使用align-items对齐*/
    background-color: #ccc;
}

.item {
    width: 400px;
    height: 200px;
    background-color: white;
}
```

说明：固定定位的元素不会随着浏览器滚动条的滚动而移动。当上、下、左、右的定位属性取值为 0 时，该元素的宽度和高度将始终为浏览器大小的 100%，即自适应浏览器大小变化。由于该元素作为弹性容器，其中的弹性项目（例如登录区域的 div）将始终居中显示。请注意，如果要使用 align-content 属性来实现垂直居中，必须添加 flex-wrap: wrap 样式，以允许容器内的项目换行。

7.3.2　flex 项目属性

1. order

该属性决定项目的排列顺序，取值为整数。取值越小则位置越靠前，默认值为 0，表示按项目默认的顺序排列。

例 7.10　假设有一个弹性容器 div，其中包含 5 个 span 弹性项目。初始状态下，这些项目按行从左到右排列，如图 7.15（a）所示。现在要求按照 span 文本中的百分比大小进行排列，使得排序后的效果如图 7.15（b）所示。

(a) 排序前　　　　　　　　　(b) 排序后

图 7.15　排序

要实现本例的要求，只需要为每个项目设置 order 属性的值。通常，如果要根据项目的某个属性值的数字大小进行排序，可以直接将该属性值去掉单位后作为 order 值，这样就可以按从小到大的顺序排列。如果要进行反序排列，只需将 order 值加上负号即可。

注意：作为弹性项目，无论是行内元素还是块元素，在弹性容器中都具有行内块元素的特征。这意味着它们的宽度和高度可以调整，并且内边距也会影响元素的尺寸。

具体实现代码如下：

```
1.  <!DOCTYPE html>
2.  <html>
3.    <body>
4.      <div class="container">
5.        <span class="item">12%(1)</span>
```

```
6.        <span class="item">91%(2)</span>
7.        <span class="item">65%(3)</span>
8.        <span class="item">43%(4)</span>
9.        <span class="item">21%(5)</span>
10.      </div>
11.   </body>
12. </html>
13.
14. <style>
15.    .container {
16.      display: flex;
17.      width: 300px;
18.      border: 2px dotted gray;
19.    }
20.
21.    .item {
22.      padding: 4px;
23.      background-color: #ccc;
24.      border: 1px solid white;
25.    }
26.
27.    .item:nth-child(1){  order:12 }
28.    .item:nth-child(2){  order:91 }
29.    .item:nth-child(3){  order:65 }
30.    .item:nth-child(4){  order:43 }
31.    .item:nth-child(5){  order:21 }
32. </style>
```

代码说明：

■ 行 15～19：声明弹性容器，设置边框和宽度，以便观察运行效果。

■ 行 21～25：定义项目样式，使用内边距 padding 撑大项目，注意这里有 1 px 的白色边框，并不是项目间隔。

■ 行 27～31：使用伪类为每个项目声明样式。在这里，使用了 span 中的文本数值并去掉了百分比单位作为 order 属性的值。这个思路为以后使用 JavaScript 代码来动态改变项目的排序提供了思路。

order 属性的值可以是任意整数，只要数字越小，元素的位置就越靠前。例如，也可以将第 27 行到第 31 行的代码修改为：

```
.item:nth-child(1){  order:1 }
.item:nth-child(2){  order:5 }
.item:nth-child(3){  order:4 }
.item:nth-child(4){  order:3 }
.item:nth-child(5){  order:2 }
```

2. flex-grow

flex-grow 属性表示当容器在主轴方向有剩余空间时,项目在主轴方向的尺寸(main size 主尺寸)其拉伸的比例。它的取值为整数,默认值为 0,表示即使有剩余空间也不放大。

假设使用弹性布局的默认属性,将一个弹性容器的宽度设为 400 px,并在其中包含 4 个宽度都为 50 px 的弹性项目。这些项目的 flex-grow 属性分别设为 0、1、2、2(总和为 5)。根据计算,弹性容器剩余宽度为 400−50×4 = 200 px。由于项目 1 的 flex-grow 为 0,它保持原来大小。其余项目在原有宽度的基础上,按比例分配剩余宽度,比例分别为 1/5、2/5 和 2/5。因此,项目 2、3 和 4 实际占用弹性容器的宽度分别为:50+1/5×200=90 px、50+2/5×200 = 130 px、50+2/5×200=130 px。这意味着这些项目将被拉伸。我们可以通过设置每个项目的 flex-grow 属性值来实现这一效果,而不需要计算具体的宽度值。

具体验证代码如下:

```
1.   <!DOCTYPE html>
2.   <html>
3.     <body>
4.       <div class="container">
5.         <div class="item">1</div>
6.         <div class="item">2</div>
7.         <div class="item">3</div>
8.         <div class="item">4</div>
9.       </div>
10.    </body>
11.  </html>
12.
13.  <style>
14.    .container {
15.      display: flex;
16.      width: 400px;
17.      border: 2px dotted gray;
18.    }
19.    .item {
20.      width: 50px;
21.      background-color: #ccc;
22.      border: 1px solid white;
23.    }
24.    /* 1/5*200=40   50+40=90 */
25.    .item:nth-child(2) { flex-grow: 1; }
26.    /* 2/5*200=80   50+80=130 */
27.    .item:nth-child(3) { flex-grow: 2; }
28.    /* 2/5*200  80+50=130 */
29.    .item:nth-child(4) { flex-grow: 2; }
30.  </style>
```

代码说明：
- 行 14 ~ 18：定义弹性容器，宽度为 400 px，具有虚线边框。
- 行 19 ~ 23：设置弹性项目宽度均为 50 px，添加边框和背景色，以便观察效果。
- 行 25、行 27 和行 29：分别定义后面三个项目的 flex-grow 属性值为 1、2、2，它们将按比例拉伸。

运行效果如图 7.16 所示。

图 7.16　flex-grow 的应用

如果所有项目的 flex-grow 属性都设置为 1，那么它们在主轴方向上的尺寸将均等分配。例如，在行布局中，宽度将平均分配；在列布局中，高度将平均分配。需要注意的是，flex-grow 属性只在容器主轴方向上有剩余空间时才会生效。

3. flex-shrink

flex-shrink 属性用于指定当容器在主轴方向上的剩余空间不足时，项目自动缩小的比例。它的取值为正整数，默认值为 1，表示当容器空间不足时，在主轴方向上的尺寸按比例缩小。

当 flex-grow 和 flex-shrink 均为 0 时，表示项目在主轴方向上的尺寸保持不变，不会随着容器空间的变化而发生变化。

4. flex-basis

flex-basis 属性用于定义项目在主轴方向上占据的空间。它指定了 flex 元素在主轴方向上的初始大小。默认情况下，flex 项目的初始宽度由 flex-basis 的默认值决定，即 flex-basis: auto。flex 项目的宽度是基于内容的多少来自动计算的。

5. flex

flex 属性是 flex-grow、flex-shrink 和 flex-basis 三个属性的简写形式，其默认值为 0 1 auto，后两个属性值是可选的。此外，flex 属性还可以取值为 auto 和 none。

当 flex 属性取值为 auto 时，相当于设置为 1 1 auto，表示项目会根据容器大小进行缩放，并且宽度会自适应。

当 flex 属性取值为 none 时，相当于设置为 0 0 auto，表示项目不会根据容器大小进行缩放，并且宽度会自适应。

6. align-self

align-self 属性用于控制单个项目在交叉轴上的对齐方式。它允许单个项目与其他项目的对齐方式不同，可以覆盖容器的 align-items 属性。align-self 的默认值为 auto，表示该项目的对齐方式由容器的 align-items 属性决定。

假定弹性容器使用默认属性，将一个弹性容器的高度、宽度分别设为 200 px、80 px，align-items 属性值设置为 flex-end。在该弹性容器中，添加 6 个项目，各个项目不设置高度和宽度，内边距都设为 10 px，align-self 属性分别取值为 auto、auto、flex-start、center、flex-end 和 stretch，实现类似如图 7.17 所示的效果。

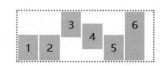

图 7.17　align-self 取值效果

从图 7.17 中可以看出，项目默认在交叉轴上由容器的 align-items 决定，但也可以单独在交叉轴上设置项目的对齐方式。

例 7.11　使用弹性布局实现三列、中间列自适应的页面布局，效果如图 7.18 所示。

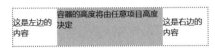

图 7.18　三列布局，中间自适应

使用弹性布局实现三列布局非常简单。首先，将三个列容器放置在一个弹性容器内。然后，固定左边和右边列容器的宽度，可以使用具体的像素值或百分比。最后，将中间列容器的 flex-grow 属性设置为 1，使其占据剩余的宽度。由于代码相对简单，读者可自行分析。

具体实现代码如下：

```html
<!DOCTYPE html>
<html>
    <body>
        <div class="content">
            <div class="left">
                <p> 这是左边的内容 </p>
            </div>
            <div class="center">
                容器的高度将由任意项目高度决定
            </div>
            <div class="right">
                <p> 这是右边的内容 </p>
            </div>
        </div>
    </body>
</html>

<style>
    .content{
        display: flex;
        width:400px;
        margin: auto;
        border:2px dotted gray;
    }

    .left,.right{   width:100px;   }
    .center{   flex-grow: 1;   background-color: #ccc;   }
</style>
```

7.4　应用实例——商品列表的布局设计

购物网站通常以列表形式向用户展示商品信息。例如，图 7.19 展示了某购物网站的商品信息。本例将探讨使用弹性布局来实现商品列表的结构。

实例分析：首先，我们选择无序列表（ul）作为弹性容器，并将每个列表项（li）作为弹性项目来包含商品信息，以实现水平排列。然后，设置弹性容器 ul 的 flex-wrap 属性为 wrap，使项目可以换行显示，并通过设置项目的外边距来为它们提供一定的间距。为了让弹性项目 li 在主轴方向上均匀分布容器的宽度，将各个弹性项目的 flex-grow 属性设置为 1。最后，在最后一行中，如果项目数量与上一行不一致，可以添加一些不可见的占位项目，以使每行的项目数量保持一致。这样可以确保每个项目在水平和垂直方向上都能对齐。

图 7.19　商品列表布局

这里有两个关键点需要注意：

（1）每个项目的 flex-grow 属性设置为 1，以实现均匀分布。

（2）在最后一行的项目数量较少时，通过添加不可见的占位项目来保持每行的项目数量一致，这样可以实现完美对齐效果。

具体实现代码如下：

1. HTML 部分

```html
<ul class="container">
    <li class="item"></li>
    <li class="item"></li>
    <li class="item"></li>
    <li class="item"></li>
```

```
        <li class="item"></li>
        <li class="item"></li>
        <li class="item empty"></li>
        <li class="item empty"></li>
    </ul>
```

2. CSS 部分

```
ul {
  list-style: none;
  padding: 0;
  margin: 0;
}

.container {
    width: 800px;
    border: 1px solid #ccc;

    display: flex; /* 声明为弹性容器，默认为行布局 */
    flex-wrap: wrap;/* 可换行 */
}

.item {
    width: 200px;/* 初始宽度 */
    min-height: 100px; /* 初始高度，便于观察效果 */
    border: 1px solid black;
    margin: 10px;
    flex-grow: 1;/* 当容器宽度变化时可以自适应 */
}
.empty {
    /* 不可见，但仍然占据空间 */
    visibility: hidden;
    /* 不可见，但不占据空间 */
    /* display:none; */
}
```

代码说明：

■ 在 item 类中，为弹性项目设置初始的宽度和高度，当使用 flex-grow 属性时，它们的宽度会自动拉伸，覆盖原始的宽度。

■ 在 empty 类中，visibility: hidden 语句声明了具有该样式类的弹性项目不再显示在页面，但仍然会占据页面空间。如果使用 display:none 语句，则目标元素将不占有页面空间，从而无法达到预期效果。

运行效果如图 7.20 所示。

图 7.20 布局效果

 小　　结

本章深入探讨了基于 div 元素结合 position 和 float 属性实现的基本行与列布局，以及混合布局方式。同时，也介绍了弹性布局方式这一现代且灵活的布局手段。

首先，通过 div 元素结合 position 和 float 属性，可以实现基本的行与列布局。position 属性允许我们精确控制元素在页面上的位置，无论是相对定位、绝对定位还是固定定位，都能帮助我们构建出复杂且精确的布局。float 属性则能使元素浮动起来，实现文字环绕图片等经典效果，对于创建基本的列布局尤为有效。通过将这两种属性结合使用，我们可以实现更加灵活多变的混合布局方式，满足不同的设计需求。

然而，随着前端技术的不断发展，弹性布局方式逐渐成为现代页面布局的主流。这种布局方式更为灵活，能够轻松应对各种复杂的布局需求。弹性布局允许我们根据容器的大小动态调整子元素的大小和位置，实现更加自然和响应式的布局效果。

因此，在实际开发中，我们可以根据具体需求灵活选择基于 position 和 float 的布局方式，还是采用更为现代的弹性布局方式。通过不断学习和实践，我们可以逐渐掌握这些布局技巧，实现更加精美和高效的页面布局。

 习　　题

一、填空题

1. 在 CSS 中，弹性布局是通过设置容器的 _____ 属性为 flex 或 inline-flex 来实现的。
2. 在弹性布局中，flex-direction 属性用于定义子元素在容器内的排列方向，默认值为 _____。
3. 使用 flex-wrap 属性可以控制弹性容器中的子元素是否换行，当值为 wrap 时，子元素会在必要时 _____ 到下一行。
4. flex-grow 属性决定了弹性容器中的子元素在剩余空间中的 _____ 比例。
5. 在弹性布局中，子元素的 flex-shrink 属性用于定义当容器空间不足时，子元素的 _____ 比例。
6. flex-basis 属性用于设置弹性子元素的 _____ 大小，即在分配多余空间或收缩之前，子元素的默认大小。
7. justify-content 属性用于在弹性容器的主轴上对齐子元素，当值为 space-between 时，子元素之间的间隔 _____，首尾子元素与容器边缘没有间隔。

8. align-items 属性用于在弹性容器的交叉轴上对齐子元素，当值为 center 时，子元素会在交叉轴上 _____ 对齐。

9. 在弹性布局中，flex 属性是 _____、_____ 和 _____ 三个属性的简写，用于在一个声明中设置这三个属性。

10. 当使用弹性布局时，如果需要改变某个子元素的排列顺序，可以使用 _____ 属性。

二、选择题

1. 在 CSS 中，若要使用 float 属性创建一个两列布局，第一列宽度为 300 px，第二列宽度自适应剩余空间，以下（   ）是正确的。
   A. 第一列：float: left; width: 300px;，第二列：无须设置
   B. 第一列：float: left; width: 300px;，第二列：float: right; width: auto;
   C. 第一列：float: left; width: 300px;，第二列：overflow: hidden;
   D. 第一列：float: left; width: 300px;，第二列：clear: both;

2. 在 CSS 中，（   ）用于定义一个元素为弹性容器。
   A. display: flex;
   B. display: block;
   C. display: inline;
   D. display: grid;

3. 弹性容器的子元素默认称为（   ）。
   A. 弹性项
   B. 网格项
   C. 块级元素
   D. 行内元素

4. 如果想让一个弹性项沿着主轴方向从右到左排列，应该设置（   ）的值为 row-reverse。
   A. flex-direction
   B. justify-content
   C. align-items
   D. flex-wrap

5. justify-content 属性用于控制弹性项在容器的（   ）方向上的对齐方式。
   A. 主轴
   B. 交叉轴
   C. 垂直轴
   D. 水平轴

6. 如果想让弹性项在交叉轴上居中对齐，应该设置 align-items 的值为（   ）。
   A. center
   B. stretch
   C. flex-start
   D. space-between

7. 在弹性布局中，（   ）属性用于设置弹性项在容器中的放大比例。
   A. flex-grow
   B. flex-shrink
   C. flex-basis
   D. flex

8. 如果想让弹性容器中的弹性项换行显示，应该设置（   ）属性的值为 wrap。
   A. flex-direction
   B. flex-wrap
   C. align-content
   D. justify-content

9. 在弹性容器中，flex-flow 属性是（   ）属性的简写。
   A. flex-direction 和 flex-wrap
   B. flex-grow 和 flex-shrink
   C. flex-basis 和 align-items
   D. justify-content 和 align-content

10. （   ）属性用于设置弹性项之间的间距。
    A. gap
    B. space-between
    C. justify-content
    D. margin

第 8 章

CSS3 新特性

学习目标

- ❖ 熟练掌握边框、阴影和圆角属性的使用方法，提升元素视觉效果。
- ❖ 灵活应用转换属性，实现元素的位移、旋转、缩放和扭曲等动态效果。
- ❖ 掌握过渡属性的应用，使元素状态变化更加自然流畅。
- ❖ 理解动画的实现原理，能够创建生动有趣的动态效果。

CSS3 是 CSS 技术的升级版本，它引入了许多期待已久的新特性，例如本章将重点介绍的阴影和圆角、转换、过渡和动画，也包括前面章节已介绍过的弹性布局、背景透明度等。此外还有多列布局和媒体查询等，CSS3 使得元素的呈现和页面布局变得更加丰富和灵活。

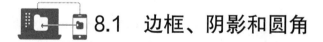

8.1 边框、阴影和圆角

8.1.1 边框

任何页面的元素都可以添加边框。边框由上、右、下、左四个边组成，可以使用复合属性进行统一设置，也可以单独为每个边设置不同的样式。

1. 复合属性

复合属性可以为元素的四个边框设置相同的样式，其用法如下：

```
border: 边框宽度  边框线型  边框颜色;
```

说明：该用法可以设置元素的四个边框具有相同的样式。其中，边框宽度表示边框的粗细，单位为像素；边框线型可以取值为 solid（实线）、dotted（点画线）、dashed（虚线）、double（双实线）、groove（3D 双线凹陷）、ridge（3D 双线凸出）、inset（3D 单线凹陷）和 outset（3D 单线突出）；边框颜色与 color 属性取值方式相同，可以使用颜色单词、十六进制值或 rgb 和 rgba 函数。

注意：如果要取消边框，例如文本框、按钮等，可以将 border 属性设置为 none。

2. 独立属性

独立属性用于为每个边框设置不同的样式。例如，下面的样式属性分别设置上边框、右边框、下边框和左边框的样式，其取值和含义与 border 属性的取值方式相同。

```
border-top：边框宽度   边框线型   边框颜色；       /*上边框样式*/
border-right：边框宽度   边框线型   边框颜色；     /*右边框样式*/
border-bottom：边框宽度   边框线型   边框颜色；    /*下边框样式*/
border-left：边框宽度   边框线型   边框颜色；      /*左边框样式*/
```

在设置边框后，还可以单独修改边框的某个样式，例如改变上边框的样式：

```
border-top-width：边框宽度；
border-top-color：边框颜色；
border-top-style：边框线型；
```

8.1.2 阴影

为了赋予元素立体感，可以使用 box-shadow 属性为元素添加阴影效果。
用法如下：

```
box-shadow: x y 模糊距离 [阴影大小] 阴影颜色 [阴影效果];
```

说明：其中，x 和 y 表示相对于元素左上角坐标的位置开始产生阴影；模糊距离以像素为单位，表示阴影的模糊程度；阴影大小（可选）以像素为单位，表示阴影的发散程度；阴影颜色与 color 属性的取值方式相同；阴影效果（可选）的取值为 inset（向内产生阴影）和 outset（默认值，向外产生阴影）。

例 8.1 制作一个具有阴影效果的图片，效果如图 8.1 所示。

图 8.1 商品卡片

分析：首先使用一个具有合适宽度的 div 容器，其中包含一个图片 img 和两个文本段落 p。然后，为该 div 容器添加 10 px 的浅灰色阴影，以赋予立体感，并为其添加适当的内边距，以在子元素之间创建间隙。需要注意的是，将图片的大小设置为容器宽度的 100%，这样可以自动按比例调整高度。

具体实现代码如下：

（1）HTML 部分：

```
<div class="card-box">
    <img src="../images/盆栽.jpg" />
    <p>云南花果山盆栽多肉植物 </p>
    <p>￥158.00</p>
</div>
```

（2）CSS 部分：

```
.card-box {
    width: 260px;
    padding: 10px;
    box-shadow: 0 0 10px 10px #ccc;
}
.card-box>img {
    width: 100%;
}
```

8.1.3 圆角

为了使每个页面元素更具个性化，可以为它们应用圆角样式。圆角指的是元素相邻边框之间的弧线。可以使用复合属性一次性声明四个圆角的样式，也可以使用单独的圆角属性逐个声明。

1. 复合属性

用法如下：

```
border-radius: top  right  bottom  left; /*4个值，四个角的圆弧半径值*/
border-radius: left/bottom  right/top; /*2个值，对角的圆弧半径值*/
border-radius: radius; /*1个值，四个角圆弧的半径值相等 */
```

说明：圆角属性的取值代表半径值，可以使用像素或百分比作为单位。其中，top 表示从元素的左上角开始，截取上边框和左边框相等距离，以其交叉点为圆心连接两个边框的圆弧；而 right 表示从元素的右上角开始，截取上边框和右边框相等距离，以其交叉点为圆心连接两个边框的圆弧；其他取值的含义类似。

例如，如果左上角和右下角半径为 40 px，而右上角和左下角半径为 80 px，可以写为

```
border-radius: 40px 80px 40px 80px;
```

或者：

```
border-radius: 40px 80px;
```

图 8.2 为效果示意图。

图 8.2 圆角效果示意图

如果元素的宽度和高度相等，可以使用下面的样式语句将元素显示为一个圆形：

```
border-radius:50%;
```

这样，元素四个圆角的半径值将等于宽度或高度的一半。

2．独立属性

可以为元素单独声明每个圆角的样式，具体用法如下：

```
border-top-left-radius: radius;     /*左上圆角*/
border-top-right-radius: radius;    /*右上圆角*/
border-bottom-right-radius:radius;/*右下圆角*/
border-bottom-left-radius: radius;/*左下圆角*/
```

其中，radius 表示每个圆角的半径值。

例 8.2　制作一个水平导航链接，并使链接上部分具有一定的圆角，效果如图 8.3 所示。

图 8.3　带圆角的链接

具体实现代码如下：

（1）HTML 部分：

```
<ul>
    <li><a href="#">主页 </a></li>
    <li><a href="#">产品列表 </a></li>
    <li><a href="#">联系我们 </a></li>
</ul>
```

（2）CSS 部分：

```
ul {
    list-style: none;
    padding: 0;
    margin: 0;
    display: flex;/* 弹性容器 */

}

a {
```

```
    display: block;
    padding: 10px 20px;  /* 文本自动居中 */
    border-top-left-radius: 12px;/*左上角圆角*/
    border-top-right-radius: 12px;/*右上角圆角*/
    /* 也可以使用复合属性 */
    /* border-radius: 12px 12px 0 0; */

    background-color: #ccc;
    text-decoration: none;
    color:#333;
}
```

代码说明：本例使用无序列表来包含一组链接，并通过弹性布局使列表项水平排列，这是一种常用的方法。然而，如果链接只有一行的情况下，更简单的做法是直接使用弹性容器 div 来包含这组链接。

由于本例只需要上半部分具有圆角效果，可以使用独立的样式属性。如果想要使用复合属性，只需将不需要圆角的半径值设置为 0 即可。例如代码中注释的语句。

 8.2 转　　换

转换主要包含位移、旋转、缩放和倾斜等，它们都通过使用 transform 样式属性来实现。

8.2.1 位移

当使用 translate 函数作为 transform 属性的取值时，可以实现元素沿水平或垂直方向移动到新的位置。

其用法如下：

```
transform:translate(x,y);  /*同时沿水平、垂直方向移动指定距离*/
transform:translateX(x);/*仅沿水平方向移动指定距离*/
transform:translateY(y);/*仅沿垂直方向移动指定距离*/
```

说明：参数 x 和 y 分别表示元素相对于其中心点沿水平和垂直方向移动的距离，单位为像素。当取值为正数表示向右或向下移动，负数表示向左或向上移动。元素位移后不会影响其后续元素的布局。

例 8.3　当鼠标悬停在容器中时，使其子元素水平移动 50 px，垂直移动 10 px，效果如图 8.4 所示。

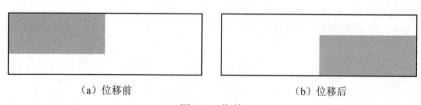

(a) 位移前　　　　　　　　　　　　(b) 位移后

图 8.4　位移

具体实现代码如下：

```html
<!DOCTYPE html>
<html lang="en">
<body>
    <div class="container">
        <div class="rect"></div>
    </div>
</body>
</html>

<style>
    .container {
        width: 200px;
        height: 60px;
        border: 1px solid #333;
    }

    .rect {
        width: 100px;
        height: 40px;
        background-color: #ccc;
    }

    .container:hover .rect {
        transform: translate(100px, 20px);
    }
</style>
```

8.2.2 旋转

当使用 rotate() 函数作为 transform 属性的取值时，可以使元素旋转指定的角度。
其用法如下：

```
transform:rotate(ndeg) ;
```

说明：该函数主要实现平面旋转，表示沿元素的中心点以顺时针方向旋转 n 度（单位为度，使用 deg 表示）。如果需要逆时针旋转，可以将 n 设为负值。
如果需要以指定位置为旋转中心点进行旋转，可以使用以下语句来修改默认的旋转中心点：

```
transform-origin: x  y;
```

其中，x 和 y 分别表示相对于左上角的位置，可以使用像素作为单位，也可以使用关键字，例如 left、top、center、right 和 bottom。例如，如果要以左上角为旋转中心点，可以使用以下语句：

```
transform-origin: 0 0;
transform-origin: left top;
```

上面两条语句实现相同效果。

例 8.4 当鼠标悬停在一个圆上时,使其顺时针旋转 90°,效果如图 8.5 所示。具体实现代码如下:

```
<!DOCTYPE html>
<html lang="en">
<body>
        <div class="circle"></div>
</body>
</html>

<style>
    .circle {
        /* 宽度和高度一致,并且边框半径为50%,则显示为一个圆 */
        width: 60px;
        height: 60px;
        border-radius: 50%;

        /* 设置边框及上边框颜色值,目的是可以观察到旋转 */
        border: 10px solid #ccc;
        /* 独立属性,改变上边框颜色,注意必须存在上边框 */
        border-top-color: red;
    }

    .circle:hover {
        /* 旋转90度 */
        transform: rotate(90deg);
    }
</style>
```

代码说明:当元素的宽度和高度相等,并且 border-radius 属性的取值为 50% 时,元素将呈现为一个圆形。此外,设置边框和不同的边框颜色的主要目的是在运行时能够清楚地观察到旋转后的效果。

(a)旋转前　　　　　　　　(b)旋转后

图 8.5　旋转

8.2.3 缩放

当使用 scale() 函数作为 transform 属性的取值时，可以实现元素（包括其包含的子元素）整体的缩放效果。

用法如下：

```
transform:scale(x, y);     /*水平、垂直方向分别缩放 x 和 y 倍*/
transform:scaleX(x);       /*仅水平方向缩放 x 倍*/
transform:scaleY(y);       /*仅垂直方向缩放 y 倍*/
```

说明：在 scale 函数中，x 和 y 分别表示元素的宽度和高度缩放的倍数。这些值是小数，如果大于 1 表示放大，小于 1 表示缩小。需要注意的是，缩放是相对于元素整体大小的，包括其子元素也将一起缩放。默认情况下，缩放是以元素的中心点为基准进行的。

缩放后的图片将以中心点为基准浮动在页面上，不会影响其他元素的布局。如果需要改变缩放后的中心点，可以通过设置 transform-origin 属性的值来实现。

例 8.5　当鼠标移动到一组图片中的任意一张图片上时，将其宽度放大 1.2 倍，高度放大 1.5 倍，效果如图 8.6 所示。

（a）放大前　　　　　　　　　　　　（b）放大后

图 8.6　缩放

具体实现代码如下：

```
<!DOCTYPE html>
<html>
<body>
    <div class="container">
        <img class="item" src="images/1.jpg">
        <img class="item" src="images/2.jpg">
        <img class="item" src="images/3.jpg">
    </div>
</body>
</html>

<style>
    .container {
        width: 400px;
        padding: 10px;
        border: 1px solid black;
```

```
        }
        .item { width: 100px; /* 使图片具有原始大小 */ }
        .item:hover {
            /* 宽度方法1.2倍,高度放大1.5倍 */
            transform: scale(1.2, 1.5);
        }
    </style>
```

代码说明：在这个示例中，可以使用任意图片来替代示例中的图片。图片的宽度是确定的，而高度会根据图片的原始比例自动计算。代码相对简单，读者可以自行分析。

8.2.4 倾斜

当将 scale 函数作为 transform 属性的取值时，可以实现元素同时沿水平和垂直方向发生一定角度的倾斜。

用法如下：

```
transform: skew(x,y);
```

说明：x 和 y 表示倾斜的角度，单位为度（deg）。默认情况下，倾斜是以元素的中心点为基准进行的。

假设元素的初始状态如图 8.7（a）所示。当 y 为 0，即 skew(x,0) 时，表示元素基于中心点不动，上下边框将在水平方向上发生平移，平移距离由 x 角度决定。而 x 表示左右边框与垂直方向的夹角，正值表示逆时针方向，负值表示顺时针方向。

如果 x 取正值，例如 skew(30deg,0)，元素将向左倾斜，类似于基于中心点向左推动 30°，如图 8.7（b）所示。相反，如果 x 取负值，则向右倾斜，如图 8.7（c）所示。

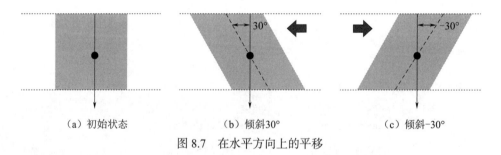

(a) 初始状态　　　　　(b) 倾斜30°　　　　　(c) 倾斜-30°

图 8.7　在水平方向上的平移

假设元素的原始状态如图 8.8（a）所示。当 x 为 0，即 skew(0,y) 时，表示元素基于中心点不动，左右边框将在垂直方向上发生平移，平移距离由 y 角度决定。而 y 表示上下边框与水平方向的夹角，正值表示顺时针方向，负值表示逆时针方向。

如果 y 取正值，例如 skew(0,30deg)，元素将向下倾斜，类似于基于中心点向下推动 30°，如图 8.8（b）所示。相反，如果 y 取负值，则向上倾斜，如图 8.8（c）所示。

如果想让页面元素基于任意位置发生倾斜，可以使用 transform-origin 属性值来改变倾斜的基点。通过设置不同的 transform-origin 值，可以将倾斜的基点设置在元素的左上角、右上角等任意位置。

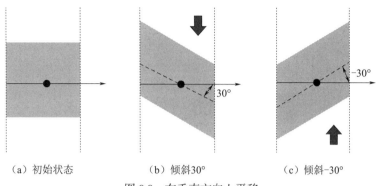

（a）初始状态　　　　（b）倾斜30°　　　　（c）倾斜-30°

图 8.8　在垂直方向上平移

如果仅仅沿着水平，或者仅仅沿着垂直方向倾斜，可以使用 skewX 或者 skewY 函数，例如：

```
transform: skewX(x);/*仅沿水平方向倾斜，等价于skew(x,0)*/
transform: skewY(y);/*仅沿垂直方向倾斜，等价于skew(0,y)*/
```

以下是示例代码，实现三张图片垂直方向（向上）倾斜 -30° 的效果，如图 8.9 所示。

图 8.9　图片倾斜效果

具体实现代码如下：

```
<!DOCTYPE html>
<html lang="en">
<body>
    <img src="./images/1.jpg" />
    <img src="./images/2.jpg" />
    <img src="./images/3.jpg" />
</body>
</html>

<style>
  img {
    width: 200px;
    height: 200px;
    /* 距离页面一定距离 */
    margin: 100px 100px;
    transform: skew(0, -30deg);/*垂直方向上倾斜-30度*/
```

```
        border: 2px solid #ccc;
    }
</style>
```

8.3 过　　渡

过渡效果是指在页面元素从一个状态平滑转换到另一个状态的过程中，例如在大小或位置发生变化时，元素经历一个逐渐变化的过程。

过渡的用法如下：

```
transition: property(属性名)　duration[持续秒数]　timing-function(时间函数) delay(延时开始):
```

代码说明：

■ property：用于指定在哪个样式属性发生改变时触发过渡效果。需要注意的是，该属性必须设置初始值。

■ duration：过渡过程持续的时间，单位为秒（s）。

■ times-function：过渡效果，其取值如下：

- ◆ linear：默认值，匀速，规定以相同速度开始至结束的过渡效果。
- ◆ ease：规定慢速开始，然后变快，然后慢速结束的过渡效果。
- ◆ ease-in：规定以慢速开始的过渡效果。
- ◆ ease-out：规定以慢速结束的过渡效果。
- ◆ ease-in-out：规定以慢速开始和结束的过渡效果。

■ delay：用于指定过渡效果开始之前的延迟时间，单位为秒（s）。

例如，下面的语句表示当元素的宽度发生变化时，将出现一个持续 1 s 的匀速过渡效果：

```
transition:width 1s linear;
```

需要注意的是，要产生过渡效果的属性必须具有初始值（转换属性 transform 是一个例外）。同时，可以同时应用多个过渡效果，每组过渡效果之间使用逗号进行分隔。

例 8.6　有一个初始宽度为 100 px、高度为 40 px、背景为黑色的 div。当鼠标悬停时，使它的宽度变为 200 px、高度变为 80 px，同时背景变为红色，并且每个属性变化到终点值时都具有 1 s 的过渡效果。

具体实现代码如下：

```
<!DOCTYPE html>
<html lang="en">
<body>
    <div class="rect"></div>
</body>
</html>
```

```
<style>
  .rect{
    /* 初始值 */
    width: 100px;
    height: 40px;
    background-color: black;
    /* 同时使多个样式属性变化时均有过渡过程 */
    transition: width 1s,height 1s ,background-color 1s;
  }

  .rect:hover{
    /* 终值 */
    width: 200px;
    height: 80px;
    background-color: red;
  }
</style>
```

代码说明：要使元素在某些属性改变时实现过渡效果，这些属性必须设置初始值，并在transition 样式属性中指定属性名和过渡的持续时间。在这个例子中，当鼠标悬停在元素上时，通过改变样式属性来触发过渡效果。

具体运行效果如图 8.10 所示。左边的图表示元素的初始状态，当鼠标悬停时，产生类似于中间图的过渡过程，右边的图表示过渡结束状态。

图 8.10　过渡过程效果

例 8.7　一个动态翻转的图标。

有些组件在其侧边会有一个指示其包含子项的图标，如图 8.11 所示的 select 元素，为了增强用户体验，可以使组件的图标在下拉状态时动态向上翻转，用于表示当前组件位于展示状态。

图 8.11　下拉列表框指示图标

为了实现动态翻转的效果，使用 div 元素来包含文本字符，并通过 CSS 样式来模拟翻转过程。具体效果如图 8.12 所示。当鼠标悬停在 div 上时，可以通过添加转换样式属性来使其翻转 180°，并且在 div 的样式声明中声明过渡效果。

图 8.12　翻转图标的过渡过程

具体实现代码如下：

```html
<!DOCTYPE html>
<html lang="en">
<body>
    <div class="drop">∧</div>
</body>
</html>

<style>
  .drop{
    width: 40px;
    height: 40px;
    /*垂直、水平居中显示 */
    line-height: 40px;
    text-align: center;
    border: 1px solid #ccc;
    /* 显示为圆 */
    border-radius: 50%;
    /* 对转换实现 1s 的过渡过程 */
    transition: transform 1s;
  }

  .drop:hover{
    /* 转换：旋转180° */
    transform: rotate(180deg);
    }
</style>
```

代码说明：为了实现转换效果的过渡过程，无论是位移、旋转还是缩放等，应该使用 transform 属性，而不是其函数值。

8.4 动　　画

如果想要使页面元素在一段时间内连续地从一个状态过渡到另一个不同的状态，可以使用动画样式属性来实现。

用法如下：

```
animation:name duration timing-function delay iteration-count direction
```

说明：
- name：关键帧名，必选项。注意，使用动画前首先需要声明关键帧。
- duration：动画持续的时间，单位为秒。

- timing-function：动画切换效果，与过渡属性取值相同。
- delay：设置动画在启动前的延迟时间，单位为秒。
- iteration-count：用于定义动画的播放次数，可以设置为整数值表示具体的播放次数，或者使用关键字 infinite 表示无限循环播放。
- direction：用于确定动画播放结束后是否反向播放动画。它有三个取值：normal（正常播放）、reverse（反向播放）和 alternate（交替播放）。

上述的样式属性都可以在添加 "animation-" 前缀后单独使用。除了 animation 中出现的属性，还有两个单独使用的属性：

（1）animation-fill-mode：用于定义动画完成后（100%）的样式，可以设置为 backwards（恢复初始状态）或 forwards（保持终止状态）。

（2）animation-play-state：用于指定动画的播放状态，可以设置为 paused（暂停）或 running（继续运行）。

例 8.8　模拟一个进度条，其中指示进度的 div 元素在 10 s 内经历了三个阶段：从 0% 到 50%，再从 50% 到 100%，最终达到宽度为 100% 的变化。当鼠标悬停在进度条上时，暂停动画。

可以通过以下步骤实现这个效果。

（1）创建一个固定宽度和高度的容器 div，该 div 的宽度表示进度完成的 100%。

（2）在容器 div 中创建一个子元素 div，并设置其背景样式。

（3）将子元素 div 的宽度从 0 变化到容器 div 的宽度，以反映当前进度。

通过这种方式，可以使用容器 div 和子元素 div 的结构和样式来表示进度条，并且可以根据需要调整容器 div 的宽度来改变进度条的长度。

首先，需要声明动画的关键帧。如果将动画分为三个时间阶段，关键帧的声明用法如下：

```
@keyframes 关键帧名 {
    0%   {   /*该时间段目标元素的样式*/   }
    50%  {   /*该时间段目标元素的样式*/   }
    100% {   /*该时间段目标元素的样式*/   }
}
```

当然，也可以将时间段划分得更细。假设当前动画持续时间为 10 s，那么 0% 表示初始状态，50% 表示第 5 s，100% 表示第 10 s。在这些状态之间会有渐变（过渡）过程。

关键帧定义完成后，可以在元素的样式中使用 animation 属性来引用该动画。

具体实现代码如下：

```
<!DOCTYPE html>
<html lang="en">
<body>
    <div class="container">
        <div class="progress"></div>
    </div>
</body>
</html>
```

```
<style>
  .container {
    width: 200px;
    height: 40px;
    border: 1px solid #ccc;
  }

  .progress {
    width: 0;
    height: 100%;
    background-color: red;

    /* 动画效果，引用 change 关键帧 */
    animation: change 10s linear  infinite alternate ;
    /* 保持初始状态 */
    /* animation-fill-mode: backwards; */
    /* 动画结束后，保持终止状态 */
    animation-fill-mode: forwards;
  }
    /*定义关键帧*/
  @keyframes change {
    /*初始状态 */
    0% {
      width: 0%;
    }
    /* 中间状态 */
    50% {
      width: 50%;
    }
    /* 终止状态 */
    100% {
      width: 100%;
    }
  }
  /* 鼠标悬停时暂停动画 */
  .container:hover>.progress {
    animation-play-state: paused;
  }
</style>
```

代码说明：

■ 在语句 animation: change 10s linear infinite 中，"change" 表示引用的关键帧名。必须先使用 @keyframes 选择器声明关键帧。"10s" 表示在 10 s 内完成动画播放。"linear" 表示使用匀速播放。"infinite" 表示无限循环播放，即播放完毕后重新开始播放。如果使用 "alternate"，则表示交替播放，即首先按照关键帧的 0% 到 100% 的顺序播放，然后按照 100% 到 0% 的顺序播放。

- 在语句 animation-fill-mode: forwards 中，"forwards" 表示动画播放完毕后，动画元素会停留在结束状态，即这里的 100% 宽度。否则，默认情况下会恢复到初始状态，即这里的 0% 宽度。这个属性对于无限循环播放没有意义。
- 在语句 animation-play-state: paused 中，"paused" 表示暂停动画播放。了解这个属性可以在以后通过代码来控制动画的运行或暂停。

运行效果如图 8.13 所示。

图 8.13 动画过程和效果

例 8.9 使用动画来模拟页面数据加载过程，实现如图 8.14 所示的效果。

分析：当网页加载图片或其他数据时，通常无法预测加载所需的时间。为了告知用户需要等待，一般会使用 GIF 动画。然而，也可以使用动画样式属性来模拟这个功能。

首先，在一个容器 div 中包含四个子元素 div。每个子元素 div 都应用相同的动画样式，并使用同一个关键帧。这个关键帧包含起始和结束两个样式。假设动画在 1 s 内完成，那么每个子元素 div 将按顺序将 1 s 分成 4 等份来延迟启动动画。每个动画的背景将由深到浅地维持 1 s，并且无限循环，从而实现动态指示的效果。

图 8.14 加载过程示意图

具体实现代码如下：

```
<!DOCTYPE html>
<html lang="en">
<body>
  <div class="loading-box">
    <div class="loading"></div>
    <div class="loading"></div>
    <div class="loading"></div>
    <div class="loading"></div>
  </div>
</body>
</html>

<style>
  .loading-box {
    width: 80px;
    text-align: center;
  }
  ./*子 div 公共属性，水平排列 */
```

```css
.loading {
  display: inline-block;
    width: 10px;
    height: 10px;
    background-color: #ccc;
  }
./*第 1 个子 div*/
.loading:nth-of-type(1) {
  animation: c1 1s 0s infinite;
}
./*第 2 个子 div*/
.loading:nth-of-type(2) {
  animation: c1 1s 0.25s infinite;
}
./*第 3 个子 div*/
.loading:nth-of-type(3) {
  animation: c1 1s 0.5s infinite;
}
./*第 4 个子 div*/
.loading:nth-of-type(4) {
  animation: c1 1s 0.75s infinite;
}
/*关键帧*/
@keyframes c1 {
  0% { background-color: red; }
  100% {  background-color: #ccc; }
}
</style>
```

代码说明：

■ 首先，loading-box 样式类定义了一个容器，这样可以很方便地将该容器移植到所需的位置上。loading 样式类定义了显示加载效果的块，你可以根据需要修改为圆形等其他形状。使用 loading:nth-of-type 伪类选择器为每一个子元素 div 声明样式。

■ 在语句 animation: c1 1s 0.25s infinite 中，为该元素声明动画。它引用了名为 c1 的关键帧样式。这里的 0.25 s 表示延时 0.25 s 启动动画，并在 1 s 内完成。infinite 表示完成后无限重复该过程。

■ @keyframes 定义了名为 c1 的关键帧样式。该关键帧样式只包含起始状态 0% 和结束状态 100%，在起始状态到结束状态之间会有过渡过程。

如果一个关键帧样式只包含起始状态和结束状态，除了使用百分比声明样式，也可以使用关键字 from 和 to，分别表示开始和结束状态的样式。因此，这里的样式也可以写为

```css
@keyframes c1 {
  from{
    background-color: red;
```

```
    }
    to {
      background-color: #ccc;
      }
}
```

小 结

CSS 中的边框、阴影、圆角以及转换、过渡、动画,为网页元素增色添彩,提升了用户体验。边框通过设置样式、宽度和颜色,为元素提供了清晰的轮廓;阴影则通过 box-shadow 属性,为元素添加了立体感。此外,利用 border-radius 属性,可以轻松实现元素的圆角效果,使其更加柔和美观。转换、过渡和动画则进一步丰富了元素的视觉效果,通过 transform 进行元素变形,transition 实现平滑过渡,animation 则创建复杂的动画效果,让网页更加生动有趣。

习 题

一、填空题

1. CSS 中用于设置元素边框宽度的属性是_____。
2. 要为元素添加实线边框,应设置 border-style 属性为_____。若想将元素边框的颜色设置为红色,应使用 border-color 属性并赋值为_____。
3. 若要为元素添加圆角效果,应使用 border-radius 属性,并指定圆角的_____。
4. 在 CSS 中,box-shadow 属性用于给元素添加_____效果。
5. 在 CSS 中,transform 属性用于对元素进行 2D 或 3D 转换,其中 rotate() 函数用于实现元素的_____效果。
6. 若要将元素沿其中心点旋转 45°,应使用 transform 属性的值为 rotate(_____deg)。transform 属性中的 scale() 函数用于调整元素的尺寸,其中 scale(2) 会将元素的尺寸放大到原来的_____倍。若想将元素沿 X 轴平移 50 像素,应使用 transform 属性的 translate() 函数,并设置其值为 translateX(_____px)。

二、选择题

1. (   ) 属性值将为元素添加一个向右偏移 10 px、模糊距离为 5 px、颜色为黑色的阴影。
  A. box-shadow: 10px 5px black;
  B. box-shadow: 10px 5px 5px black;
  C. box-shadow: black 10px 5px;
  D. box-shadow: 5px black 10px;

2. (   ) 可以使一个正方形元素的四个角都变为圆角。
  A. border-radius: 50%;
  B. border-radius: 10px;
  C. border-radius: 0;
  D. border-radius: 10 20 10 20;

3. (　　) 可以将一个元素在水平方向上向右移动 50 px。
   A. transform: translate(50px);
   B. transform: translate(50px, 0);
   C. transform: translateX(50px);
   D. transform: translateY(50px);
4. (　　) 可以将一个元素顺时针旋转 45°。
   A. transform: rotate(45deg);
   B. transform: rotate(45rad);
   C. transform: rotate(45grad);
   D. transform: rotate(45);
5. (　　) 可以将一个元素缩放到原始尺寸的一半。
   A. transform: scale(0.5);
   B. transform: scale(0.5, 2);
   C. transform: scale(2);
   D. transform: scale(50%);
6. CSS 的 transition 属性主要用于实现 (　　) 效果。
   A. 元素颜色的渐变
   B. 元素布局的转换
   C. 元素属性的平滑过渡效果
   D. 元素内容的动态变化
7. (　　) 表示元素的颜色将在 1 s 内平滑过渡。
   A. transition: color 1s;
   B. transition: 1s color;
   C. transition: 1s ease color;
   D. transition: color ease 1s;
8. CSS 的 animation 属性主要用于实现 (　　) 效果。
   A. 元素的静态样式定义
   B. 元素属性的平滑过渡
   C. 元素的关键帧动画
   D. 元素的布局转换
9. (　　) 表示一个名为 example 的关键帧动画，持续时间为 2 s，无限次播放。
   A. animation: example 2s infinite;
   B. animation-name: example 2s infinite;
   C. animation: name example 2s infinite;
   D. animation-duration: example 2s infinite;

第 9 章

JavaScript 基础

> 学习目标

- ❖ 熟练掌握 JavaScript 代码的编写位置，能够合理地将其放置在 HTML 文档中，确保脚本的正确执行。
- ❖ 理解并掌握 JavaScript 的数据类型及其转换方法，能够灵活处理各种数据类型的转换需求。
- ❖ 熟练掌握 JavaScript 的运算符和表达式的使用，能够编写高效且准确的代码逻辑。
- ❖ 掌握 JavaScript 的程序结构，包括条件语句、循环语句等，能够构建清晰且健壮的代码结构。
- ❖ 熟练掌握字符串和数组常用的方法和属性，能够高效地进行字符串操作和数组处理。

JavaScript 是一种由浏览器逐行解析和执行的脚本语言，它主要用于实现与用户的交互。借助 JavaScript，我们能够以编程的方式响应用户键盘和鼠标的操作，对 HTML 元素进行增删改查等操作，从而动态地改变 HTML 文档的内容和样式。此外，JavaScript 还可以在用户提交表单之前获取和验证表单数据。它还能够向后端接口发送请求以获取数据，并利用请求结果来实时更新 HTML 文档。本章将详细介绍 JavaScript 的基础语法，以帮助读者更好地理解和掌握这门语言。

9.1 代码书写位置和注释

JavaScript 代码有两种常用的使用方式：内部方式和外部文件方式。使用内部方式时，代码可以写在 HTML 文档内的任意位置，但必须位于 script 标记内。使用外部文件方式时，所有的代码保存在扩展名为 js 的独立文件中（注意：在 js 文件内不需要使用 script 标记），然后在需要使用代码的任意 HTML 文档中使用 script 标记的 src 属性来引用 js 代码文件。

外部文件方式实现代码与 HTML 文档内容的分离，便于阅读、维护和代码复用。

JavaScript 的注释有单行注释（//）和多行注释（/* */）两种方式，如：

```
// 这是单行注释
```

```
/*
    这是多行注释1
    这是注释2，样式标记style中也使用该注释符。
*/
```

在 HTML 文档中使用 <!-- --> 为注释符号，而在 style 样式标记中使用 /* */ 作为注释符号。

例 9.1 编写代码，输出字符串信息："hello JS!"。

分析：在程序运行过程中，如果需要输出调试信息，可以选择使用弹出对话框或者在浏览器控制台输出的方式。

（1）使用系统信息对话框方式，用法为

```
alert(数据)  //只有一个参数
```

（2）使用控制台输出的方式，用法为

```
console.log(数据1, 数据2, ...)
//可以有1个及以上的参数，每个参数使用逗号分隔
```

下面以内部方式为例，介绍 JavaScript 代码在 HTML 文档的书写位置。

（1）位置 1：写在 head 标记中，弹出信息对话框。

```
<!DOCTYPE html>
<html>
  <head>
    <script>
        alert("写在head标记内：Hello,JS!");
    </script>
  </head>
</html>
```

（2）位置 2：写在 body 标记中，弹出信息对话框。

```
<!DOCTYPE html>
<html>
  <body>
    <script>
        alert("写在body标记内：hello,JS!");
    </script>
  </body>
</html>
```

（3）位置 3：写在文档末尾，弹出信息对话框，同时在控制台输出信息。这是常见的代码书写位置，建议使用该方式。

```
<!DOCTYPE html>
<html>
```

```html
<body>
<!-- 这是 HTML 注释 -->
</body>
</html>
<!-- 代码常用书写位置 -->
<script>
// 这是 JS 单行注释
/*  这是 JS 多行注释
使用 alert 和 console.log 输出信息
 */
alert(" 写在 HTML 文档末尾: hello,JS!");
// 在浏览器中按【F12】可以查看 console.log 的输出结果
console.log("hello,JS!",1,2,3)
</script>
```

说明：

（1）JavaScript 的单行注释使用 //，多行注释使用 /* */。

（2）alert 函数使用弹出对话框的方式只能显示单个数据，而 console.log 方法可以在浏览器控制台中同时输出多种不同类型的数据，各个数据之间使用逗号分隔。在浏览器中，可以按下 F12 快捷键查看 console.log 方法输出的调试信息。

（3）JavaScript 语句的末尾可以带分号，也可以不带分号。但当多条语句写在一行上时，语句之间必须使用分号分隔。例如下面一行代码包含两条语句：

```
alert(" 弹出信息对话框 ");console.log(" 在控制台输出各种类型数据 ")
```

如果要使用外部文件的方式，在项目中首先需要创建一个扩展名为 js 的 JavaScript 文件，例如：my.js。然后在该文件中直接输入以下代码，即可实现在控制台输出信息。

```
// 文件名：my.js
console.log("hello js!")
```

然后在需要使用该外部代码文件的 HTML 文档中，使用 script 标记的 src 属性来引入。例如：

```html
<!DOCTYPE html>
<html>
   <body>  </body>
</html>
<script src="my.js">/* 这里的 JS 代码将会被忽略 */</script>
```

注意：具有 src 属性的 script 标签内不应包含其他的 JavaScript 代码。如果 HTML 文档本身包含代码，需要将其放在另外的 script 标签中。引入 JavaScript 文件的操作相当于将外部 JavaScript 文件的所有内容插入在 script 标签之间。

9.2 数据类型

JavaScript 的数据类型包括：数值类型；字符串类型；对象类型；数组类型；函数类型；未声明类型。

下面对 JavaScript 各种数据类型作简单的介绍。

1. 数值类型

数值类型的数据包含整数和浮点数（小数），类型名为 Number。

（1）整数，例如：1、100（十进制）；0xff、0x63ef（十六进制）；0o12、0o17（八进制）。注意，十六进制常数以 0x 为前缀，二进制常数以 0b 为前缀，八进制常数以 0o（数字 0 和字母 O）为前缀，前缀不区分大小写。

（2）小数，例如：0.1、1.25。

可以使用 console.log 的方法，将二、八和十六进制数转换为十进制数的形式在浏览器的控制台输出。

例如，执行下面的语句：

```
console.log(0b1110,"|",0xff, "|",0o12,"|",0o76,"|",0XFF)
```

输出结果为

```
14 | 255 | 10 | 62 | 255。
```

2. 字符串类型

字符串类型的数据是由任意字符使用单引号或双引号括起来的字符序列，其类型名为 String。例如，"你好！"和'你好'都是字符串数据。

如果字符串需要包含某些特殊字符，需要使用反斜杠\进行转义。常用的需要转义的字符有：单引号\'，双引号\"，斜杠\\，换行\n。

例如，在控制台输出以下字符串：

```
console.log("他说：'你好'")
console.log('他说："你好"')
console.log("他说：\"你好\" ")
console.log ("你的选择是：\n 1)A;2)B;3)C")
```

在浏览器中按【F12】键，可以在控制台中看到如图 9.1 所示的输出结果。

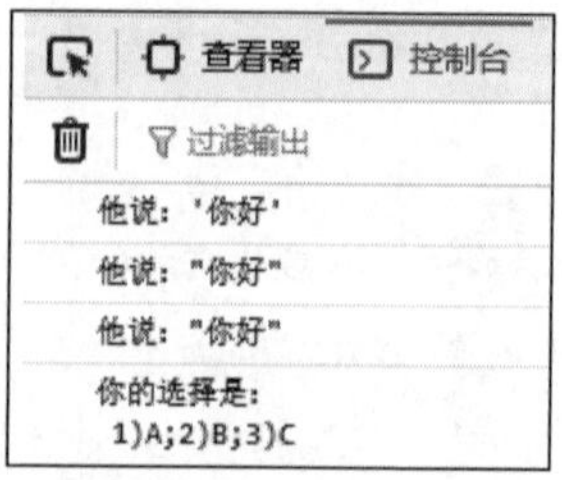

图 9.1 输出结果

3. 布尔类型

布尔类型的数据的值只有两个：true 和 false。它们通常用于在条件表达式中判断条件是否成立，其类型名为 Boolean。

4. 对象类型

对象是一种常见的数据类型，其类型名为 Object。我们常用对象的属性来描述事物的特征，使用对象的方法来描述事物的行为。

创建 JavaScript 对象通常有两种方式：使用 new 关键字和使用大括号 { } 语法。

（1）使用 new 关键字创建对象。

例如，创建一个对象来保存一个学生的姓名和年龄：

```
var std=new Object()// 创建对象
std.name=" 张三 "// 指定 name 属性
std.age=18// 指定 age 属性
console.log(std.name,std.age)// 输出对象的属性值
```

输出结果为

```
张三    18
```

说明：在 JavaScript 中，所有变量的声明都使用 var 关键字。在这里，代码中首先使用 new 关键来创建一个对象，并将其保存在 std 变量中，接着依次为其添加 name 和 age 属性，并分别为它们赋值。在 JavaScript 中可以直接给创建好的对象分配属性。

（2）使用 { } 来构建对象，该方法更为常用。

例如上面的代码可以简化为

```
var std={name:' 张三 ',age:18}
```

说明：这个例子和上面的例子实现相同的效果，但用法更简洁。在这里，使用大括号来创建 JavaScript 对象并将其保存在 std 变量中。在大括号中预先定义一组属性，并使用冒号 "：" 为属性赋值。多组属性之间使用逗号分隔。

创建对象后，使用"对象.属性名"的方式来使用属性。例如，在浏览器的控制台中，输出修改后的 std 对象的属性：

```
std.name=" 李四 "// 设置对象的属性
std.age=21
console.log(std.name,std.age)// 获取对象的属性并输出
```

输出结果为

```
李四    21
```

5. 数组类型

数组实际上是一片连续的内存单元。使用相同的数组名以及通过指定的下标来访问数组元素。数组的类型名为 Array。

数组也是特殊的 JavaScript 对象。创建 JavaScript 数组通常有两种方式：使用 new 关键字和

使用中括号 [ ] 语法。

（1）使用 new 关键字，例如：

```
var arr=new Array()//  创建空数组，当前长度为0
var arr=new Array(3)//  创建和初始化数组，使其具有3个空元素，即长度为3/
```

说明：这种使用方式较为少用。

（2）使用中括号 [ ] 来构建数组，例如：

```
var x=[]//  定义空数组x，当前长度为0
x[0]=100  //  通过下标为指定的元素赋值
x[100]="ABC"
console.log(x[0],x[100])  //  输出结果为：100 ABC
console.log(x[2])  //  输出结果为：undefined
var y=[1,20,3]  //  创建和初始化数组
```

说明：JavaScript 数组与其他语言的数组在使用时有所区别。在 JavaScript 中，数组定义后，可以使用任意下标对其元素赋值，数组的长度由最大的下标值决定，未赋值的元素默认值为 undefined。在上面的 var y=[1,20,3] 语句中，表示创建并初始化数组 y，其包含 3 个元素，值分别为：1、20 和 3。

数组元素也可以同时存在各种不同类型的数据，例如下面数组的声明和初始化是合法的：

```
var arr=[1,'abc',10.4,false]
```

数组可以是简单类型的数组，如数字数组（每个元素都是数字类型）、字符串数组（每个元素都是字符串类型）等，也可以是复杂类型的数组，如对象数组（每个元素都是对象类型）。在实际应用中经常会使用到对象数组。

假如需要保存多个商品的信息，如商品 id、商品名称和价格等。通常会先创建一个对象，使用对象的属性来保存这些商品信息，再使用数组来保存多个这样的对象。

例如，下面定义的 books 数组，它包含两个对象类型的元素，分别用来描述两本图书的信息。

```
var books=[
{id:1,bookName:'三国演义',price:45.8},
{id:2,bookName:'红楼梦',price:34.5}
]
```

说明：首先使用大括号构建两个对象，包含 id、bookName 和 price 三个属性，然后将其作为元素存储在 books 数组中。

数组的元素是通过下标来引用的。books 中每一个元素都是对象。因此，下面的语句将输出数组第一个元素的所有属性：

```
console.log(books[0].id,books[0].bookName,books[0].price)
```

输出结果为

```
1,三国演义,45.8
```

6. 函数类型

函数是具有某一特定功能的命名代码块。我们通常会将实现不同功能的代码分布在不同的函数中去实现，使其仅担负单一功能职责。这种方法有利于代码复用、维护和阅读理解。

在 JavaScript 中，函数也是一种类型，其类型名为 Function。

定义函数的语法为

```
function 函数名（参数列表）{/* 程序片段 */}
```

说明：function 是定义函数的关键字，其后为自定义的函数名。函数名后面必须带一对括号，其包含 0 个或以上的形式参数，多个形式参数使用逗号分隔。具体的函数代码则写在一对大括号中。

在函数结构中，形式参数表示调用函数时，在函数中需要处理的数据，它保存由调用者传入的实际参数。注意，在 JavaScript 中，形式参数和函数返回值的数据类型都不需要声明。

例 9.2 设计一个名为 add 的函数，实现任意两数相加，并将函数的执行结果输出到浏览器控制台。

```
// 函数定义
function add(x,y){
    var z=x+y
    return z
}
// 函数调用
var val=add(10,12)
console.log("val=",val)
```

说明：

（1）function 为关键字，add 为函数名，两者之间使用空格隔开。由于需要计算任意两个数字相加，参数列表必须提供两个形式参数，以接收调用者传入的实际数据。

（2）return 语句用于返回函数的计算结果，如果函数不需要返回值，那么该语句表示终止后续代码的执行，退出函数。

（3）add（10,12）表示调用函数，并传入实际需要计算的数据。函数执行完毕后的返回值将保存在 val 变量中。

在这里，函数的形式参数 x,y 并不需要说明数据类型，其个数和位置与实际参数一一对应。

7. undefined 和 null

undefined 它既是一个值，也是一个类型名。当一个变量未声明，或者声明了但未赋值，在这种情况下，变量的值为 undefined。此外，如果一个对象的属性不存在，那么试图获取该属性值时，其结果也是 undefined。

null 是一个值。如果一个变量初始化为 null，则表示这个变量的初始类型是对象，但当前不指向任何对象。null 通常作为一个函数的返回值来使用，表示结果不存在。例如使用函数在一个对象数组中查找一个不存在的对象时，将会返回 null 值。

undefined 和 null 通常在条件语句中使用，都表示条件不成立。

9.3 变量和类型转换

9.3.1 变量声明和使用

变量的本质是一个用来保存临时数据的内存单元。在 JavaScript 中，变量在使用前应该先声明，任何类型的变量都使用相同的关键字 var 来声明。

语法：

```
var 变量名
```

例如：

```
var x // 声明一个变量
var a,b,c=10/* 同时声明多个变量，使用逗号分隔；可以在声明变量时赋初始值 */
```

注意：

（1）变量的命名规则：以字母、下划线开始，后跟字母、数字或下划线。

（2）变量名大小写是相关的，例如，num 和 Num 代表不同的变量。

（3）变量在声明的同时可以赋值；同时声明多个变量时，使用逗号分隔。每条语句后面的分号是可以省略的，但多条语句书写在一行时，语句之间必须使用分号分隔。

（4）JavaScript 中变量的类型是可变类型，即在运行过程中，其类型是可以改变的。它的类型由值决定。

例如，下面声明了变量 x，每次赋值都将改变它的数据类型：

```
var x            //0.声明变量；当前值为 undefined, 类型为 Undefined
x = 10           //1.当前为 Number 类型
x = "abc"\       //2.当前为字符串 String 类型
x = true         //3.当前为 Boolean 类型
x = null         //4.当前为 Object 类型，值为 null
x = "102"        //5.字符串类型
x = '102a'       //6.字符串类型
```

可以借助 JavaScript 的一元运算符 typeof 来取得当前变量的类型。typeof 作用是取得其后面操作数（变量或常量）的类型名，类型名是小写的字符串。

typeof 在使用的时候，运算数可以加括号，这时用法与函数类似，也可以不加。

上述代码执行后，在浏览器的控制台输出变量 x 的类型：

```
console.log(typeof(x))// 加括号的写法
console.log(typeof x)    // 不加括号的写法
```

输出结果为

```
string
```

9.3.2 类型转换

1. 字符串类型转换为数字类型

(1) 使用 Number 函数可以将纯数字字符串转换为数字类型, 例如:

```
var x1="100"
var x2="7.12"
console.log(Number(x1),Number(x2))
```

输出结果为

```
100 7.12
```

纯数字字符串是指字符串中各个字符都是数字, 可以仅有一个小数点, 例如: "20"、"123.456" 和 "0.9" 等都属于纯数字字符串, 而 "12a"、"abc" 和 "12.2.23" 则不属于。

特别的, 空字符串和 null 将会转换为 0, 即 Number("") 和 Number(null) 的结果都是 0。

对于非数字字符串, Number 转换的结果将为 NaN。NaN 是 "Not a Number" 的缩写, 表示结果不是一个数字。例如:

```
var x1="100a"
var x2="7.10.12"
console.log(Number(x1),Number(x2))
```

输出结果为

```
NaN    NaN
```

因为 100a 不是纯数字字符串, 而 7.10.12 有两个小数点, 不是合法的数字格式字符串。

(2) 使用 parseInt 和 parseFloat 函数分别取字符串中以数字开头的整数部分和小数部分。使用原则: 仅取数字开头的部分, 非数字开头的字符串将转换为 NaN。

例如:

```
var x1='100a'
var x2='7.123.12'
var x3="a100" console.log(parseInt(x1),parseInt(x2));
console.log(parseFloat(x1),parseFloat(x2))
console.log(parseInt(x3),parseFloat(x3))
```

输出结果为

```
100     7
100     7.123
NaN     NaN
```

从结果可以看出，parseInt 实际仅取字符串整数开头部分，parseFloat 仅取小数开头的部分。对于非数字开头的字符串，两者结果都是 NaN。

（3）使用 isNaN 函数可以判断一个变量是不是数字。如果该函数的返回值为 true，表示该变量为非数字，这时使用 Number 函数的转换结果将为 NaN。例如：

```
var  x1="100a"
var  x2="abc"
var  x3="89.7"
console.log(isNaN(x1),isNaN(x2),isNaN(x3),Number(x1),Number(x2),Number(x3))
```

输出结果为

```
true    true    false    NaN    NaN    89.7
```

2. 数字类型转换为字符串类型

数字类型的变量可以使用 toString（[基数]）的方法转换为不同进制数字的字符串，例如，将 100 分别转换为十进制、二进制、八进制和十六进制格式的字符串输出：

```
var x=100
console.log(x.toString(),x.toString(2),x.toString(8),x.toString(16))
```

输出结果为

```
100    1100100    144    64
```

说明：toString() 方法可以将任意类型的变量转换为字符串。

3. 布尔类型转换为数字

布尔类型的取值只有 true 和 false。可以使用 Number 函数将布尔类型数据转换为数字，例如，Number(true) 的结果为 1，而 Number(false) 的结果为 0。

4. 数字转换为布尔类型

使用 Boolean 函数可以将数字转换为布尔类型。0 转换为 false，非 0 转换为 true。例如，Boolean(10) 和 Boolean(-10) 的结果都为 true，而只有 Boolean(0) 结果才为 false。

注意：Boolean(undefined)、Boolean(null) 和 Boolean("") 的结果也都为 false。

9.4 运算符和表达式

9.4.1 算术运算符和表达式

算术运算符用于数值类型数据的运算，包括：+、-、*、/、%、++、--。
上述运算符分别表示加、减、乘、除和取余数，以及自加、自减。

例 9.3 分析以下代码的输出结果。

```
var a=1,b=2
var x=a+b
var y=a%b
var z=a*b
console.log("x=",x,";y=",y,";z="+z)

a++;b++
x=a/b
y=++b+a
z=a++
console.log("x=",x.toFixed(2),";y=",y,";z=",z)
```

代码说明：

■ 在自加 ++、自减 -- 运算时，如果运算符在前，表示变量先自身加 1 或减 1 后，才参与其他运算；而如果运算符在后，表示先参与其他运算后，才将自身进行加 1 或减 1。

■ toFixed() 方法的功能是保留其参数中指定的小数位数，仅用于数字类型的变量。

以上代码最终的输出结果为

```
x=3;y=1;z=2
x=0.67;y=6;z=2
```

当任意一个字符串与数字之间使用"+"运算符时，表示字符串连接，而不是相加；但在进行其他的算术运算时，系统内容部会将字符串使用 Number 转换为数字，然后再进行算术运算。例如：

```
var a="10",b="10a"
var x1=a+1
var x2=a-2
var x3=a*2
var x4 =b*10
console.log(x1,x2,x3,x4)
```

输出结果为

```
101    8    20    NaN
```

其他类型的数据与数字进行算术运算，也会自动使用 Number 函数将其转换。例如：true+1 结果为 2，false+1 结果为 1，但 undefined+1 的结果为 NaN，而 null+1 的结果为 1。

9.4.2 赋值、复合赋值运算符和表达式

赋值是将"="号右边表达式的计算结果保存到左边的变量中。复合赋值是指先计算右边表达式，再与左边的变量进行运算，最后将计算结果再保存回变量中。

赋值、复合赋值运算符有：=、+=、-=、*=、/=、%=。

例 9.4 分析以下每一条语句执行后变量 x 的值。

```
var x=1,y=10   /* 声明变量的同时初始化 */
x=y+2          /* 将表达式 y+2 的计算结果保存到 x 中，x 的结果为 12 */
x+=y+2         /* 等价于 x=x+(y+2)，x 的结果为 24 */
x/=y+2         /* 等价于 x=x/(y+2)，x 的结果为 2 */
x+=y++         /* 先复合运算后 y 再自加，x 的结果是 12，y 的结果是 11 */
x+=++y         /* y 先自加，再进行复合运算，x 的结果是 24，y 的结果是 12 */
```

9.4.3 比较运算符和表达式

比较运算符一般用于比较两个数的大小，计算结果为布尔类型值。比较运算符有：>（大于）、>=（大于等于）、<（小于）、<=（小于等于）、==（相等）、!=（不等）、===（绝对等）。

其中，==（是否相等）用于比较两个变量的值是否相等，而 ===（全等，绝对等）用来判断两个变量的类型和值是否都相同，当用于对象类型变量时，用来判断两者是否都指向同一个对象。

例 9.5 分析以下代码的执行结果。

```
var a=10,b=2;
var bol1=a>b        /* true */
var bol2=a>b+10     /* false，算术运算优先级高于比较运算 */
var x1=new String("123")
var x2=new String ("123")
var x3=x1
// 1.取值比较：
// 结果：false(指向不同对象，值不同-地址) true true true
console.log(x1==x2,x1==x3,x1=="123",x2=="123")
// 2.类型和值，是否指向同一个对象
// 结果：false true(指向同一个对象) false false
console.log(x1===x2,x1===x3,x1==="123",x2==="123")
//3.如果再有 var xx="123"
// 那么：x1==xx 和 x2==xx  结果均为 true
```

在比较运算中，undefined 和 null 的值是相等的（在条件表达式中都表示条件不成立），但不是绝对等。例如：

```
var m=undefined
var n=null
console.log(m==n,m===n,NaN==NaN)
```

输出结果为

```
true false false
```

> **注意**：凡是使用 new 方式创建的变量，其类型都是对象类型。例如上述例子中的 x1 和 x2，使用 typeof 运算符获得的结果都将是 Object，而不是 String。

9.4.4 逻辑运算符和表达式

逻辑运算的结果用来表示条件是否成立。逻辑运算符有：！（取反）、&&（逻辑与）、||（逻辑或）。

逻辑与"&&"表示参与运算的所有表达式的结果都成立时，最终结果才成立；逻辑或"||"表示在所有参与运算的表达式中，有其中之一的表达式的结果成立，最终结果就成立，而取反"！"则对表达式的结果求反。

逻辑运算的结果有两种可能的取值：

（1）当操作数包含数字时，结果为最终影响条件成立时的运算表达式的计算结果。
（2）当操作数均为比较运算表达式时，结果为布尔类型的 true 或 false。

> **注意**：取反操作将对操作数进行自动 Boolean 转换，对任何非 0 数字取反后结果为 false，例如：!12、!-2；对 0 取反的结果为 true。而空字符串、NaN、undefined 和 null 取反后，结果为 true。

例 9.6 分析以下语句的执行结果。

```
var a=10,b=2
var z1=a||b          /* z1 的结果为  10   */
var z2=a&&b          /* z2 的结果为  2    */
var z3=a>b||2        /* z3 的结果为  true */
var z4=a>b && b      /* z4 的结果为  2    */
var z5=a>b && b>1    /* z5 的结构为  true */
```

说明：

（1）逻辑或 || 运算存在"短路运算"规则，即当前一个表达式结果成立时，不再计算其后的所有表达式，整个逻辑或的运算结果为前者的计算值；只有当前一个表达式的结果不成立时，才会继续计算并由后面表达式的结果来决定整个逻辑或运算的结果。例如，2||++y 的运算结果为 2，而 y 不会执行自加运算，而在表达式 false||++y 中，y 会执行自加运算并将其作为整个逻辑表达式的计算结果。

（2）逻辑与 && 运算也存在"短路运算"规则，当有一个操作数的结果不成立时，后续表达式将不再计算，例如，0 && ++y，结果为 0，y 不会执行自加运算。

> **注意**：JavaScript 表达式中的优先级由高到低为：括号 --> 取反 --> 算术运算 --> 比较运算 --> 逻辑运算 --> 赋值运算。

9.4.5 问号表达式

问号表达式的作用是，根据条件表达式的值，在两个值中取其中之一。它可以代替简单的分支结构。

语法：

```
条件表达式 ? 表达式结果为真时的取值 : 表达式结果为假时的取值
```

说明：问号后面的两个表达式，其结果的类型可以是任意的。

例如，根据 a、b 的大小来获取表达式中 yes 或 no 的值。

```
var a=10,b=2
var z=a>=b?"yes!":"no!"   /* z 的结果为：yes! */
```

例 9.7 编写代码，判断一个年份是不是闰年。如果一个数满足下面条件之一，则该数代表为闰年：

（1）如果能够被 400 整除；
（2）能被 4 整除，但不能被 100 整除。

具体实现代码如下：

```
var year=2020
var bol1=year%400==0      // 条件 1
var bol2=year%4 && year%100!=0    // 条件 2
var result=bol1 || bol2 ? "是闰年":"不是闰年"  // 使用问号表达式判断
console.log(result)// 输出结果
```

输出结果为

```
不是闰年
```

说明：根据题意，依次构建每一个条件，然后使用逻辑运算符将其连接，作为问号表达式的判断条件，最终得到判断结果。

9.5 程序结构

9.5.1 顺序结构

顺序结构是指一组语句按顺序逐条执行的程序结构。前面的例子都是使用顺序结构来介绍的。

9.5.2 分支结构

分支结构是指根据条件是否成立，来执行不同代码块的程序结构。根据所需要执行的代码块，分支结构又分为单分支、两分支和多分支结构。

1. 单分支结构

单分支结构是指，只有在满足条件的情况下，才会执行指定的代码块，反之，不执行。

语法如下：

```
if(条件表达式) {
    /* 满足条件才执行的程序语句 */
}
```

说明：条件表达式的值成立时才执行 { } 中包含的语句体，忽略不满足条件的情况。

例 9.8 判断一个变量是否存在，如果存在则输出该变量值。

```
var y    /* 注意，变量在使用前必须先声明，否则下面语句将出现异常   */
if(y){
    console.log(y)
}
console.log("程序结束")
```

注意：如果语句体只有一行，那么可以省略大括号{}。

2. 两分支结构

两分支结构是指在满足条件情况下，执行指定的代码块，否则，执行另外一个指定的代码块。语法如下：

```
if(条件表达式){
    /*  满足条件才执行的程序语句   */
}
else{
    /*  不满足条件执行的程序语句   */
}
```

说明：满足条件才执行 if 中的语句体，否则执行 else 中的语句体。

例 9.9 输入一个数，如果以数字开头，则转换为整数，并判断该数是不是偶数。

```
var x = prompt("请输入一个数", 0)

if (x=="" || x==null || isNaN(x)) {
  alert("你输入的不是数字！或取消了输入，无法判断！")
} else {
  var z = parseInt(x)
  var info = z % 2 == 0 ? "偶数" : "不是偶数"
  alert(info)
}
```

说明：

（1）prompt 是一个系统函数，其功能是为用户提供输入对话框。参数 1 为字符串类型的提示信息，参数 2 为默认值，两者都是可选参数。

（2）当用户在输入对话框单击"确定"按钮时，prompt 函数的返回值为用户输入的字符串；如果单击了"取消"按钮，返回值为 null。

（3）在条件语句 x=="" || x==null || isNaN(x) 中，x== "" 表示用户在输入对话框中按了"确定"按钮但没有输入；x==null 表示用单击了"取消"按钮；isNaN(x) 用来判断用户输入的字符串是不是非数字。如果满足以上三种情形之一，那么使用 alert 对话框来提示用户无法判断。实际上，由于空字符、null 和 undefined 在条件表达式都将转换为 false，因此上述语句可以替换为 !x||isNaN(x)。

（4）isNaN() 函数用来判断一个变量值是否为非数字。

（5）当用户在输入对话框输入数字字符串后，使用 parseInt() 函数将其转换为整数，然后使用问号表达式来返回计算结果。

3. 多分支结构

多分支结构主要用于根据不同的条件执行不同的语句块，其用法有两种，分别介绍如下。

（1）语法 1，使用 if 结构。

```
if(条件表达式1)    {  /* 语句块1 */  }
else if(条件表达式2) {  /* 语句块2 */  }
...
else if(条件表达式N) {  /* 语句块n */  }
else{ /*  可选，当上面所有条件不满足时才执行的语句块 */ }
```

说明：在多分支结构中，从上到下按先后顺序来判断条件表达式是否成立。只要遇到条件成立的表达式，则执行其对应的代码块，而不会再继续判断后续的条件。

注意：在多分支结构中，只有当上一个条件不满足时，才会按顺序继续进行下一个条件的判断。当所有的条件都不成立时，则执行最后一个 else 后面的代码块。

例 9.10 根据货物的重量，计算总运费。

条件：（1）货物重量小于等于 1 000 kg 时，运费 1.2 元 /kg；（2）货物重量大于 1 000 kg，小于等于 3 000 kg 时，运费 8 折；（3）货物重量大于 3 000 kg 时，运费 6 折。

根据上述条件，我们可以得到费用的计算公式为：费用 = 重量 × 单价 × 折扣。

实现代码如下：

```
var disc=1/* 折扣 */
var price=1.2/* 单价 */
var pay=0/* 费用 */

var weight=prompt("请输入重量 ")// 使用输入对话框，用于输入重量
var w=parseFloat(weight)// 取输入的数字部分

if(!w)   alert(" 输入不是数字，或者你取消了输入！ ")  // 判断是否为合法的数字
else{
        if(w<=1000)  {disc=1}
        else if(w<=3000) {disc=0.8}
        else   disc=0.6

        pay=w*price*disc// 计算总运费
        alert(" 总运费是: "+pay)
}
```

说明：parseFloat() 函数仅取字符串中以数字开头的部分，对非数字开头，或者空字符、null 值都将转换为 NaN，对 NaN 取反后，结果为 true。

（2）语法 2，使用 switch 结构。

语法：

```
switch(变量){
    case 常量1: {/*    语句体1    */;  break;}
    case 常量2: {/*    语句体2    */;  break;}
        ...
    case 常量N: {/*    语句体N    */;  break;}
    default:       {/*   所有条件不满足时执行的语句体   */}
}
```

说明：当 switch 中的变量与 case 语句后的常量绝对等（===）时，执行当前 case 对应的语句体，如果没有与之匹配的常量值，那么执行 default 后面的语句。注意，每个 case 的语句体后的最后都需要使用 break 语句，以便退出 switch 结构。其中，case 后面的大括号可以省略。

例 9.11　编写代码，将用户输入的分数由等级制转换为百分制输出。

```
var char=prompt("请输入 A-E 之间的字母")
if(char!=null && char.length>0){
    char=char.toUpperCase()
    char=char.substr(0,1)
    var str=""

    switch(char){
    case "A":str=">=90";break;
    case "B":str="80～89";break;
    case "C":str="70～79";break;
    case "D":str="60～69";break;
    case "E":str="<60";break;
        default:str=" 输入错误！ ";
    }
}
```

说明：length 是字符串长度的属性；而 toUpperCase() 方法用于将字符串转换为大写，toLowerCase() 方法则将字符串转换为小写；substr(起始位置，截取长度) 方法用于截取字符串，得到子字符串，在这里表示取得字符串中的第 1 个字符。

9.5.3　循环结构

循环结构用于在给定的条件成立的前提下，重复执行结构中包含的语句体，直到条件不成立才退出循环体。

循环结构的形式包括：for、for...in、while 和 do...while 结构。

1. for 循环

语法：

```
for(表达式1,表达式2;表达式3){
```

```
        /* 语句体 */
}
```

说明：在 for 结构中，首先执行表达式 1 语句，该语句仅执行一次，通常用来初始化循环变量；然后计算表达式 2 的结果，表达式 2 是一个条件表达式，通过其结果来决定是否执行循环体；循环体执行后，执行表达式 3 中的语句，该语句通常用于改变循环变量的值。最后再返回到表达式 2，重复上述过程，直到表达式 2 条件不再满足才退出循环结构。

例 9.12 使用 for 循环，输出数组的每一个元素。

分析：数组可以使用 new Array( ) 方法创建，但通常使用中括号的方式声明和初始化，例如下面两种方式都创建了一个包含 3 个元素的数组：

```
var arr1=new Array(1,21,34)
var arr2=[1,21,34]
```

数组元素使用下标方式引用，下标从 0 开始，数组元素的个数（即长度）可以使用 length 属性获得。下面代码的运行结果将输出 arr 数组的每一个元素：

```
var arr=[1,21,34]
for(var i=0;i<arr.length;i++){
    console.log(arr[i])
}
```

输出结果为

```
1 21 34
```

2. for...in 循环

语法：

```
for(var x in  数组/对象){
    /* 语句体 */
}
```

说明：该结构将依次取出数组中的每一个元素的下标，或者对象中的每一个属性的属性名，保存在临时变量 x 中，直到元素或对象的属性列举完毕。

例 9.13 使用 for...in 循环，输出数组的每一个元素。

以下是示例代码：

```
var arr=[1,21,34]
for(var index in arr){
    console.log(arr[index])
}
```

注意：每次循环中，index 变量保存的是数组的下标。

例 9.14 使用 for...in 循环，输出对象的属性。

分析：对象可以使用 new Object( ) 方式，但通常使用大括号 { } 的方式来创建。

```
var student={ name:'张三' , age:18 , sex:'男' }
for(var prop in student){
    console.log(" 属性名 ",prop,"; 属性值: "+student[prop])
}
```

说明：如果要对象的属性值，可以使用"对象.属性名"方式，例如：student.name、student.age 等，但如果属性名是变量，那么使用中括号将其括起，例如这里的 student[prop] 语句。

输出结果为

```
属性名 name; 属性值: 张三
属性名 age; 属性值: 18
属性名 sex; 属性值: 男
```

3. while 循环

while 循环结构是在满足条件时，执行循环体。与 for 循环不同的是，在循环体中必须有改变循环条件的语句，以便退出循环结构。

语法：

```
while(条件表达式){
    /* 循环体 */
}
```

说明：在条件表达式的结果成立时，执行循环体，直到条件表达式的结果不成立。

例 9.15　产生 10 个 1～10 的整数随机数，保存到数组中，并使用 while 循环结构在控制台中输出。

分析：随机数可以使用内置对象 Math 的 random() 方法产生，其结果为 [0-1) 区间的小数。如果要产生指定范围的整数随机数，可以参考下面的计算公式：

```
下限 + Math.round( Math.random()*(上限 - 下限))
```

本例具体实现代码如下：

```
var  times=0/* 计数 */
var rnd=[]/* 保存随机数的空数组 */
while(times<10){// 判断条件是否成立
    rnd[times]=1+Math.round(Math.random()*9)  // 产生随机整数，保存到数组单元
    times++// 改变循环条件
}
console.log(rnd)/* 测试时可在控制台输出整个数组 */
```

运行结果类似为

```
Array(10) [ 5, 9, 3, 9, 2, 4, 4, 2, 1, 6 ]
```

Math 对象还包含几个取整数的方法，例如，Math.floor() 方法的功能是去掉所有小数部分取

整数；Math.ceil() 方法的功能是取整数部分，包含任何小数都将进位；而 Math.round() 则是按"四舍五入"的规则取整数。例如：Math.floor（2.9999）的结果为 2；Math.ceil（3.123）的结果为 4；Math.round（2.57）的结果为 3。

4. do...while 结构

与 while 结构不同，do...while 结构至少会执行一次循环体，然后才会判断是否满足条件，从而决定是否再次执行循环体。

语法：

```
do {
    /*  循环体  */
}while( 条件表达式 )
```

例 9.16　猜数小程序。

分析：首先产生一个 1～10 范围的随机整数（参考上面给出的公式）并保存，为测试和调试方便，将该随机数输出到控制台。然后在一个循环中，根据用户输入的数，判断是否与预先生成的随机数相等，结果正确则退出小程序，否则继续下一轮的猜数。无论用户是否猜数，都提供一个输入对话框以等待用户操作，因此，这种情况下，使用 do...while 结构来实现较为方便。

具体示例代码如下：

```
var rnd = 1 + Math.round(Math.random() * 9);// 产生 1～10 随机整数
console.log(rnd);// 测试输出，用以比对

var num = "";// 用于保存用户输入的数
var result = false;// 退出猜数循环的条件变量
do {
    num = prompt(" 请输入 1-10 的数 ");// 为用户提供输入对话框，等待用户操作
    if (num == null) break;// 用户执行了取消操作，退出循环
    num = parseInt(num);// 取出整数部分并转换
    result = false;// 初始化循环变量
    if (num > rnd) alert(" 大啦！ ");// 与随机数进行判断
    else if (num < rnd) alert(" 小啦！ ");
    else if (num == rnd) { result = true; alert(" 恭喜你，猜对啦！ "); }
    else alert(" 你输入的不是数字！ ");
} while (!result);// 如果用户输入错误，继续下一次循环，猜对则退出循环
```

9.6　字符串和数组的常用方法

9.6.1　字符串常用的属性和方法

字符串的主要属性有 length，表示字符串中字符的个数。其常用的方法包括：

（1）replace ("原子串","新子串")：字符串替换。将指定的原子串替换为新子串，返回被

替换后的新字符串。

（2）indexOf ([起始位置],"子串")：查找字符串。在字符串中查找指定字符（串），返回找到的位置（位置从 0 开始），没有找到则返回 -1。

（3）split ('字符')：拆分字符串。按指定的字符（串）将字符串拆分为数组。

（4）subString (开始下标, 结束下标)：截取子串。从指定下标开始到指定下标（不包括）结束，取该范围的子串。

（5）substr (开始下标, 长度)：取子串。从指定下标的位置开始，取指定长度的字符串。

例 9.17 实现对字符串的"增删查改"等操作。

假如定义了一个用于保存商品信息的字符串 shpInfo，该字符串有一组以分号分隔，代表商品名和价格的子串。如：

```
var shpInfo = "小米：¥1200;华为：¥1987;vivo:¥2100;华为：¥2130;vivo:¥1230";
```

（1）在 shpInfo 中查找所有包含"华为"子串的位置。

```
//1.查找所有"华为"的位置
var pos = -1;
pos = shpInfo.indexof("华为");
while (pos >= 0) {
  console.log("位置: " + pos);
  pos = shpInfo.indexof("华为", pos + 1);
}
```

说明：indexOf() 方法只能在字符串中查找到第 1 个满足条件的子串的位置。如果要找到所有满足条件的子串，需要使用循环，从当前找到的子串，其下标加 1 的位置开始，继续查找。

（2）将"华为"子串全部替换为"荣耀"。

```
// var newStr=shpInfo.replace("华为","荣耀");仅替换第一个找到的子串
newStr = shpInfo.replace(/华为/g, "荣耀");//替换所有找到的子串
console.log(newStr);
```

说明：replace() 方法可以将查找字符串中的子串，并以新子串来代替。如果其参数 1 为字符串，那么其将替换第一个找到的子串，如果需要替换全部子串，可以使用正则表达式来实现，例如这里的"/华为/g"。正则表达式的内容请读者自行了解。

（3）删除"vivo"子串。

```
var shpArr = shpInfo.split(";");
newStr = "";
for (var i = 0; i < shpArr.length; i++) {
  if (shpArr[i].indexof("vivo") < 0) {
    newStr += shpArr[i] + ";";
  }
}
if (newStr.length > 0)
```

```
        newStr = newStr.substr(0, newStr.length - 1);
        console.log(newStr);
```

说明：split() 方法将返回一个数组。在 for 循环中，使用 indexOf() 方法在每个数组元素中查找需要删除的子串。经过筛选后，将其余元素使用分号重新连接为新字符串。这种做法类似删除了子串。

> **注意**：这里最后使用 substr 来截取字符串，目的是去掉新字符串中的最后一个分号。

（4）取出字符串的数字部分并实现累加。

```
shpArr = shpInfo.split(";");
var total=0
for(var i=0;i<shpArr.length;i++){
  pos=shpArr[i].indexof("￥")
  if(pos>=0){
     total+=parseFloat( shpArr[i].substr(pos+1))
  }
}
console.log(total);
```

说明：该代码片段主要实现取出字符串中的数字部分并累加。在这里，首先使用 split() 方法将其拆分为数组。然后在每一个元素中查找符号￥的位置，从该位置的下一个位置开始，取全部子串，该子串就是数字部分。

9.6.2 数组常用的属性和方法

数组主要的属性有 length，表示数组元素的个数。数组的常用操作包括添加元素、删除元素、查找元素和修改元素等，此外，还可以实现数组排序和反转。

假定 arr 是一个数组，我们可以使用以下方法实现对数组的各种操作。

arr.push(ele)：向数组末尾追加 ele 元素。

arr.unshft(ele)：向数组头部插入 ele 元素。

arr.pop()：移除最后一个元素。

arr.shift()：移除第一个元素。

arr.sort()：数组元素排序，默认使用字符的 ASCII 码排序。

arr.reverse()：数组元素反转。

arr.find(function(e){/* 查找条件 */})：查找数组元素，返回找到的元素，如果未找到，返回 undefined 或 null。

arr.findIndex(function(e) {/* 查找条件 */})：查找元素的下标，未找到时返回 -1。

arr.filter(function(e){/* 查找条件 */})：根据查询条件在数组中查找，返回一个包含查询结果的一个数组；如果没有满足条件的元素，则返回空数组。

arr.splice(index,length[, 替换的元素])：移除指定位置的一个或连续的多个元素，也可以在移除后在当前元素的位置替换为其他一个或多个元素。

> **注意**：除了 find()、findIndex() 和 filter() 方法，其他方法将改变原数组的内容。

以下是数组方法的应用示例，分析详情请参见注释。

```javascript
// 定义数组并初始化
var arr=[1,3]
// 追加2个元素，当前arr的结果为：1 3 10 11
arr.push(10,11)
// 插入2元素：当前arr的结果为：4 5 1 3 10 11
arr.unshift(4,5)
// 移除第一个元素，当前arr的结果为：5 1 3 10 11
arr.shift()   /* 等价于  arr.splice(0,1)    */
// 移除最后一个元素，当前arr的结果为：5 1 3 10
arr.pop()
// 查询数组中的元素x，ele结果为10；如果没找到，结果为undefined，只有在数组元素为对象类型且未找到时返回null
var x=10
var ele=arr.find(function(e){
   // 查找条件：e==x
   return e==x
})
// 查找值为10的元素的下标，结果为3；如果没找到，结果为-1
var index=arr.findIndex(function(e){
   return e==x
})
// 数组元素排序，数字排序，当前arr结果为：1 3 5 10
arr.sort(function(a,b){
   // 排序条件：从小到大
   return a>b
})
// 数组继续反转，结果为从大到小，当前结果为：10 5 3 1
arr.reverse()
// 删除第1个元素，指定下标和长度，当前结果为：5 3 1
arr.splice(0,1)
// 从第一个元素开始，连续删除2个元素，当前arr结果为：1
arr.splice(0,2)
// 删除第一个元素，并替换为：10 11 12，当前arr结果为：10 11 12
arr.splice(0,1,10,11,12).
console.log(arr)
```

在这段代码中，arr.find(function(e){ }) 语句使用了数组的 find() 方法。该方法接收一个回调函数作为参数，该回调函数会在数组的每一个元素上被调用。如果回调函数返回 true，则 find() 方法会立即停止遍历并返回当前元素；否则，它会继续遍历直到找到满足条件的元素或遍历完整个数组。如果没有找到满足条件的元素，find() 方法将返回 undefined。

arr.findIndex(function(e){ }) 方法与 find() 方法类似，但它返回的是满足条件元素的索引值。如果没有找到满足条件的元素，它将返回 –1。

在 sort() 方法中，使用了一个回调函数来根据前后两个元素的大小进行数字排序。

例 9.18 对给出的一个数组，编写函数，实现对数组的"增删查改"等操作。

假如有一个保存购物清单的数组：

```
var books = [
    { id: 1, bookName: '三国演义', price: 69.8,num:1 },
    { id: 2, bookName: '红楼梦', price: 78.8,num:3 },
    { id: 3, bookName: '水浒传', price: 38.9,num:6 },
    { id: 4, bookName: '西游记', price: 67.8,num:2 }
]
```

分别实现如下的具体操作：

（1）为数组添加一个元素，模拟将商品加入购物车的操作。

```
function add(ele) {
    books.push(ele)
    console.log("执行操作后，该数组为：", books)
}
```

说明：使用数组的 push() 方法，将传入的参数 ele 加入数组。其中，参数 ele 为对象，其数据结构与数组元素一致。

以下是 add 函数的使用示例：

```
var book={id:5,bookName:'新书',price:45.6,num:1}// 创建对象
add(book)// 加入数组
```

在这里，构建一个与数组元素结构相同的对象 book，并调用 add() 函数将其加入数组。

（2）根据 id 查找该商品所在的位置，并将其删除。

```
function del(id) {
    var index = books.findIndex(function (ele) {
        return ele.id == id
    })
    if (index) books.splice(index, 1)
    console.log("执行操作后，该数组为：", books)
}
```

说明：首先根据参数 id，使用数组的 findIndex() 方法，查询当前数组元素的下标 index，然后根据查询结果，使用数组的 splice() 方法根据指定的下标 index 将其删除。如果 index 得到 –1，则表示数组不存在该元素。

以下是 del() 函数的使用示例：

```
del(1)    // 删除 id 为 1 的元素
```

（3）根据 id 查找该商品，并修改其数量。

```
function update(id,num) {
    var ele = books.find(function (e) {
        return e.id == id
    })
    if (ele) ele.num = num
    console.log("执行操作后，该数组为: ", books)
}
```

说明：数组的 find() 方法将根据条件返回找到的元素 ele，由于该元素是对象，因此改变该对象的属性，对应的数组元素的属性将同时改变。

以下是该函数的使用示例：

```
update(2,10)  // 更新 id 为 2 的元素，使用数量为 10
```

（4）根据书名查找该商品。

```
function search(bookName) {
    var results= books.filter(function (e) {
        return e.bookName.indexOf(bookName) >= 0
    })
    return results
}
```

说明：这里使用 filter() 方法根据书名实现模糊匹配，即查询条件为书名中包含参数值 bookName 时，即返回符合条件的所有元素，其结果为数组。如果结果不存在，将返回空数组。

以下是该函数的使用示例：

```
var results=search('红')  // 查询数名包含"红"的元素
// 如果找到该元素，输出其长度.
if(results) console.log(results.length)
```

（5）计算商品的总金额。

```
function getTotal(){
    var total=0
    for(var i=0;i<books.length;i++){
    total+=books[i].num*books[i].price
    }
    return total
}
```

说明：getTotal() 函数实现的功能是，在一个循环中逐个取出数组元素，计算其数量和单价后保存到变量 total 中，作为函数的返回值。

以下是该函数的使用示例：

```
var total=getTotal() //取得计算结果
console.log("总金额为: ",total.toFixed(2))//保留两位小数后输出
```

9.6.3 Math 对象的方法

Math 对象常用的方法及其用法如下：

Math.random()：返回 [0-1）之前的随机数，小数。

Math.floor(数字)：去掉小数部分取整，如 Math.floor(7.899) 的结果为 7。

Math.ceil(数字)：进位后去掉小数取整，如 Math.ceil(7.0001) 的结果为 8。

Math.round(数字)：四舍五入取整数，如 Math.round(7.501) 结果为 8，而 Math.round(7.498) 的结果为 7。

小　　结

本章主要围绕 JavaScript 编程的基础知识进行了全面而深入的讲解。首先，探讨了 JavaScript 代码编写的位置，包括在 HTML 文件中的嵌入方式，以及作为外部文件引用到 HTML 页面的方式。这为理解 JavaScript 如何与 HTML 交互，以及如何在网页中运用 JavaScript 打下了坚实的基础。

接着，详细介绍了 JavaScript 的数据类型，包括基本类型（如数字、字符串、布尔值等）和复杂类型（如对象、数组等）。理解数据类型是编写有效 JavaScript 代码的关键，因为不同的数据类型有不同的属性和方法，以及不同的运算规则。

随后，学习了 JavaScript 的运算符和表达式。运算符用于对变量或值执行计算或比较操作，而表达式则是使用运算符和变量或值创建的语句。通过掌握这些运算符和表达式，我们可以编写出更为复杂和灵活的代码逻辑。

在介绍了数据类型和运算符之后，进一步探讨了 JavaScript 的程序结构，包括条件语句（如 if...else）、循环语句（如 for、while）以及函数等。这些结构是构建复杂 JavaScript 程序的基础，通过它们，我们可以实现代码的流程控制，以及代码的复用和模块化。

最后，我们学习了字符串和数组的常用方法。字符串和数组是 JavaScript 中常用的数据类型，它们都有许多内置的方法可以帮助我们进行字符串的拼接、查找、替换等操作，以及数组的遍历、查找、排序等操作。这些方法的掌握，可以大大提高我们编写 JavaScript 代码的效率。

总的来说，本章的内容涵盖了 JavaScript 编程的基础知识，从代码编写位置到数据类型，再到运算符、表达式和程序结构，最后到字符串和数组的常用方法，都进行了详细的讲解。通过学习和掌握这些内容，可以为后续的 JavaScript 编程实践打下坚实的基础。

习　　题

一、填空题

1. 在 HTML 中，JavaScript 代码可以嵌入在 _____ 标签中，以实现与 HTML 的交互。

2. JavaScript 的数据类型包括基本类型和复杂类型，其中基本类型有数字、字符串、布尔值等，复杂类型包括 _____ 和 _____ 等。

3. JavaScript 中的运算符用于对变量或值执行计算或比较操作，_____ 运算符用于比较两个值是否相等。

4. JavaScript 的条件语句 if...else 用于根据条件执行不同的代码块，其中 if 后的条件是一个 _____ 表达式。

5. 在 JavaScript 中，使用 _____ 循环可以重复执行一段代码，直到满足某个条件为止。

6. JavaScript 的函数是一段可重用的代码块，通过调用函数名并传递参数来执行特定的任务，函数的定义使用 _____ 关键字。

7. JavaScript 中的字符串是一种基本数据类型，可以使用 _____ 方法来连接（拼接）两个或多个字符串。

8. JavaScript 数组是一种复杂数据类型，用于存储多个值，可以使用 _____ 方法来查找数组中是否包含某个特定值。

9. JavaScript 中的 _____ 运算符用于将一个值或变量赋值给另一个变量。

10. 为了提高代码的可读性和可维护性，通常会将 JavaScript 代码写入单独的 _____ 文件中，并通过 HTML 引用。

二、选择题

1. 下面（　　）不是 JavaScript 的注释符。
 A. // B. /* */ C. <!-- --> D. 全是

2. JavaScript 代码的使用方式包括（　　）。
 A. 内嵌方式 B. 内部方式 C. 外部文件方式 D. 全是

3. console.log() 方法的主要作用是在浏览器的控制台输出调试信息。（　　）
 A. 正确 B. 错误

4. null 是一种 JavaScript 的数据类型。（　　）
 A. 正确 B. 错误

5. 表达式 99=='99abc' 的结果是（　　）。
 A. true B. false

6. 假如有 var x=new String('123')，那么 x=='123' 的结果是（　　）。
 A. true B. false

7. NaN==NaN 的结果是（　　）。
 A. true B. false

8. undefined==null 的结果是（　　）。
 A. true B. false

9. isNaN('123abc') 的结果是（　　）。
 A. true B. false

10. 假如有 var a="10",b="10a"，那么 a+b 的结果是（　　）。
 A. 20 B. 1010a

11. 假如有 var a="2"，那么 a+2 和 a*2 的结果分别是（　　）。
 A. 22 4 B. 4 4 C. 22 NaN D. NaN NaN

12. 假如有 var a="2X"，那么 a+2 和 a*2 的结果分别是（　　）。
 A. 2X2 NaN B. 4 4 C. 22 NaN D. NaN NaN

13. 假如有 var a=123 var b='123'，那么 a==b 和 a===b 的结果分别是（　　）。
    A. true true　　　　B. true false　　　　C. false true　　　　D. false false
14. Math.cell(5.99) 的结果是 6。（　　）
    A. 正确　　　　　　　　　　　　　　　B. 错误
15. Math.floor(2.78) 的结果是 3。（　　）
    A. 正确　　　　　　　　　　　　　　　B. 错误
16. Math.round(2.8999) 的结果是 3。（　　）
    A. 正确　　　　　　　　　　　　　　　B. 错误
17. 以下不能正确输出整数 10 的数据是（　　）。
    A. 0o12　　　　B. 0o18　　　　C. 0B1010　　　　D. 0Xa
18. splice() 方法可以删除数组元素。（　　）
    A. 正确　　　　　　　　　　　　　　　B. 错误
19. splice() 方法可以修改数组元素。（　　）
    A. 正确　　　　　　　　　　　　　　　B. 错误
20. 数组的长度属性是 len。（　　）
    A. 正确　　　　　　　　　　　　　　　B. 错误
21. push() 方法可以追加数组元素。（　　）
    A. 正确　　　　　　　　　　　　　　　B. 错误
22. append() 方法可以追加数组元素。（　　）
    A. 正确　　　　　　　　　　　　　　　B. 错误
23. 数组是一种特殊的对象类型。（　　）
    A. 正确　　　　　　　　　　　　　　　B. 错误
24. 数组元素的类型可以是不同的。（　　）
    A. 正确　　　　　　　　　　　　　　　B. 错误
25. 函数也属于对象类型。（　　）
    A. 正确　　　　　　　　　　　　　　　B. 错误
26. Number("123a") 的结果是（　　）。
    A. 123　　　　B. 123a　　　　C. NaN　　　　D. null
27. parseInt("123.78a") 的结果是（　　）。
    A. 123　　　　B. 123.78　　　　C. NaN　　　　D. null
28. parseInt("") 的结果是（　　）。
    A. 0　　　　B. NaN　　　　C. undefined　　　　D. null
29. Number ("") 的结果是（　　）。
    A. 0　　　　B. NaN　　　　C. undefined　　　　D. null
30. Number (null) 的结果是（　　）。
    A. 0　　　　B. NaN　　　　C. undefined　　　　D. null
31. Number (undefined) 的结果是（　　）。
    A. 0　　　　B. NaN　　　　C. undefined　　　　D. null
32. Number (NaN) 的结果是（　　）。
    A. 0　　　　B. NaN　　　　C. undefined　　　　D. null

第 10 章

HTML DOM

学习目标

- ❖ 理解 DOM 的概念。
- ❖ 理解事件及事件处理过程,能够捕获常用的事件并进行处理。
- ❖ 熟练掌握元素的各种查询方法,能够快速定位并操作页面中的特定元素。
- ❖ 熟悉元素的常用属性,并能准确获取和动态改变其属性值。
- ❖ 掌握动态操作元素的方法,包括创建、插入、删除和替换元素等。

DOM,全称是 document object model(文档对象模型),是 HTML 文档的一种对象模型和一组 API 访问接口。

当浏览器加载 HTML 文档后,它会在内部将其解析为一个具有树状结构的节点树,也被称为 DOM 树,其顶层节点为文档对象 document。DOM 树中的每一个节点都代表一个 HTML 元素,这些元素被称为 DOM 元素。通过使用 document 对象的方法,我们可以访问这些节点。当我们更改 DOM 元素及其属性时,浏览器将自动并实时更新页面的内容。

10.1 事件与事件处理

事件是指由特定操作在对象上触发的消息。这些事件分为用户事件和系统事件。用户事件是指由用户操作鼠标或键盘引发。系统事件通常在浏览器内部发生,例如文档加载或卸载、定时器等。事件处理指捕获 DOM 中特定的事件,并编写相应的代码来实现响应操作。

我们的编程思路是,将 HTML 文档中的每一对标记都看成一个对象。当特定的对象触发某种类型的事件时,使用 JavaScript 编码来对此事件做出响应。因此,我们必须首先理解各类事件的具体内容,以及如何捕获和响应这些类型的事件。

10.1.1 事件分类

在 JavaScript 中,事件通常可以分为以下几类:

1. 鼠标事件

click：鼠标单击事件。
dblclikc：鼠标双击事件。
mousemove：鼠标移动事件。
mousedowm：鼠标按下事件。
mouseup：鼠标松开事件。
mouseover：鼠标悬停事件。

2. 键盘事件

keydown：键盘按下事件，触发一次。
keyup：键盘松开事件。
keypress：键盘按下但未松开时触发的事件。如果按住不放，一直触发。

3. 窗口事件

load：文档加载完毕触发的事件。
unload：文档卸载时触发的事件。

4. 表单事件

change：表单元素输入或选择的内容发生变化时触发的事件，例如文本框输入和列表框选择发生改变。
submit：表单提交时触发的事件。
focus：表单元素获取输入焦点时触发的事件。
blur：表单元素失去输入焦点时触发的事件。
click：表单元素被单击时触发的事件，常用于按钮元素。

> **注意**：所有的事件名都是小写。

10.1.2 事件处理的方式

在处理 DOM 元素的事件并作出响应时，通常有三种主要的方式：内联方式、属性方式和方法方式。

1. 内联方式

在 HTML 文档的 body 标签中，每个元素都拥有以"on"为前缀的事件属性，它们代表需要捕获的事件。事件属性的值可以是一条或多条以分号分隔的 JavaScript 语句，但通常是一个我们自定义的事件处理函数。

例如，在用户单击按钮时，弹出一个提示对话框。

```
<button onclick="alert('hello!js!')">信息按钮</button>
```

> **注意**：使用内联方式时，所有的事件名都需要加 on 前缀。

2. 属性方式

HTML 标签中的属性可以通过"对象.属性"方式访问。这种方式允许我们为 DOM 元素的事件属性添加事件处理函数。然而，要使用这种方式，首先需要获取 DOM 元素。在 JavaScript 中，

document 对象提供了多个方法来获取 DOM 元素，例如：

（1）使用 id 来获取唯一的 HTML 元素：getElementById（"id 值"）。
（2）使用标记名获取一组 HTML 元素：getElementsByTagName（"标记名"）。
（3）使用类名获取一组 HTML 元素：getElementsByClassNam（"类名"）。
（4）使用 name 属性获取一组 HTML 元素：getElementsByName（"标记 name 属性"）。

其中，getElementById() 方法通过 HTML 标记中的 id 属性值来查询和获取唯一的 DOM 元素。下面以该方法为例，介绍如何使用属性方式实现事件的捕获和响应。其他查询元素的方法将在 10.3 节进行详细介绍。

例 10.1　使用属性方式，在单击按钮时，弹出信息对话框。

```
<!--HTML -->
<button id="bt">普通按钮</button>
<!--JavaScript -->
<script>
    var bt=document.getElementById("bt")
    bt.onclick=function(){
        alert("hello js!")
    }
</script>
```

说明：在代码中，首先使用 getElementById() 方法，获取指定 id 的按钮对象，然后使用匿名的事件处理函数为其事件属性赋值。匿名函数是一个没有函数名、没有参数的函数。

事件处理函数也可以单独定义，例如上面的代码也可以写为

```
<script>
function myalert(){ alert('hello js!') }
var bt=document.getElementById("id")
/*  注意，函数不要带括号，否则将代表执行函数并试图将返回值赋值 */
bt.onclick= myalert
</script>
```

注意：在为事件属性赋值时，其值为函数名，不要带括号，否则将表示调用该函数并使用其返回值进行赋值。

3. 方法方式

方法方式是指使用对象的 addEventListener() 方法来捕获 DOM 元素的事件，并为其关联事件处理函数。

语法：

```
对象.addEventListener("事件名",事件处理函数)
```

说明：参数 1 是事件名，不带 on 前缀，参数 2 为事件处理函数，可以使用自定义函数，也可以使用匿名函数。

例 10.2　使用方法方式，在单击按钮时，弹出信息对话框。

```
<!-- HTML-->
<button id="bt">普通按钮</button>
<!--Javascript-->
<script>
    function myalert(){ alert('hello js!') }
    var bt=document.getElementById("id")
    bt.addEventListener("click",myalert)
</script>
```

说明：myalert() 是自定义函数，其功能是借助 alert() 函数实现弹出信息对话框。

与其他两种方式不同，addEventListener() 方法方式可以同时叠加多个事件，并可以在需要时移除其中某个事件。

例如，下面的代码实现了在用户首次单击按钮时，执行事件响应函数来弹出对话框，再次单击时，由于事件响应函数已被移除，因此不会再次执行。

```
<button id="bt">普通按钮</button>

<!--JS 代码 -->
<script>
     var bt=document.getElementById("id")
    bt.addEventListener("click",myalert)
    function myalert(){
        alert('hello js!')
        bt.removeEventListener("click",myalert)
    }
</script>
```

说明：在示例代码中，首先获取按钮对象，然后使用其 addEventListener() 方法来监听 click 事件，并关联了事件处理函数 myalert()。在 myalert() 函数中，首先执行 alert() 方法来弹出信息对话框。接着使用移除事件监听器的方法 removeEventListener()，将单击事件及其所对应的处理函数 myalert() 移除。这样就实现了按钮只能响应用户的一次单击操作，再次操作时将不会弹出信息对话框。removeEventListener() 方法的参数 1 是需要移除的事件名，参数 2 是需要移除的函数名。这种情况下，事件监听器中的函数不能是匿名函数，否则无法移除。

10.1.3 事件处理函数的参数

在事件处理函数中，将隐式传入 event 事件参数。这个参数除了包含事件发生时的鼠标位置或键盘按键信息的属性，还包含一种关键的 target 属性，该属性代表触发事件的对象本身。因此我们可以在事件梳理函数中使用 "event.target" 获得触发事件的对象。通过在控制台输出 event 事件参数，可以查看其包含的所有属性。此外，在使用属性方式和方法方式时，关键字 this 也代表触发事件的对象。

然而，在使用内联方式时，其事件处理函数中的 this 代表的是 window 对象，如果要在其事件处理函数中获取事件源对象，必须显式地将 this 作为实际参数传入。

以属性方法为例，我们在控制台输出隐式的 event 事件参数和 this，例如：

```
<button id="bt">普通按钮</button>
<!-- JS 代码 -->
<script>
  var btn = document.getElementById("bt");
  function getId() {
    console.log( event.target.id);
    console.log(this.id);
  }
  btn.onclick = getId;
</script>
```

输出结果为

```
bt   bt
```

说明：在这里，event.target 和 this 都表示 id 为 bt 的按钮对象。

再如，使用内联方式时，如果要获取按钮对象，事件处理函数必须显式传入 this 对象：

```
<button id="bt" onclick="getId(this)">普通按钮</button>
<!-- JS 代码 -->
<script>
  function getId(obj) {
    console.log(obj.id,event.target.id,this);
  } </script>
```

输出结果为

```
bt   bt   window
```

说明：如果要在事件处理函数中获得按钮对象，必须显式传入 this 关键字，而 event 关键字是隐式传入的。如果在该函数中直接输出 this 关键字，可以看到结果为 window 对象。

> **注意**：在 script 标记中，所有声明的全局变量和自定义函数，都将默认成为 window 对象的属性，因此在这些函数中，其所包含的 this 代表 window 对象。window 对象的属性（包括方法）都可以直接使用，而不需要 "window" 前缀，如 alert() 函数。

10.2 DOM 元素属性

在使用 getElementById() 方法查询到 HTML DOM 元素后，我们通过改变其属性来动态改变文档的内容和样式。对于表单元素，还可以在提交之前对获取的值进行验证。HTML DOM 元素常用的属性包括内容属性（如文本、标记和值）以及样式属性（如 style 和 class 等）。

以下内容主要使用 getElementById() 方法来获取对象（HTML DOM 元素），并对其常用属性进行详细介绍。

为了方便描述,我们约定,在后续内容提到的对象,如果未特别说明,都指 DOM 元素。

10.2.1 内容属性

以下三个属性都将获取或设置 DOM 元素的相关内容:

（1）innerText 属性:用于获取或设置元素的纯文本内容。

（2）innerHTML 属性:用于获取或设置元素的子标记,不包含元素本身的标记。通过该属性,可以动态修改元素的内容,包括文本和子标记。

（3）outerHTML 属性:获取或设置包含元素本身标记在内的所有标记。如果对该属性赋值,相当于替换当前元素。

> **注意**:上面三个属性都区分大小写。

以下的示例代码,实现将 div 元素的不同内容属性输出到浏览器控制台。

```
<!DOCTYPE html>
<html>
  <body>
    <div id="div">
      <h3>标题 2</h3>
      <p>段落的内容</p>
    </div>
  </body>
</html>

<script>
  var div = document.getElementById("div");// 获取对象属性
  console.log(div.innerText);// 输出所有子元素的纯文本
  console.log(div.innerHTML);// 输出子元素
  console.log(div.outerHTML);// 输出整个元素所有的内容
</script>
```

输出结果如图 10.1 所示。

说明:从图 10.1 可见,innerText 仅输出标记中的所有文本的内容,不包含任何 HTML 标记,innerHTML 输出所有的 HTML 子标记,而 outerHTML 输出整个标记的内容,包括标记本身。

以下是在获取元素后,改变其内容:

```
div.innerText="hello js!"
div.innerHTML="<span style='color:red;'> 子元素更改为 span 元素 </span>"
div.outerHTML="<p style='color:blue;'> 替换整个 div 为 p 元素 </p>"
```

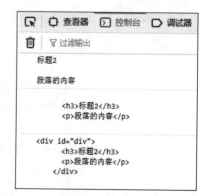

图 10.1　输出结果

说明：第 1 行表示修改 div 的文本；第 2 行将 div 的子标记改变为 span 包含的内容及其效果；第 3 行使用 p 标记的内容替换整个 div，执行该行语句后，div 将不再存在。

10.2.2 样式属性

在 HTML 文档中，HTML 元素的样式可以使用多种方式进行声明，例如，使用行内方式，直接在标记中使用 style 属性进行声明，也可以使用内部样式表或外部样式文件的方式进行声明。对于不同的声明方式，如需获取其样式值，可以使用以下两种方法。

1. 使用 style 属性

该方式只能获取或设置使用行内方式声明的样式值，而不能获取内部或外部样式表中声明的样式值。

用法如下：

```
元素.style.样式属性名
```

说明：样式属性名为小写。但当其带有连字符时，需要将连字符后面的单词首字母大写，并去掉连字符。例如，边框圆角属性 border-radius，访问其属性时，需要写为

```
元素.style.borderRadius
```

例如，div 使用行内方式来声明样式，其是一个宽度和高度为 100 px 的正方形。单击 div 时，使其在正方形和圆之间切换；此外，单击页面相应的按钮时，使其宽度、高度加 10，并在 span 标记中显示获取的 div 的边框、宽度样式属性。其运行效果如图 10.2 所示。

图 10.2　运行效果

具体实现代码如下：

```
<!DOCTYPE html>
<html>
<body>
  <div id="shape"
    style="width: 100px; height: 100px;
    border: 1px solid gray;line-height: 100px;text-align: center;"
    onclick="toggle(this)">单击切换形状</div>

  <p>获取属性</p>
  <button onclick="getWH()">获取宽度和高度</button>
```

```html
    <span id="sp"></span>
    <p>设置属性</p>
    <button onclick="setWH()">改变宽度和高度</button>
</body>
</html>

<script>
  function toggle(ele) {
    // 样式属性中的连字符去掉，后面首字母大写
    if (!ele.style.borderRadius) ele.style.borderRadius = "50%";
    else ele.style.borderRadius = "";
  }

  function getWH(){
    var div=document.getElementById("shape")
    var sp=document.getElementById("sp")
    sp.innerText=div.style.width+","+div.style.height
  }

  function setWH(){
    var div=document.getElementById("shape")
    var w=parseInt(div.style.width)  /* 取得数字部分来计算 */
    var h=parseInt(div.style.height)
    w+=10
    h+=10
    div.style.width=w+"px"
    div.style.height=h+"px"
    div.style.lineHeight=h+"px"
    // 显示属性
    getWH()
  }
</script>
```

2. 使用 getComputedStyle( ) 函数

如果要获取 HTML 文档中使用了内部或外部样式表中声明的样式属性，必须借助 getComputedStyle() 方法。getComputedStyle() 是 window 对象的方法，可以省略 window 前缀。用法如下：

```
getComputedStyle(对象, [伪类])
```

说明：参数 1 为需要获取样式的对象，参数 2 为指定的伪类，通常取值为 null，也可省略。该方法返回值为样式对象，其包含 DOM 元素具体的样式值。注意，使用该方法获取的样式属性是只读的。

例 10.3　获取样式类 shape 中定义的宽度和高度属性。

```html
<!DOCTYPE html>
<html>
    <body>
        <div class="shape" id="shape" onclick="getStyle()"></div>
    </body>
</html>

<style>
    .shape{
        width:100px;
        height:100px;
        border:1px solid red;
    }
</style>

<script>
    var shape=document.getElementById("shape")

    function getStyle(){
        // 以下的结果为空字符串，即不能获取shape元素定义的样式属性
        //console.log(shape.style.width,shape.style.height)
        // 正确获取的属性为 100px 100px
        var cssStyle=window.getComputedStyle(shape)
        console.log(cssStyle.width,cssStyle.height)
    }
</script>
```

3. 使用 classList 修改样式

如果要为元素添加或移除样式，可以使用元素的 classList 属性。它是一个样式类对象，具有 add() 方法和 remove() 方法，分别用于动态添加和移除样式类，而其 contains() 方法用于判断是否存在指定的样式类，这三个方法的参数都使用已存在的样式类名。

例 10.4 实现在单击 div 元素时，使其在正方形和圆之间切换。

```html
<!DOCTYPE html>
<html>
    <body>
        <div id="shape" class="rect shape" onclick="toggle()">
            单击切换样式</div>
    </body>
</html>

<style>
    .shape{
        width:100px;
```

```
            height:100px;
            border: 1px solid red;
        }
        .rect{
            border-radius: none;
        }
        .circle{
            border-radius: 50%;
        }
    </style>

    <script>
        var shape=document.getElementById("shape")
        function toggle(){
            if(shape.classList.contains("rect")){
                shape.classList.remove("rect")
                shape.classList.add("circle")
            }
            else{
                shape.classList.remove("circle")
                shape.classList.add("rect")
            }
        }
    </script>
```

10.2.3 表单元素属性

对于表单元素的固有属性，我们可以使用"元素.属性"的方式获取。

1. 文本框

文本框具有 value 属性，代表用户输入的内容，因此我们可以使用 "元素.value" 方式来获取用户在文本框（包括多行文本框）中输入的内容。

例 10.5 判断用户输入的账号是否等于指定的值，并给出提示。

```
<!DOCTYPE html>
<html>
    <body>
        <input id="user" placeholder=" 请输入用户名 "/><br/>
        <input id="pwd" type="password" placeholder=" 请输入密码 "/><br/>
        <button onclick="login()"> 登录 </button>
    </body>
</html>

<script>
    var txtUser=document.getElementById("user")
```

```
    var txtPwd=document.getElementById("pwd")

    function login(){
        var user=txtUser.value
        var pwd=txtPwd.value

        if( user=="123" && pwd=="123"){
            alert("账号正确！")
        }
        else{
            alert("账号错误！")
        }
    }
</script>
```

2. 单选按钮

在一组单选按钮中，name 属性是相同的。使用 checked 属性来判断哪个单选按钮被选中，并使用 value 属性来获取它所代表的值。如果使用 getElementById() 方法来获取这些属性，需要为每个单选按钮指定不同的 id 值，逐个判断，这种做法导致代码冗余。

document 对象提供了 getElementsByName() 方法，使得我们可以同时获取多个具有相同 name 属性的表单元素对象。其用法如下：

```
getElementsByName（name 属性值）
```

说明：该方法的参数是 HTML 元素的 name 属性，返回值为一个集合对象。集合对象是一个包含数字索引和长度等属性的特殊类型。我们通常使用索引属性来获取其每个元素，可以作为数组使用。

例 10.6　在一组单选按钮中，获取被选中的单选按钮，并展示其值。

```
<!DOCTYPE html>
<html>
  <body>
    你的选择是：
    <input  name="key" type="radio" value="A" />A
    <input  name="key" type="radio" value="B" />B
    <p><button onclick="getKey()">查看选择</button></p>
  </body>
</html>
<script>
    function getKey(){
        var keys=document.getElementsByName("key")
        for(var i=0;i<keys.length;i++){
            if(keys[i].checked){
                alert("你的选择是："+keys[i].value)
```

```
                    break;
            }
        }
    }
</script>
```

3. 复选框

类似单选按钮，复选框的选中状态也是通过 checked 属性值来判断，并从 value 属性中获得其对应的值。需要注意的是，在一组复选框中，可能全选，也可能全不选。因此在循环语句中，需要对每个复选框的 checked 属性进行判断。

例 10.7 演示获取被选中的复选框及其对应的值。

```
<!DOCTYPE html>
<html>
  <body>
    你的选择是：
    <input    name="key" type="checkbox" value="A" />A
    <input    name="key" type="checkbox" value="B" />B
    <p><button onclick="getKey()">查看选择</button></p>
  </body>
</html>
<script>

    function getKey(){
        var keys=document.getElementsByName("key")
        var answer=""/* 保存被选中的复选框的值 */
        for(var i=0;i<keys.length;i++){
            if(keys[i].checked){
               answer+=keys[i].value
            }
        }
        alert(answer)
    }
</script>
```

4. 列表框

列表框存在单选（默认）和多选两种状态。在单选状态下，使用列表框对象的 value 属性即可获取被选中项的值；在多选状态下，需要使用列表框对象的 options 属性来进行判断。options 是一个集合对象，具有数组的特性，其中每个元素都是一个选项对象。我们通过逐个判断每个选项对象的 selected 属性值来判断列表项是否被选中。此外，当列表框选择发生改变时，将触发 change 事件。

例 10.8 如何获取单选列表框中被选中的项及其对应的值。

```
<!DOCTYPE html>
```

```
<html>
  <body>
    <select name="city" id="city" onchange="getValue()">
      <option>广州</option>
      <option>深圳</option>
      <option>东莞</option>
    </select>

    <p>选择结果是:<span id="sp"></span></p>
  </body>
</html>

<script>
  function getValue() {
    var sp = document.getElementById("sp");
    sp.innerText = event.target.value;
  }
</script>
```

在下面的示例代码中,演示了如何获取多选列表框中被选中的项,并将选中项的值逐个连接起来,显示在 span 标记中。

```
<!DOCTYPE html>
<html>
  <body>
    <select name="city" id="city" multiple size="4"
    onchange="getValue()">
      <option>广州</option>
      <option>深圳</option>
      <option>东莞</option>
    </select>
    <p>选择结果是:<span id="sp"></span></p>
  </body>
</html>

<script>
  function getValue(){
    var ops=event.target.options
    var str=""
    for(var i=0;i<ops.length;i++){
      if(ops[i].selected){
        str+=ops[i].value
      }
    }
```

```
        document.getElementById("sp").innerText=str
    }
</script>
```

10.3　DOM 元素查询

除了前面介绍的 getElementById() 和 getElementsByName() 方法，还可以使用下面几种查询方法或属性来获取 HTML DOM 元素。

10.3.1　getElementsByTagName() 方法

该方法是根据 HTML 标记名来查询元素，函数返回值为一个集合对象。

用法如下：

```
document.getElementsByTagName(" 标记名 ")
```

说明：方法的参数为 HTML 标记名，返回值为一个集合对象。集合对象具有索引、长度等属性。在使用索引属性时，可以将其作为数组使用。

例 10.9　使用标记名 p 来获取 HTML 文档中所有的段落元素并输出其文本。

```
<!DOCTYPE html>
<html>
  <body>
    <p> 段落 A</p>
    <p> 段落 B</p>
    <p> 段落 C</p>
  </body>
</html>

<script>
  var ps = document.getElementsByTagName("p");
  // 使用 for 循环
  for (var i = 0; i < ps.length; i++) {
    console.log(ps[i].innerText);// 属性是变量时，使用 [ ]，类似数组使用
  }
  // 使用 for...in 循环
  for (var index in ps) {
    // 只取属性为数字的值
    if (!isNaN(index)) console.log(ps[index].innerText);
  }
</script>
```

例 10.10　使用列表 ul 来模拟单选列表项，并为每个列表项关联 click 事件，在单击列表项时获取其文本并显示在 span 中。

```html
<!DOCTYPE html>
<html>
  <body>
    <ul id="list-ul">
      <li>A</li>
      <li>B</li>
      <li>C</li>
    </ul>
    <p>你选择的是：<span id="sp"></span></p>
  </body>
</html>

<script>
  function addEvent() {
    var lis = document.getElementsByTagName("li");
    var sp = document.getElementById("sp");

    for (var i = 0; i < lis.length; i++) {
      lis[i].addEventListener("click", function () {
        // 错误写法：sp.innerText =lis[i].innerText
        // 错误原因：i 将保持最后一个值 3, 而 lis[3] 不存在
        sp.innerText = this.innerText;
      });
    }
  }
  // 调用函数
  addEvent()
</script>
```

10.3.2 getElementsByClassName() 方法

该方法通过类名来查询元素，函数返回值为一个集合对象。
用法如下：

```
document.getElementsByClassName(" 类名 ")
```

说明：方法的参数为样式类名，类名不要使用 "." 前缀。该方法返回值为一个集合对象。
例 10.11　使所有包含 "btn" 类名的 HTML 元素，使其在鼠标悬停时，显示为白底黑字。

```html
<!DOCTYPE html>
<html>
  <body>
    <button class="btn">样式按钮 </button>
    <button>普通按钮 </button>
    <a href="#" class="btn">按钮链接 </a>
```

```
    <span class="btn">span 元素</span>
  </body>
</html>

<script>
  var btns = document.getElementsByClassName("btn");

  for (var i = 0; i < btns.length; i++) {
    btns[i].addEventListener("mouseover", function () {
      this.style.backgroundColor = "black";
      this.style.color = "white";
    });
  }
</script>
```

说明：鼠标悬停是指鼠标进入元素区域，或在该区域移动，其触发的事件为 mouseover。

注意：在 addEventListener 的匿名函数中，需要使用 this 代表当前调用该函数的对象，而不能使用 btns[i] 对象，因为这里的 i 始终保存最后一次循环的结果。

10.3.3 querySelector() 和 querySeletorAll() 方法

querySelector() 和 querySelectorAll() 方法也用于元素查询，通用性更强、更灵活，可以替代前面介绍的几种查询方法。

querySelector() 和 querySelectorAll() 的用法如下：

```
querySelector ( " 选择器 " ) // 返回第一个满足条件的元素
querySelectorAll ( " 选择器 " ) // 返回所有满足条件的元素
```

说明：两者用法相同，参数均为样式选择器。但 querySelector() 方法仅返回第一个满足指定选择器的对象，而 querySelectorAll() 方法返回所有满足指定选择器的对象，该对象是一个节点列表类型 NodeList，具有数组特性，可以作为数组使用。

注意：这两个方法不仅存在于 document 对象，也存在于任何其他 DOM 元素中，这样可在指定范围中查找元素，而不是整个文档范围。

以下是 querySelector() 方法的使用示例。

■ querySelector("#bt")：使用 id 选择器作为参数。注意，参数中使用 # 作为前缀，表示 id 选择器。该用法等价于 getElementById("bt")。

■ querySelector(".className")：使用类名作为参数。注意，参数中使用了 "." 作为前缀，表示类选择器，该用法等价于 getElementsByName("className")[0]。

■ querySelector("p")：使用标记名作为参数。注意，如果不使用任何其他前缀或符号，表示是 HTML 标记名，该用法等价于 getElementsByTagName("p")[0]。

■ querySelector("[type='button']")：使用属性作为参数。注意，属性使用中括号，可以使用属性运算符。如果使用 name 属性，如 querySelector("[name='radio']")，此时用法才等价于 getElementsByName("radio")[0]。

在上面的示例中，除了以 id 选择器作为参数使用外，如果要通过指定选择器来获取所有元素，那么我们需要使用 querySelectorAll() 方法。

10.3.4 其他方法获取元素

当获取一个 DOM 元素后，还可以通过以下属性间接获取其他元素，例如：

- parentElement：该属性用于获取当前元素的直接父元素。
- children：该属性用于获取当前元素的所有直接子元素，也是集合对象。
- previousElementSibling：该属性用于获取当前元素的上一个相邻元素，如果不存在，则为 null。
- nextElementSibling：该属性用于获取当前元素的下一个相邻元素，如果不存在，则为 null。

例如，假如 HTML 内容如下：

```
<ul id="ul">
        <li id="li1">列表项 1</li>
        <li id="li2">列表项 2</li>
        <li id="li3">列表项 3</li>
</ul>
```

那么，获取 id 为 li2 的元素后，输出其父元素和相邻元素的 id，代码如下：

```
var li2=document.querySelector("#li2")
console.log("li2 的父元素的 id 是："+li2.parentElement.id)
console.log("li2 的上一个相邻元素的 id 是："+li2.previousElementSibling.id)
console.log("li2 的下一个相邻元素的 id 是："+li2.nextElementSibling.id)
```

输出结果如图 10.3 所示。

```
li2的父元素的id是：ul
li2的上一个相邻元素的id是：li1
li2的下一个相邻元素的id是：li3
```

图 10.3　输出结果

10.4　应用实例——轮播图

轮播图是指一组图片中的每张图片在一定时间间隔和固定区域内循环显示。如果加上过渡效果，可以实现类似图片播放的功能。轮播图通常设计在网站首页，作为商品广告的图片链接来吸引用户注意力。

图 10.4 是轮播图实现的效果图，包含了三张循环显示的图片，其中最大高度的区域为图片显示区域，超出该区域的图片将被隐藏。

实现思路分析如下：

首先在页面添加一个 div，该 div 作为图片显示区域，其大小刚好容纳一张图片，这里使用样式类 disp 来实现其效果。再在该区域添加一个子元素 div（虚线部分），使用 img-list 样式类实现其效果。img-list 包含三个水平排列的图片链接，宽度为三个图片的总宽度。图片链接设置为行内块样式，这样可以设置每个链接的高度和宽度与 disp 一致。

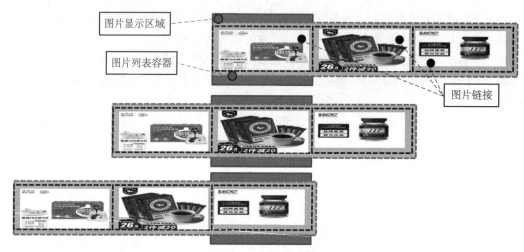

图 10.4　轮播图效果图

要使 disp 中的 div 每次显示其中一张图片，只需要向左移动整个图片列表容器 Img-list，使其移动的距离为一张图片的宽度，该效果可以通过设置 transform:translateX 属性来实现。

要移动图片列表容器 img-list，可以使用 window 对象的定时器方法，使其每隔一定的时间间隔执行移动操作。

需要考虑的操作是，鼠标在图片列表容器 img-list 悬停时，暂停移动操作；鼠标离开时，继续移动操作，这可以通过动态添加事件监听器和定义一个状态变量来实现。

另外，如果轮播图底部需要有指示当前图片移动位置的小圆点，在鼠标悬停到任意一个小圆点时，同步显示对应位置的图片，同样，可以为每个小圆点添加事件监听器来实现。小圆点实际是 disp 容器中使用绝对定位的一组 div。

具体实现代码如下：

```html
<!DOCTYPE html>
<html>
  <body>
    <div class="disp">
      <div class="img-list">
        <a href="#">
          <img src="./images/ad-1.avif" />
        </a>
        <a href="#">
          <img src="./images/ad-2.avif" />
        </a>
```

```html
      <a href="#">
        <img src="./images/2.jpg" />
      </a>
    </div>

    <div class="dot-list">
      <div class="dot" id="0"></div>
      <div class="dot" id="1"></div>
      <div class="dot" id="2"></div>
    </div>
  </div>
 </body>
</html>
```

```css
<style>
  * {
    box-sizing: border-box;
  }
  /* 轮播图显示区域 */
  .disp {
    width: 400px;
    height: 200px;
    border: 1px solid red;
    overflow: hidden;
    position: relative;
  }

  /* 图片列表的容器,让行内元素不换行 */
  .img-list {
    width: 1200px;
    height: 100%;

    /* 不换行 */
    white-space: nowrap;
     font-size: 0;

    /* 过渡 */
    transition: transform 0.5s;
  }

  .img-list a {
    display: inline-block;
    width: 400px;
    height: 100%;
```

```css
    }
    /*  图片大小  */
    .img-list a > img {
      width: 100%;
      height: 100%;
    }
    /*  小圆点容器  */
    .dot-list {
      width: 60px; /* 3*20px */
      height: 20px;
      font-size: 0;
      position: absolute;
      /*  容器底部居中  */
      left: 50%;
      margin-left: -30px;
      bottom: 0;
    }
    /*  小圆点  */
    .dot {
      width: 20px;
      height: 20px;
      display: inline-block;
      border-radius: 50%;
      background-color: red;
    }
</style>

<script>
  // 获取图片容器对象
  var imgList = document.getElementsByClassName("img-list")[0];
  // 暂停标志
  var pauseMove = false;
  // 图片容器初始位置
  var pos = 0;

  // 移动函数：定时移动图片容器的位置，同时改变圆点显示的下标
  function move() {
    // 先执行一次，初始化界面效果
    moveDot(pos);
    moveImg(pos);
    // 再启动定时器定时执行
    // 每隔1.5 s 移动一个图片，移动到最后一张后重新开始
    window.setInterval(function () {
      // 暂停执行定时器中的语句
```

```javascript
    if (pauseMove) return;

    moveImg(pos);
    moveDot(pos);

    // 改变位置
    pos += 400;
    if (pos > 800) pos = 0;
  }, 1500);
}

function moveImg(pos) {
  imgList.style.transform = "translateX(-" + pos + "px)";
}

var dots = document.getElementsByClassName("dot");
function moveDot(pos) {
  // 初始化背景
  for (var i = 0; i < dots.length; i++) {
    dots[i].style.backgroundColor = "gray";
  }

  // 设置当前 dot 背景
  var index = pos / 400;
  dots[index].style.backgroundColor = "red";
}

// 加强：鼠标悬停，移动到对应位置的图片
function addDotEvent() {
  for (var i = 0; i < dots.length; i++) {
    dots[i].addEventListener("mouseout", function () {
      pauseMove = false;
    });

    dots[i].addEventListener("mouseover", function () {
      pauseMove = true;

      // 当前第几个 dot, 计算位置
      pos = this.id * 400;
      moveDot(pos);
      moveImg(pos);
    });
  }
}
```

```
    function addImgEvent() {
      // 移动到容器则暂停移动
      var imgList = document.getElementsByClassName("img-list")[0];
      imgList.addEventListener("mouseover", function () {
        pauseMove = true;
      });

      imgList.addEventListener("mouseout", function () {
        pauseMove = false;
      });
    }

    // 调用函数，挂载事件
    addImgEvent();
    addDotEvent();
    // 调用函数，开始移动
    move();
</script>
```

代码说明：

- move() 函数实现的功能：启动定时器，每隔 1.5 s 执行一次函数参数中的代码，在该函数参数中，调用 moveImgv() 和 moveDot() 函数分别移动图片和高亮显示指示当前位置的小圆点，调用后，改变全局变量 pos 的位置，pos 以图片的宽度值递增，从而依次显示每一张图片。在此之前，使用全局变量 pauseMove 来判断是否需要暂停移动。
- moveImg() 函数实现的功能：根据传递过来位置参数 pos，使用位移属性 transform 中的 transalteX 样式，动态改变图片容器在水平位置，值为负数表示向左移动。
- moveDot() 函数实现的功能：因为使用小圆点位置来指示当前图片的位置，高亮对应的小圆点（背景色为红色），因此先恢复所有小圆点的样式（初始背景色为灰色），再根据位置参数 pos，计算当前是第几张图片，计算公式为：pos/400。这里的 400 是每张图片的宽度，然后将其作为圆点数组的下标，改变其背景色为红色。
- 两种情况下需要暂停图片的移动，即在定时器内部暂停执行移动图片和高亮小圆点的语句：鼠标在图片容器中悬停（这样就不用响应每一张图片的悬停事件）；鼠标在任意一个小圆点中悬停，不仅需要暂停，而且需要将图片移动到小圆点所指示的位置。同时，鼠标离开两者时，继续执行定时器中的语句。为此，自定义了两个函数：addImgEvent() 和 addDotEvent()。
- addImgEvent() 函数功能：为图片容器动态添加鼠标悬停事件和离开事件，将 pauseMove 全局变量设置为 true 和 false，以暂停或继续执行定时器中的代码。
- addDotEvent() 函数的功能：为每个小圆点添加鼠标悬停事件 mouseover，在该事件中改变全局变量 pauseMove 为 true，以暂停图片容器移动和小圆点高亮功能，同时，获取当前小圆点的 id 属性，该属性值代表当前小圆点的下标，同时也可以通过公式"this.id * 400"计算出其对应的图片的下标，调用 moveDot() 和 moveImg() 函数实现实时将图片容器移动到当前小圆点指示的位置。注意，鼠标离开小圆点时，需要恢复 pauseMove 的值为 false，以便继续执行图片移动和位置指示功能。

10.5 DOM 元素操作

除了查询存在的元素及对其属性进行操作，我们还可以动态创建新元素并添加到 DOM，也可以移除、替换和复制存在的元素等操作，从而实现页面的动态更新。

10.5.1 创建元素

使用 document 对象的 createElement() 方法可以动态创建 HTML 元素，其用法如下：

```
document.createElement("标记名")
```

说明：参数为元素的标记名，返回值为参数对应类型的对象。创建对象后，可以为该对象设置任意所需要的属性。

例如，创建段落元素，并设置段落文本。

```
var pEle=document.createElement("p")
pEle.innerText="这是一个段落"
```

注意：新创建的元素此时并未添加到 DOM 树，因此不会渲染到页面。如果要将其渲染到页面，需要通过追加或插入子元素的方法，将其添加到 DOM 树中。

10.5.2 追加子元素

使用 DOM 元素的 appendChild() 方法，可以将新创建的元素作为子元素添加到其他元素内部，其用法如下：

```
父元素.appendChild(新元素)
```

说明：上面方法实现将新元素作为最后一个子元素添加到父元素末尾。
例如，创建的 p 元素，并添加 body 元素末尾。

```
var pEle=document.createElement("p")
pEle.innerText="这是一个新段落"
document.body.appendChild(pEle)
```

说明：documnet 对象的 body 属性代表文档中的 body 元素。

10.5.3 插入子元素

如果要将一个子元素插入到另一个子元素之前，可以使 insertBefore() 方法，其用法如下：

```
父元素.insertBefore(元素A,元素B)
```

说明：在这里，表示将元素 A 插入到元素 B 之前。如果元素 B 为 null，那么元素 A 将作为子元素添加到父元素末尾，此时与 appendChild() 方法作用一致。

例如，假如有一个 div 包含一个段落 p，如图 10.5（a）所示，创建一个 H3 元素，插入到 p 之前；创建一个新段落，插入到 p 之后，执行效果如图 10.5（b）所示。

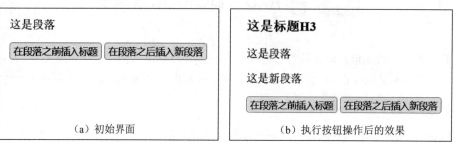

图 10.5 插入子元素

具体实现代码如下：

```
1.  <!DOCTYPE html>
2.  <html lang="en">
3.  <body>
4.      <div id="div">
5.          <p id="p">这是段落</p>
6.      </div>
7.      <button onclick="addTitle()">在段落之前插入标题</button>
8.      <button onclick="addPara()">在段落之后插入新段落</button>
9.  </body>
10. </html>
11.
12. <script>
13.     var div = document.getElementById("div")
14.     var p = document.getElementById("p")
15.
16.     function addTitle() {
17.         var title = document.createElement('h3')
18.         title.innerText = "这是标题H3"
19.         div.insertBefore(title, p)
20.     }
21.
22.     function addPara() {
23.         var p = document.createElement("p")
24.         p.innerText = "这是新段落"
25.         div.insertBefore(p, null)
26.         // div.appendChild(p)
27.     }
28. </script>
```

代码说明：
- 行 4～6：初始化界面，使其在一个 div 元素中包含一个子元素 p。
- 行 7：单击该按钮时，调用 addTitle() 函数实现在 p 之前插入新创建的标题 h3。
- 行 8：单击该按钮时，调用 addPara() 函数实现在 p 之后插入新创建的段落 p。
- 行 13～14：由于在两个函数中都使用到这两个对象，因此将其保存为全局变量。
- 行 16～20：创建 h3 元素，并设置其文本。div.insertBefore(title, p) 语句表示使用父元素 div 的方法，将 h3 作为子元素，添加到 p 之前。
- 行 22～27：创建 p 元素，并设置其文本，使用 div.insertBefore(p, null) 语句将新创建的段落添加到其末尾。这里的参数 2 为 null，这与使用 div.appendChild(p) 语句的作用相同。

10.5.4 在任意位置插入元素

appendChild() 和 insertBefore() 方法只能使用父元素对象来添加子元素，而以 insertAdjacent 为前缀的方法不仅可以在任意位置插入子元素，也可以在一个元素的开始标记或结束标记的前、后插入新元素。

例如，使用 insertAdjacentElement() 方法以对象的方式在指定位置插入一个元素，或者使用 insertAdjacentHTML() 方法以 HTML 字符串的方式插入元素。用法如下：

```
元素.insertAdjacentElement("位置字符串",元素)
元素.insertAdjacentHTML("位置字符串","HTML 字符串")
```

说明：位置字符串有以下四个取值。
（1）beforeend：结束标记之前，作为最后一个子元素插入新元素。
（2）afterbegin：开始标记之后，作为第一个子元素插入新元素。
（3）beforebegin：开始标记之前，在元素外部插入新元素。
（4）afterend：结束标记之后，在元素外部插入新元素。

例如，假定一个 div 包含一个段落 p，创建一个 h3 元素，作为第一个子元素插入到 div。
（1）HTML：

```
<div id="div">
    <p id="p"> 这是段落 </p>
</div>
```

（2）JavaScript：

```
<script>
var div=document.getElementById("div")
var h3Ele=document.createElement('h3')
h3Ele.innerText=" 这是标题 3"
div.insertAdjacentElement("afterbegin",h3Ele)
</script>
```

说明：语句 div.insertAdjacentElement（"afterbegin",h3Ele）表示将新元素 h3Ele 插入到 div 开始标记之后，即作为第一个元素。

而如果使用 insertAdjacentHTML() 方法插入元素，则可以省略创建元素的步骤，更加简单。上面的 JavaScript 代码也可以写为

```
var div = document.getElementById("div")
div.insertAdjacentHTML("afterbegin","<h3>这是标题3</h3>")
```

10.5.5 移除元素

使用父元素的 removeChlid() 方法可以移除指定的子元素，也可以使用元素的 remove() 方法移除自身，用法如下：

```
父元素.removeChild(子元素)
元素.remove()
```

例如，下面的代码在单击段落 p 时都可以将其移除。
（1）HTML：

```html
<p onclick="remove(this)">单击删除段落</p>
```

（2）JavaScript：

```javascript
function remove(obj) {
    // obj.parentElement.removeChild(obj)
    // 或者
    obj.remove()
}
```

10.5.6 替换子元素

可以使用 replaceChild() 方法将一个子元素替换为其他元素，其用法如下：
父元素.replaceChild(新元素，被替换的子元素)
例如，创建一个新的无序列表 newUL 代替已经存在的无序列表 ul。
（1）HTML：

```html
<ul id="ul">
    <li>列表1 </li>
    <li>列表2 </li>
</ul>
<button onclick="replace()">替换</button>
```

（2）JavaScript：

```javascript
function replace() {
    var newUL = document.createElement("ul")
    newUL.id="ul"
    newUL.insertAdjacentHTML("beforeend", "<li>A</A>")
    newUL.insertAdjacentHTML("beforeend", "<li>B</A>")
```

```
        var ul = document.getElementById("ul")
        ul.parentElement.replaceChild(newUL,ul)
    }
```

说明：newUL 新创建的无序列表，包含两个列表项，使用 replaceChild() 方法将 ul 在原地替换为 newUL。

10.5.7 复制元素

可以使用元素的 cloneNode() 方法复制（克隆）一个元素，其用法如下：

```
元素.cloneNode(true | false )
```

说明：当参数为 true 时，表示深复制，返回该元素及其所有所有后代元素，当参数为 false 时，表示浅复制，返回该元素及其属性，但不包含任何子元素，包括其文本。

例如，在 ul 中复制已存在的第一个列表项及其样式，改变文本后将其作为子项动态添加到其末尾。

（1）HTML：

```
<ul id="ul">
  <li id="li1" class="list" onclick="getText(this)">列表1 </li>
</ul>
<button onclick="addLi()">动态添加列表项</button>
```

（2）CSS：

```
<style>
    #ul {
        display: flex;
        list-style: none;
        padding: 0;
        margin: 0;
    }

    .list {
        padding: 4px 20px;
        border: 1px solid gray;
        border-radius: 4px;
        border-bottom-left-radius: 0;
        border-bottom-right-radius: 0;
    }
</style>
```

（3）JavaScript：

```
<script>
    var index = 0;
```

```
function addLi() {
    var ul = document.getElementById("ul")
    var li = ul.children[0].cloneNode(false)
    index = ul.children.length
    index++

    li.id = "li" + index
    li.innerText = "列表项" + index
    ul.appendChild(li)
}

function getText(obj){
    alert("你选择的是："+obj.innerText)
}
</script>
```

效果如图10.6所示。

（a）添加前　　　　　　　　（b）添加后

图10.6　效果

10.6　应用实例——制作动态图书列表

本例根据给出的一组图书数据（模拟从后端接口获得），动态创建一个包含图书信息的列表并将其展示到页面。每个列表项包含一本图书的信息，包括图片、书名、单价和简介。在每个列表项下方提供一个"购买"按钮，用户可以单击该按钮将商品加入购物车（购物清单，一个对象数组，每个元素包含商品信息和数量）。此外，用户还可以通过单击页面顶部的"查看购物车"按钮，在当前页面查看购物车中的商品信息。界面效果参考图10.7。

图10.7　运行效果

从后端获取的数据通常是一个数对象数组，每一个元素都包含一个商品信息的描述。由于当前我们还未涉足后端开发领域，因此直接提供如下数据：

```
var books= [
{ id: 1, name: '三国演义', img: 'sgyy.jpg', desc: '四大名著之一', price: 32 },
{ id: 2, name: '红楼梦', img: 'hlm.jpg', desc: '四大名著之一', price: 28 },
{ id: 3, name: '水浒传', img: 'shz.jpg', desc: '四大名著之一', price: 54 },
{ id: 4, name: '西游记', img: 'xyj.jpg', desc: '四大名著之一', price: 66 }
]
```

数据说明：id 是每本图书唯一的标识，name 表示书名，img 表示图片文件名，desc 表示图书简介，price 表示单价。

实例分析：

在制作一个动态的商品列表页面时，我们通常会先根据静态的内容制定好布局和图文样式，然后将已定义好样式的商品项作为模板，在不同标记填入相应的数据后，动态添加到页面的布局容器中。

此外，购物车的内容实际就是一个对象数组，每一个元素都是一个商品对象，保存购买的商品关键信息，如 id、商品名、单价和数量，通过对数组元素的添加、移除来生成购物清单。

具体实现代码如下：

1. **页面布局**

首先，根据需要展示的内容，规划好页面布局，如图 10.8 所示。

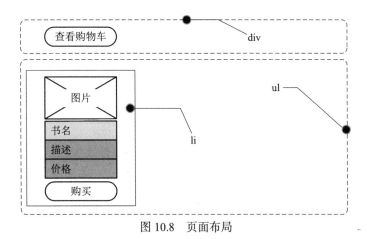

图 10.8　页面布局

在图 10.8 中，在页面顶部放置一个"查看购物车"按钮，为了使其与图书列表容器 ul 对齐，将其放置在一个页面居中的 div 块元素中，宽度与下方的无序列表 ul 一致。

接下来使用无序列表 ul 来包含列表项 li。使用弹性布局的方式使每个 li 在 ul 中水平排列，且可分行。这里设置 ul 宽度可以容纳四个 li。

每个列表项的内容包含图片，以及使用段落标记来显示书名、图书简介和价格，再在底部放置一个"购买"按钮。为每个元素添加适当样式，通过调试来获取满意的效果。

根据图 10.8 所示的布局效果，我们可以得到如下的文档结构和样式：

（1）HTML：

```html
<body>
  <div class="top">
<button onclick="showCart()">我的购物车</button></div>
  <ul id="book-list">
    <li id="">
        <img class="book-img" src="./images/hlm.jpg" />
        <p class="book-name">书名</p>
        <p class="book-desc">描述</p>
        <p class="book-price">价格</p>
        <button class="bt-buy" onclick="addCart(index)">
        购买</button>
    </li>
    <!-- 重复上面的内容来测试样式效果 -->
  </ul>
</body>
```

注意：在测试时，自行添加4～5个列表项查看样式效果，直到样式合适为止。接着将该列表项所有的内容和样式作为模板，按照模板内容和商品数据，使用动态创建列表项的方法添加到ul中。注意，在完成这些工作后，这些测试用的列表项最后都要删除。

（2）CSS：

```css
/* 注释1：顶部容器，与无序列表ul宽度一致，使两者对齐 */
.top {
    width: 1000px;
    margin: auto;
}

/* 注释2：图书列表容器 */
ul {
    list-style: none;
    padding: 4px;
    margin: auto;/* 页面居中 */
}
#book-list {
    width: 1000px;
    display: flex;/* 弹性布局 */
    flex-wrap: wrap;/* 可分行 */
}

/* 注释3：列表项大小 */
#book-list>li {
```

```css
        width: 200px;
        padding: 10px;
        margin: 4px;
        border: 1px solid #ccc;
    }

    /* 注释4：列表项各个元素的文本效果 */
    .book-img {
        width: 100%;
        height: 160px;
    }

    .book-name {
        font-weight: bold;
    }

    .book-desc {
        /* 段落文字如果超出宽度，显示省略号 */
        white-space: nowrap;
        overflow: hidden;
        text-overflow: ellipsis;
    }

    .book-price {
        color: red;
        font-weight: bold;
    }

    .bt-buy {
        width: 100%;
        padding: 4px;
        border: none;
    }
</style>
```

样式说明：

■ 注释1：包含"查看购物车"按钮的容器 div，其宽度与 ul 一致，margin:auto 语句实现元素在页面居中。

■ 注释2：去掉 ul 的列表符号，并使其有一定的内边距，margin:auto 语句使 ul 在页面居中，其与顶部 div 宽度一致，两者在页面对齐；将 ul 作为弹性容器，其列表项 li 将默认水平排列且可以分行。

■ 注释3：设置列表项宽度，使其在 ul 容器中一行可以显示四个列表项，超出 ul 宽度将换行显示。

- 注释4：该注释后面的样式用于设置列表项中各个子元素的文本样式。

2. 动态添加列表项

我们将已经定义好样式的列表项及其所有子元素作为模板。首先创建列表项对象，然后根据其包含的子元素来为其添加各个子项，每个子项的图片和文本来自商品数据，因此可以根据模板和数据构建子项的 HTML 字符串，通过插入 HTML 字符串的方式依次将其添加到列表项对象中。

例如，创建列表项，并添加图片元素，其示例代码如下：

```
var li=document.createElement("li")
li.id= 当前图书 id
var img="<img class='book-img' src='images/"+ 当前图书图片 +"'/>"
li.insertAdjacentHTML("beforeend",img)
```

在这里，首先创建列表项对象，设置其 id 属性，然后构建图片的 HTML 字符串，将其作为子元素添加到列表项。注意，最后要将列表项 li 需要添加到无序列表容器 ul 元素中。

根据上面的思路和方法，我们使用一个自定义函数 createBookList() 来实现动态创建所有列表项，最后动态添加到 ul 中。具体实现的代码如下：

```
// 创建和添加列表项
function createBookList(){
  var booklist = document.getElementById('book-list')
  for(var i=0;i<books.length;i++){
    var li=document.createElement("li")
    li.id=books[i].id
    var img="<img class='book-img'
         src='images/"+books[i].img+"'/>"
    var bookName="<p class='book-name'>"+books[i].name+"</p>"
    var desc="<p class='book-desc'>"+books[i].desc+"</p>"
    var price="<p class='book-price'>"+books[i].price+"</p>"
    var buy="<button class='bt-buy'
     onclick='addCart("+i+")'> 购买 </button>"
    li.insertAdjacentHTML("beforeend",img)
    li.insertAdjacentHTML("beforeend",bookName)
    li.insertAdjacentHTML("beforeend",desc)
    li.insertAdjacentHTML("beforeend",price)
    li.insertAdjacentHTML("beforeend",buy)
    booklist.insertAdjacentElement('beforeend',li)
  }
}
// 页面加载时，调用该函数
window.onload=createBookList()
```

注意：createBookList() 函数调用之前，需要将 ul 标记之间的静态列表项数据删除。

现在，页面的图书列表将由 createBookList() 函数动态创建，其运行效果如图 10.7 所示。

3. 添加到购物车

单击"购买"按钮时,调用 addCart() 函数将对应的图书信息保存到一个对象数组 carts 中,该数组的每一个元素都是对象,保存当前购买的图书信息。carts 的结构如下:

```
var carts=[
    {id:图书ID,name:'书名',price:图书单价,num:数量}
    ... /*其他更多对象*/
]
```

其中,id、name 和 price 属性值来自当前选中的图书对应的属性值,而表示购买数量的 num 是额外添加的自定义属性。对于一个 JavaScript 对象而言,你可以自行添加任意所需要的属性。

添加到购物车的函数 addCart() 实现如下:

```
1.   var carts = []
2.   function addCart(index) {
3.       var id = books[index].id
4.       var ele = carts.find(function (ele) {
5.               return ele.id == id
6.           })
7.
8.       if (ele) ele.num++
9.       else {
10.          carts.push({
11.                  id: books[index].id,
12.                  name: books[index].name,
13.                  price: books[index].price,
14.                  num: 1
15.              })
16.      }
17.  }
```

代码说明:

- 行 1:定义并初始化购物车数组 carts。
- 行 2:addCart() 函数的参数 index 是在动态创建列表项时传入的 books 数组元素的下标,根据该下标可以定位到当前 books 元素,从而获取所选择的图书信息。
- 行 3:根据下标 index,从 books 数组中获取当前选择购买的图书的 id。
- 行 4~6:使用数组查询方法 find(),根据当前图书 id 查询当前图书是否已经存在购物车数组 carts 中,如果存在,则返回该对象,否则返回 null。
- 行 8:判断购物车是否已经存在该商品,存在则数量加 1。
- 行 9~16:如果购物车不存在该商品,那么将当前图书的 id、name、price 和数量 num 来构建图书对象,并使用数组添加元素的方法 push() 将其添加到 carts,此时数量 num 初始化为 1,表示首次购买,这样,当再次购买同一本图书时,不会创建新的图书对象,仅使其数量加 1。

4. 查看购物车内容

为了简单起见，这里将购物车数组的内容使用字符串方式连接起来，并计算总金额，最后使用信息对话框的方式展示出来。

查看购物车函数 showCart() 具体实现代码如下：

```javascript
function showCart() {
    var str = "ID|书名|单价|数量 \n"
    str += "-------------------\n"
    var total = 0
    for (var i = 0; i < carts.length; i++) {
        str += carts[i].id +
        "|" + carts[i].name +
        "|" + carts[i].price +
        "|" + carts[i].num + "\n"
        // 计算总金额
        total += carts[i].price * carts[i].num
    }
    // 总金额保留两位小数
    total = total.toFixed(2)
    str += "-------------------\n"
    alert(str + "总金额是：" + total)
}
```

当单击页面顶部"查看购物车"按钮时，可以看到类似图10.9所示的效果。

图 10.9 购物车数据展示

小　　结

本章深入探讨了DOM（文档对象模型）的相关知识，为我们在JavaScript中操作HTML文档提供了有力的工具。

首先，明确了DOM的基本概念，即DOM是一个与平台和语言无关的应用程序接口（API），它将整个文档映射为一个由节点层次构成的单一对象。通过DOM，我们可以遍历和修改HTML文档的结构、内容和样式。

接着，介绍了 DOM 元素的事件及其处理。事件是 DOM 编程中非常重要的概念，它允许我们在用户与网页交互时执行特定的 JavaScript 代码。我们学习了如何为 DOM 元素绑定事件监听器，并在事件发生时执行相应的处理函数。

随后，我们详细讨论了如何使用 document 对象的 getElementById() 方法获取 HTML 元素的内容属性、样式属性和表单元素属性。这个方法允许我们根据元素的 ID 快速定位到特定的 DOM 元素，并获取或修改其属性。

此外，我们还介绍了元素查询的常用方法，如 getElementsByClassName()、getElementsByTagName() 等，这些方法为我们提供了更灵活的方式来选取和操作 DOM 元素。

最后，我们学习了如何使用 document 对象的其他方法来实现 DOM 元素的创建、添加、插入、移除、替换和复制。这些方法使得我们能够在 JavaScript 中动态地修改 HTML 文档的结构，实现页面的动态效果和交互功能。

通过本章的学习，我们掌握了 DOM 编程的基本知识和技巧，为后续开发更具交互性和动态性的网页应用打下坚实的基础。

习　　题

一、填空题

1. DOM 是 Document Object Model 的缩写，它是 HTML 文档的一种对象模型和一组_____。
2. 在 DOM 编程中，_____是用户与网页交互时执行特定 JavaScript 代码的机制。
3. 使用 document 对象的_____方法，我们可以根据元素的 ID 获取 HTML 元素。
4. 通过 DOM，我们可以获取或修改 HTML 元素的内容属性、_____属性和表单元素属性。
5. 除了 getElementById()，我们还可以使用_____和 getElementsByTagName() 等方法来选取 DOM 元素。
6. 使用 document 的_____方法，我们可以创建一个新的 DOM 元素。
7. 要将新创建的 DOM 元素添加到文档中，我们可以使用_____或 appendChild() 等方法。
8. 如果需要移除一个 DOM 元素，我们可以使用其_____方法。
9. 要替换一个 DOM 元素，我们可以先使用 removeChild() 方法移除它，然后再使用_____方法添加新的元素。
10. DOM 元素的_____方法允许我们创建该元素的一个副本。

二、选择题

1. DOM 指的是（　　）。
   A. 文档对象模型　　　　　　　　　　B. 文档对象方法
   C. 文档对象标记　　　　　　　　　　D. 文档对象语言
2. 在 JavaScript 中，（　　）方法用于获取具有特定 ID 的 DOM 元素。
   A. getElementById()　　　　　　　　B. getElementByName()
   C. getElementByClass()　　　　　　　D. getElementByTag()

3. (　　) 事件在用户点击 DOM 元素时触发。
A. onload
B. onclick
C. onmouseover
D. onsubmit

4. 如果想获取页面中所有具有特定类名的元素，应该使用 (　　) 方法。
A. getElementsById()
B. getElementsByClassName()
C. getElementsByTag()
D. getElementsByName()

5. 在 DOM 中，(　　) 创建一个新的元素。
A. 使用 document.createElement() 方法
B. 使用 document.createNode() 方法
C. 使用 document.addElement() 方法
D. 使用 document.newNode() 方法

6. (　　) 方法用于将一个 DOM 元素添加到另一个 DOM 元素的子元素列表中。
A. appendChild()
B. insertChild()
C. addElement()
D. addNode()

7. 要从 DOM 中移除一个元素，应该使用 (　　) 方法。
A. removeChild()
B. deleteElement()
C. removeNode()
D. deleteChild()

8. 在 DOM 中，(　　) 替换一个现有的元素。
A. 使用 replaceChild() 方法
B. 使用 swapElement() 方法
C. 使用 changeElement() 方法
D. 使用 replaceNode() 方法

9. (　　) 属性用于获取或设置 HTML 元素的内容。
A. innerText
B. textContent
C. innerHTML
D. both A and C

10. 要复制一个 DOM 元素，应该使用 (　　) 方法。
A. cloneNode()
B. copyNode()
C. duplicateElement()
D. cloneElement()

第 11 章

BOM

学习目标

- ❖ 理解浏览器对象模型的基本概念。
- ❖ 熟悉 location 对象的功能、常用属性和方法，实现页面导航。
- ❖ 了解 navigator 对象的作用和关键属性，了解浏览器信息。
- ❖ 了解 history 对象的作用，运用其属性和方法，实现页面导航控制。
- ❖ 了解通过 screen 对象的常用属性来获取屏幕信息。
- ❖ 理解事件的传播机制，学会阻止事件的默认行为。
- ❖ 熟练运用 Web Storage 对象，实现本地数据的存储与访问。

BOM（browser object model，浏览器对象模型），主要用于控制浏览器的一些行为和特征。BOM 对象模型结构如图 11.1 所示。

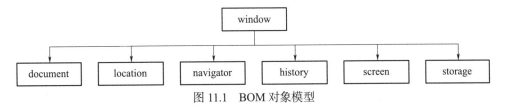

图 11.1　BOM 对象模型

从图 11.1 中可以看出，window 对象是 BOM 的顶层对象，代表浏览器窗口。此外，它也是 document 对象和其他对象的父对象。由于每个对象都拥有众多的属性或方法（可以通过 console.log 语句将其输出到控制台进行观察），因此，在本章中，将结合实际开发中常见的场景，重点介绍 BOM 模型中对象的常用方法和属性。

11.1　window 对象

window 对象是指浏览器窗口对象。我们可以通过 window 对象的属性来访问浏览器当前窗口的尺寸和位置，同时其提供的方法也可以控制浏览器窗口的行为，例如在新窗口打开页面、关闭当前窗口以及滚动页面内容等操作。在使用 window 对象的方法和属性时，可以省略 window 前缀，例如前面章节介绍的对话框和定时器的方法。此外，JavaScript 中声明的变量和自定义函数，也会被自动视为 window 对象的属性和方法。

以下是 window 对象在实际应用中常见的使用场景。

1. 打开和关闭窗口

在浏览器中打开一个页面以实现类似单击链接的功能，我们可以使用 window.open() 方法，其用法如下：

```
window.open(URL,Target,Feature)
```

属性说明：

- URL：表示需要在浏览器打开的页面的 URL，其余参数可选。默认情况下，URL 将在新窗口打开。例如，在新窗口打开 main.html 页面：

```
window.open("main.html")
```

- Tartget：表示打开 URL 的目标位置，其取值与链接标记属性 href 相同。当取值为 _blank（默认值）或省略该参数时，表示在新窗口打开；取值为 _self 时，表示在当前窗口打开。以下语句将在当前窗口打开 main.html 页面。

```
window.open("main.html","_self")
```

- Feature：一个以逗号分隔的特征字符串，用来描述新建浏览器窗口的特征，如宽度和高度等。其他特征如是否显示滚动条、工具栏和地址栏等，这些特征量较少使用，且由于存在浏览器兼容性问题，故不作介绍。

以下语句表示在新窗口打开链接"http:/www.sample.com"，并设置新窗口高度和宽度为 100 px。

```
window.open("http:/www.sample.com","_blank","width=100,height=100")
```

> **注意**：如果使用参数 Feature 设置新窗口的宽度和高度，并指定 target 参数的值为默认值或 _blank 时，将启动另外一个浏览器应用程序，并新建窗口打开该 URL。如果不使用 Feature 参数，该页面将在浏览器的新选项卡窗口中打开。

window.open() 方法会返回一个指向新建窗口的 window 对象，我们可以使用该对象的 close() 方法关闭打开的新窗口，该方法没有参数。

例如，关闭使用 window.open() 打开的窗口：

```
win=window.open("index.html")
win.close()
```

如果要关闭当前窗口，可以直接使用 window.close() 语句。

2. 窗口移动

如果要使浏览器窗口移动到屏幕指定的位置，可以使用下面的方法：

```
window.moveTo(x,y)
window.moveBy(x,y)
```

属性说明：

x，y 分别表示当前窗口在屏幕的水平和垂直方向移动的距离。两个方法都是将当前窗口移动到屏幕的指定位置，moveBy() 表示相对当前位置的移动距离，而 moveTo() 表示相对屏幕左上角的距离。

注意：这两个方法仅适用于使用 window.open() 方法在新浏览器窗口打开，并在目标页面内使用才有效。

3. 使页面内容滚动

如果要使页面内容在浏览器窗口中滚动，类似使用鼠标操作滚动条效果，可以使用下面方法：

```
window.scrollTo(x,y)
window.scrollBy(x,y)
```

属性说明：

x，y 表示在当前窗口中，页面内容在水平和垂直方向移动的距离。scrollTo() 方法表示滚动到距离窗口左上角的位置；而 scrollBy() 方法表示相对当前位置移动，其可以连续移动。

注意：这两个方法都是在当前窗口具有滚动条时有效。

例如，使页面从某个位置回浏览器顶部：

```
window.scrollTo(0,0)
```

11.2　location 对象

location 是 window 的子对象，该对象的属性保存了当前页面 URL 的详细信息。此外，location 对象还提供了跳转到其他页面的方法和属性。

假定有以下 URL：

```
http://www.sample.com:80/abc.html#shoe
https://www.sample.com:80/abc.html?id=10&price=190
```

那么，location 对象的属性及其含义如下：

- href：该属性表示当前页面完整的 URL，如上面示例语句。
- protocol：使用的协议，如 http 和 https。
- hostname：服务器域名或 IP 地址，如 http://www.sample.com。
- post：端口号，如 80。
- pathname：服务器根目录下的文件名，如 abc.html。

- hash：返回 # 后面的内容，如 shoe。
- search：表示 URL 问号后面的查询字符串，如 ?id=10&price=190。该属性使得我们可以重定向到目标页面时，传递一些简单的数据。

注意：href 属性可读可写。当为 href 赋值时，将重定向到目标页面。例如，下面的语句将重定向到 index.html 页面：

```
location.href="index.html"
```

该语句等价于：

```
window.open("index.html","_self")
```

location 对象主要方法包括：
- reload（）：重新加载当前页面，相当于页面刷新。
- replace（URL）：重定向到指定的页面，如 replace("index.html")。

replace() 方法和 href 属性都可以实现页面的重定向。两者的区别在于，使用 replace() 方法后，无法使用浏览器的回退按钮返回上一页，而使用 href 属性则可以。
- assign（URL）：重定向到指定页面。使用该方法后，可以使用浏览器的回退按钮返回上一页，与使用 href 属性的作用相同。

11.3 navigator 对象

navigator 是 window 的子对象，我们可以通过访问其属性来获取与浏览器和操作系统相关的信息。navigator 对象常用的属性如下：
- appCodeName：获取浏览器的内部代码名。
- appName：获取浏览器的名称。
- appVersion：获取浏览器的平台和版本信息。
- language：获取当前浏览器的语言，如 zh-CN。
- cookieEnabled：浏览器中是否启用 cookie，结果为 true 或 false。
- onLine：浏览器是否处于在线模式，结果为 true 或 false。
- platform：获取运行浏览器的操作系统平台。
- userAgent：返回浏览器的厂商和版本信息，即浏览器运行的操作系统、浏览器的版本、名称。

我们可以使用以下代码在控制台输出 navigator 对象的部分属性：

```
console.log("appCodeName=",navigator.appCodeName)
console.log("appName=",navigator.appName)
console.log("appVersion=",navigator.appVersion)
console.log("language=",navigator.language)
console.log("cookieEnabled=",navigator.cookieEnabled)
```

```
console.log("onLine=",navigator.onLine)
console.log("platform=",navigator.platform)
console.log("userAgent=",navigator.userAgent)
```

结果可能如下：

```
appCodeName= Mozilla
appName= Netscape
appVersion= 5.0 (Windows)
language= zh-CN
cookieEnabled= true
onLine= true
platform= Win32
userAgent= Mozilla/5.0 (Windows NT 10.0; Win64; x64; rv:120.0)
Gecko/20100101 Firefox/120.0
```

注意：不同的浏览器输出的内容不一定完全相同。

11.4 history 对象

history 是 window 的子对象，保存用户在浏览器中访问过的历史记录数。主要属性和方法如下：

- length：当前历史记录条数。
- back( )：返回到历史记录中的上一条记录，等同在浏览器中单击"上一页"按钮。
- forward( )：前往历史记录中的下一条记录，等同在浏览器中单击"下一页"按钮。
- go(n)：打开指定的历史记录中指定位置的页面，n 大于 0，表示前进，n 小于 0 表示回退。例如，在当前页面中，返回上一个页面。

```
history.go(-1)   // 或 history.back()
```

11.5 screen 对象

如果要获取用户屏幕的信息，可以通过访问 screen 对象的属性来实现。此外，screen 对象也是 window 属性，其主要属性如下：

- width：浏览器窗口所在的屏幕的宽度，单位为像素。
- availWidth：浏览器窗口可用的屏幕宽度，单位为像素。
- height：浏览器窗口所在的屏幕的高度，单位为像。
- availHeight：浏览器窗口可用的屏幕高度，不包含任务栏等不可用的高度。单位为像素。

11.6 浏览器事件对象 event

在浏览器中触发事件时，浏览器将创建一个名为 event 事件对象，并将其作为隐式参数传递给事件处理函数。event 对象代表事件的状态，例如触发事件的目标对象、键盘按键的状态以及鼠标按键和位置等。

本节主要讨论 event 对象两种常见的应用场景。

1. 事件传递

当一个 DOM 元素触发事件时，该事件会根据其在 DOM 树中层次结构，按照父子关系逐级进行传递。根据传递方向的不同，事件可以被划分为两种模式：事件冒泡和事件捕获。

事件冒泡是指事件从触发事件的 DOM 元素开始，逐级向上传递给父元素和祖先元素，直到到达顶层的 document 元素。在这个传递过程中，任何 DOM 元素都可以捕获并响应同类型事件。这也是默认的事件传递方向。而事件捕获则刚好相反，它是从触发事件的 DOM 元素开始，向下逐级传递至位于事件触发区域内的子元素和孙子元素。图 11.2 是事件传递方向示意图。

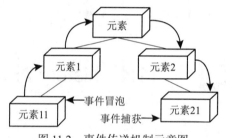

图 11.2　事件传递机制示意图

在图 11.2 中，元素包含两个子元素：元素 1 和元素 2，而两者又分别包含子元素 11 和子元素 21。在这个层次结构中，假定元素 11 使用事件冒泡方式，而元素 21 使用事件捕获方式。

以鼠标单击元素 11 为例，单击事件（click）将从元素 11 开始触发，然后传递到元素 1，再传递到元素，最后到达 document 元素（未在图中明确标识）。相反，如果单击元素 21，那么首先由顶级元素（document）捕获到单击事件，再传递给元素，接着传递给元素 2，最后才传递到元素 21。

由于事件可以逐级传递，常常需要确定触发事件的源对象和处理事件的当前对象。在事件处理函数中，我们可以借助 event.target 属性来获取触发事件的源对象。同时，还可以使用 event.currentTarget 属性来获取触发事件的当前对象。当一个元素不存在子元素的情况下，这两个属性的值将是相同的。

例 11.1　使用事件冒泡方式，输出事件源对象和当前对象的 id 值。

在页面中，用一个块元素 div1 作为父元素，其内部嵌套了另外一个块元素 div2，而 div2 则包含一个按钮元素，这三者的结构层次关系如图 11.3 所示。我们为三个元素的 onclick 事件属性绑定同一个事件处理函数 getID，该函数主要功能是输出事件源对象和当前对象的 id 值。在单击任何元素时，观察和分析其触发事件的顺序。

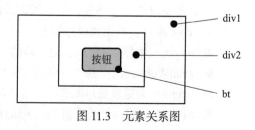

图 11.3　元素关系图

具体实现代码如下：

（1）HTML：

```
<div id="div1" onclick="getID()">
  <div id="div2"  onclick="getID()">
     <button id="bt"  onclick="getID()">查看</button>
  </div>
</div>
```

（2）CSS：

```
<style>
div{display: flex;justify-content: center;align-items:center;}
#div1{width:200px;height:100px;border: 2px solid black;}
#div2{width:100px;height:60px;border: 2px solid black;}
</style>
```

说明：使用弹性布局使元素居中，便于观察。

（3）JavaScript：

```
<script>
function getID(){
   alert("事件源 id: "+event.target.id+",当前元素 id: "
   +event.currentTarget.id)
      }
</script>
```

代码说明：在 HTML 中，我们使用了内联方式来关联事件处理函数。内联方式的事件传递默认采用冒泡模式。当单击按钮时，该按钮将首先触发 click 事件并执行 getID() 函数，然后该事件将依次传递给 div2 和 div1。由于他们都监听了该事件，所以也会依次执行 getID() 函数。最终的执行结果将依次弹出三个对话框，如图 11.4 所示。在这种情况下，getID() 函数中的 event.target 是指首先触发事件的对象，即按钮 bt，而 event.currentTarget 是当前执行事件处理函数的对象，依次为：bt、div2 和 div1。

如果仅仅单击 div2，事件源对象将是 div2，最后将弹出两个对话框，这表明事件是逐级向上传递的。

图 11.4　运行结果

如果不希望事件逐级传递，可以在事件处理函数中，使用 event 对象的 stopPropagation() 方法来实现。其用法如下：

```
event.stopPropagation()
```

执行该语句后，当前元素触发的事件只执行其绑定的事件处理函数。

如果要改变事件传递方向，那么需要借助 addEventListener() 方法来实现。其用法如下：

```
元素.addEventListener(事件名,事件处理函数,true|false)
```

说明：参数 3 默认为 false，表示使用事件冒泡方式，而取值为 true 时表示使用事件捕获方式。

> **注意**：在绑定事件处理函数时，只有使用 addEventListener() 方法，才能改变事件传递方向，而无法使用内联方式和属性方式来实现。

2. 阻止默认事件

某些元素在事件触发时具有默认的行为，例如，单击链接时会自动跳转到指定的目标页面，单击表单中的按钮时，表单会自动提交。如果我们期望阻止这些元素的默认行为，可以对它们的默认事件进行监听，并在其相应的事件处理函数中使用 event.preventDefault() 方法来阻止。

例 11.2 阻止链接的默认行为，使其仅执行我们自定义的操作，而不是跳转到目标页面。

具体代码如下：

HTML：

```html
<a href="index.html" onclick="goto()">单击试试</a>
```

JavaScript：

```javascript
function goto(){
    event.preventDefault()
    alert("是否重定向到目标页面了？")
}
```

这样，单击链接时，并不会跳转到 index.html 页面，而是弹出一个信息对话框。

下面的代码将阻止表单的提交。

HTML：

```html
<form onsubmit="check()">
    <input />
    <button>提交</button>
</form>
```

JavaScript：

```javascript
function check( ){
    event.preventDefault()
    alert("模拟验证数据，该表单不会执行提交操作")
}
```

代码说明：

■ submit 是表单默认的事件，在单击表单内的按钮时触发。由于事件处理函数包含阻止了表单默认行为的语句 event.preventDefault()，因此，单击按钮时该表单不会提交。

■ 在表单提交之前，通常需要校验表单数据。校验无误后，如果需要提交表单，可以使用表单对象的 submit() 方法。

例如，在上面的 check() 函数的最后加入下面的语句后，将执行表单的提交操作。

```
// 如果需要在验证数据后提交表单，可以执行表单的 submit 方法
  event.target.submit()
```

11.7　Web Storage

　　Web Storage 是 HTML5 提供的实现本地数据存储的 API，它包含两个具体的实例：localStorage 和 sessionStorage。两者都实现了 Storage 接口的所有方法和属性，并作为 window 对象的属性存在。其中 localStorage 用于数据的持久性存储，即使用户关闭了浏览器或重启计算机后，使用该对象存储的数据依旧存在，通常用来存储如用户登录账号等需要长久保存的信息；而 sessionStorage 属于会话级的存储对象，其数据仅在当前会话期间有效。当浏览器关闭后，sessionStorage 存储的数据将被自动清除，因此，它通常用来临时保存一些信息，例如购物车中的商品数据或表单的输入项等。

　　由于 sessionStorage 和 localStorage 具有相同的属性和方法，因此这里以 localStorage 存储对象为例，介绍其常用方法和属性的使用。

1. 保存数据

　　语法：

```
localStorage.setItem(key,value)
```

　　说明：数据使用键/值对形式保存在本地。其中 value 为字符串类型的数据。如果值为对象类型，可以使用 JSON 对象的 stringify() 方法将对象转换为字符串进行保存。

　　例如，下面的代码保存用户名：

```
localStorage.setItem("username","张三")
```

　　下面的代码将一个对象保存到本地：

```
var book={id:1,bookName:"三国演义", price:12.3}
localStorage.setItem("book",JSON.stringify(book) )
```

　　JSON 对象有两个主要的方法：stringify() 和 parse()。stringify() 方法的功能是将 JavaScript 对象或数组转换为字符串的形式，而 parse() 方法的功能是字符串解析还原为 JavaScript 对象或数组。用法如下：

```
JSON.stringify(对象或数组)
JSON.parse(字符串)
```

2. 读取数据

　　语法：

```
localStorage.getItem(key)
```

说明：该方法根据关键字来查询数据项的值。如果关键字不存在，则返回 null 值。
例如，下面的语句将读取数据项中关键字为 username 的值。

```
localStorage.getItem("username")
```

如果原始数据是对象，使用 JSON 的 parse() 方法将其还原为对象，例如：

```
var book=localStorage.getItem("book")
book=JSON.parse(book)
```

3. 删除数据
如果要删除某一个数据项，使用 removeItem() 方法，其参数为数据项中的关键字。其用法如下：

```
localStorage.removeItem( key )
```

而如果要清除全部数据项，则可以使用 clear() 方法，其用法如下：

```
localStorage.clear( )
```

例如，以下语句将删除关键字为 username 和 book 的数据项。

```
localStorage.removeItem("username")
localStorage.removeItem("book")
```

4. 列举数据
在 localStorage 中，length 属性表示当前数据项的数量，而其 key() 方法则可以获取数据项中指定索引的关键字。因此，我们可以通过循环语句逐一检索每个索引位置的关键字，并使用这些关键字作为 getItem() 方法的参数来获取相应数据项的值。

例如，以下的代码可以在浏览器的控制台输出数据项中的所有键值对。

```
for(var i=0;i<localStorage.length;i++){
  var key=localStorage.key(i)
  var value=localStorage.getItem(key)
  console.log(key,"=",value)
}
```

11.8 应用实例——实现登录功能

设计一个登录页面，界面布局如图 11.5 所示，保存为 login.html。

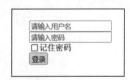

图 11.5 登录界面

要求实现如下功能：

（1）假定用户账号的用户名和密码都是123。

（2）如果用户在登录界面输入了正确的账号，且勾选了"记住密码"复选框，那么在单击"登录"按钮后，将账号信息保存在本地，并跳转到index.html页面。如果用户从index.html页面返回或重启浏览器时，自动填写用户账号信息。如果用户在登录时没有勾选"记住密码"复选框，则在登录成功后，清除已经保存的账号信息，并跳转到index.html页面。

（3）如果用户输入账号错误，则弹出信息对话框，提示用户重新输入。

（4）在index.html中，显示当前登录用户的欢迎信息。如果用户未经验证直接打开该页面，则自动跳转到登录页面，强制要求用户进行登录操作。

具体实现如下：

1. 登录页面

根据以上要求，我们首先画出实现登录过程的流程图，如图11.6所示。

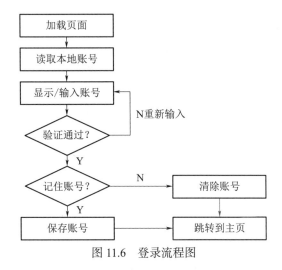

图11.6 登录流程图

在加载登录页面时，我们试图从本地读取用户的账号信息。如果读取成功，则将账号信息填充到登录表单，并勾选"记住密码"选项；如果读取失败，则等待用户输入账户信息。当用户单击"登录"按钮后，获取账号信息并进行验证。如果账号错误，弹出对话框提示用户重新输入；如果账号正确，根据用户是否勾选"记住密码"选项，重新保存或清除本地账号数据，最后跳转到主页index.html。

具体实现代码如下：

（1）HTML：

```
<input id="user" placeholder="请输入用户名"/><br/>
<input id="pwd" type="password" placeholder="请输入密码"/><br/>
<input id="remember" type="checkbox"/>记住密码<br/>
<button onclick="login()">登录</button>
```

（2）JavaScript：

```
1.    <script>
```

```
2.    var user = document.getElementById("user")
3.    var pwd = document.getElementById("pwd")
4.    var rem = document.getElementById("remember")
5.
6.    function getAccount() {
7.        var u = localStorage.getItem("user")
8.        var p = localStorage.getItem("pwd")
9.        if (u && p) {
10.           user.value = u
11.           pwd.value = p
12.           rem.checked = true
13.       }
14.   }
15.
16.   function login() {
17.       sessionStorage.removeItem('flag')// 初始化
18.       if (user.value == '123' && pwd.value == '123') {
19.          if (rem.checked) {
20.             localStorage.setItem('user', user.value)
21.             localStorage.setItem('pwd', pwd.value)
22.          }
23.          else {
24.             localStorage.removeItem('user')
25.             localStorage.removeItem('pwd')
26.          }
27.          sessionStorage.setItem("flag",user.value)
28.          location.replace(index.html')
29.       }else   alert("账号错误，请重新输入！")
30.   }
31.
32.   window.onload = getAccount ()
33.   </script>
```

代码说明：

■ 行2～4：获取表单元素。由于多个函数都会使用到这些表单元素，因此将其保存为全局变量。注意，这里获取的仅仅是表单元素，而不是值。

■ 行6～14：getAccount() 函数的功能是获取本地保存的数据项，即用户名 user 和密码 pwd。如果两者同时存在，说明它们在上一次操作时已经保存，因此在行11和12中将读取的数据项显示在对应文本框中，并勾选"记住密码"复选框。

■ 行16～29：login() 函数的功能是用于验证用户输入的用户名和密码是否匹配。如果账号信息正确，进一步检查用户是否勾选了"记住密码"复选框。若选中，则重新保存用户名和密码，以便下次打开页面时可以自动填充。如果没有勾选，则清除账号数据。

■ 在行27中，为了能够在 index.html 页面中判断用户的登录状态，这里使用会话存储对象 sesionStorage，将用户名保存到键名为"flag"的数据项中。该数据项将作为用户登录成功的标识。同时，index.html 页面会读取该数据项，以显示用户的欢迎信息。

- 在行 28 中，使用 location.replace() 方法跳转到 index.html 页面。需要注意的是，该方法禁用了浏览器的后退按钮，以避免用户登录成功后因误操作重新返回到登录页面。
- 行 32：页面打开或刷新时将触发页面的加载事件 onload，此时调用 getAccount() 函数以便读取保存在本地的账号信息。

2. 主页 index.html

在主页 index.html 加载时，首先判断本地存储是否存在键名为"flag"数据项。如果存在，表示用户已登录，此时在页面上显示欢迎用户的信息；如果不存在，则提示用户先进行登录操作，并自动跳转到登录页面。

具体实现代码如下：

（1）HTML：

```
<h3>欢迎您！<span id="user"></span></h3>
```

（2）JavaScript：

```
1.  <script>
2.  function getUser() {
3.      var flag = sessionStorage.getItem('flag')
4.      if (flag) {
5.          var user = document.getElementById('user')
6.          user.innerText = flag
7.      }
8.      else {
9.          alert("你需要登录后才能访问本页面")
10.         location.replace(login.html')
11.     }
12. }
13. window.onload = getUser
14. </script>
```

代码说明：

- 行 3：读取本地存储中的键名为"flag"的数据项，保存到 flag 变量中。
- 行 4 ~ 7：如果 flag 的值存在，表示用户已经成功登录，那么将 flag 变量保存的用户名显示在 span 元素中。
- 行 8 ~ 10：如果 flag 变量值为 undefined，表示数据项不存在，用户并没有登录。使用 location.replace() 方法跳转到登录页面 login.html。

> **注意**：在测试本例时，建议使用 Microsoft Edge 或 Chrome 浏览器。FireFox 浏览器只有在网站发布的状态下才支持 localStorage 对象存储的数据在各个页面之间相互访问。

小　结

本章深入探讨了浏览器对象模型，特别是对 window 对象及其子对象的常用方法和属性进行了全面解析。同时，也对 Web Storage 对象的使用方法进行了详细介绍。

首先，我们深入理解了 BOM 的基本概念，即它提供了一套独立于文档对象模型（DOM）的接口，用于操作浏览器窗口及其内部对象。

接下来，我们详细研究了 BOM 的核心——window 对象。作为代表浏览器窗口的全局对象，window 提供了众多常用的方法和属性。我们深入解析了如何利用这些方法实现窗口的打开、关闭和移动，以及如何通过 location 对象获取或设置窗口的 URL。此外，我们还简要介绍了如何通过 window 对象访问浏览器的历史记录，实现前进和后退的导航功能。

除此之外，我们还深入探讨了事件对象的相关内容。事件对象是触发事件时传递给事件处理函数的参数，我们深入理解了事件的传递机制，包括事件冒泡和事件捕获，并学会了如何阻止事件的默认行为。

最后，我们详细介绍了 Web Storage 对象的使用方法。Web Storage 提供了一种在浏览器中存储键值对的有效机制，使得我们能够在用户浏览器中持久化保存数据，并在后续的会话或跨会话中轻松检索这些数据。这一功能为我们实现更丰富的用户体验和交互提供了强大的支持。

通过本章的学习，我们对 BOM 有了更为深入和全面的理解，掌握了 window 对象及其子对象的常用方法和属性，也学会了如何有效利用 Web Storage 对象进行数据的存储和检索。这些知识和技能将为我们后续的 web 开发工作提供强有力的支撑。

习　题

一、填空题

1. 通过 window 对象的 _____ 和 _____ 方法，可以实现窗口的打开和关闭操作。
2. location 对象是 window 对象的一个属性，用于获取或设置 _____。
3. 事件对象是触发事件时传递给 _____ 函数的参数。
4. 在事件处理中，我们可以使用 event 对象的 _____ 方法来阻止事件的默认行为。
5. Web Storage 提供了一种在浏览器中存储 _____ 的方式，使得我们能够在用户浏览器中保存数据。
6. 使用 Web Storage 的 _____ 方法，我们可以在用户的浏览器中保存键值对数据。
7. 通过 Web Storage 的 _____ 方法，我们可以在之后的会话或跨会话中检索之前保存的数据。
8. 处理表单提交事件时，我们可以通过 _____ 对象获取用户输入的数据。
9. Web Storage 包括 _____ 和 sessionStorage 两种类型，它们分别用于长期保存和临时保存数据。
10. 使用 _____ 对象，我们可以在整个网站的会话中保存和检索数据。

二、选择题

1. BOM 的主要功能不包括（　　）。
   A. 提供浏览器窗口的接口　　　　　　B. 操作文档对象模型（DOM）
   C. 控制浏览器的导航　　　　　　　　D. 渲染 HTML 页面
2. 以下（　　）方法用于重新加载当前页面。
   A. location.reload()　　　　　　　　B. location.refresh()
   C. location.load()　　　　　　　　　D. location.reopen()
3. （　　）方法用于实现窗口的打开操作。
   A. window.open()　　　　　　　　　　B. window.close()
   C. window.maximize()　　　　　　　　D. window.minimize()
4. 关于浏览器的 history 对象（　　）。
   A. 它用于获取浏览器的历史记录　　　B. 它用于设置浏览器的历史记录
   C. 它只能记录用户访问过的网页　　　D. 它不能用于导航到历史记录中的页面
5. （　　）不是 Web Storage 的特点。
   A. 存储键值对　　　　　　　　　　　B. 数据存储在客户端浏览器中
   C. 数据在浏览器关闭后丢失　　　　　D. 数据可以在多个页面间共享
6. Web Storage 中，用于在整个网站的会话中保存和检索数据的对象是（　　）。
   A. sessionStorage　　　　　　　　　　B. localStorage
   C. cookie　　　　　　　　　　　　　 D. cache
7. 下列关于 Web Storage 的说法中，错误的是：（　　）。
   A. 它提供了更大的存储空间　　　　　B. 它的数据是明文存储的
   C. 它的数据存储是持久的　　　　　　D. 它可以替代所有的服务器端存储方案
8. 使用 Web Storage 存储数据时，应使用（　　）方法。
   A. storeItem()　　　　　　　　　　　B. addData()
   C. setItem()　　　　　　　　　　　　D. putValue()
9. Web Storage 存储的数据是（　　）。
   A. 临时性的，页面关闭即消失
   B. 持久性的，即使页面关闭或浏览器重启也保留
   C. 加密的，无法被用户查看
   D. 仅在当前会话中可用
10. location 对象是 window 对象的一个属性，主要用于（　　）。
    A. 操作 DOM 元素　　　　　　　　　　B. 获取或设置窗口的 URL
    C. 控制浏览器的导航　　　　　　　　D. 存储和检索数据

第 12 章

项目实战——
图书商城网站

本章将深入探讨如何运用 Web 前端的核心技术构建一个实用的图书商城网站。在这个过程中,我们重点介绍如何合理运用 HTML 标签打造结构清晰且内容丰富的网页,利用 CSS 样式实现统一的页面布局和视觉效果,并结合 JavaScript 代码实现与用户的交互,提供良好的操作体验。通过实际项目实践,读者不仅可以巩固 Web 前端基础知识,还能在编码和逻辑思维能力方面得到质的提升。

12.1 项目分析

12.1.1 需求分析

图书商城网站是一个以图书作为商品进行交易的购物网站,允许所有的用户浏览和查询网站主页中展示的商品。因此,网站主页需要提供直观的方式来展示商品最基本的、最关键的信息,例如商品名称、图片和价格。

当用户对某个商品感兴趣并选择该商品后,应该为用户提供更完整的商品信息,以便用户在全面了解该商品后作出是否购买的决定。因此,我们需要设计一个商品详情页面。

用户在购买商品前,网站需要获取用户的信息,只有在网站中已注册的用户才有权限购买商品。因此,网站必须提供注册和登录功能,并在查看商品详情和购买商品前提醒用户登录。

一旦用户确认将商品放入购物车后,他们可以查看和删除购物清单中的商品,并可以选择全部或部分商品进行支付。为此,网站需要设计一个展示购物清单和执行支付操作的页面。

12.1.2 功能模块

为满足上述需求,我们将图书商城网站的功能划分为四大模块:登录和注册、商品展示、商品详情,以及购物清单展示和支付。每一个功能模块都对应一个 HTML 页面,如图 12.1 所示。

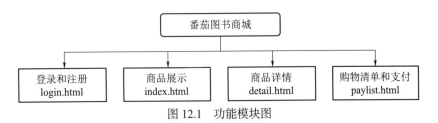

图 12.1　功能模块图

各个模块的功能说明如下：

1. **登录和注册**

本模块的主要功能是实现用户注册和登录。注册信息将保存在本地作为登录账号验证的依据。用户成功登录后将自动跳转到商品展示页面。

登录和注册界面和功能位于同一个 HTML 文件中，两者通过单击表单下方的链接进行切换。其中登录界面如图 12.2 所示，注册界面如图 12.3 所示。

图 12.2　登录界面

图 12.3　注册界面

2. **商品展示**（主页）

商品展示页面作为主页，其效果如图 12.4 所示。

图 12.4 商品展示

在本页面中,使用无序列表来展示商品的信息。每个列表项展示了商品主要的信息,这些列表项是动态创建的。列表项中的数据来自本书项目提供的模拟数据 books。books 是一个 JavaScript 对象数组,其每个元素都是一个对象,包含描述商品的关键属性,如商品 id、商品名称、单价和图片位置等。当用户单击商品列表中的具体商品时,将使用商品 id 作为 URL 的查询参数,自动导航到商品详情页面(detail.html)。

为何使用模拟数据?这是因为在实际项目开发中,页面的内容是动态变化的,而不是固定的。例如,在实际网站的页面中,商品列表的数据是通过向后端接口发送请求来获取的。后端接口通常会返回一个对象数组格式的字符串（JSON），我们将其转换为 JavaScript 对象数组，该数组包含了需要展示在页面上的数据。我们会根据这些数据动态更新 HTML 页面的内容。

为了更贴近实际项目开发，在这里使用了两个对象数组：books 和 books_info。books 用于描述商品的关键信息，而 books_info 用于描述商品的其他附加信息。这两个数组用于模拟从后端返回的数据。每个数组中的元素都是对象，使用属性来描述商品的信息。

3. 商品详情

当用户在商品展示页面中单击列表项时，将导航到本页面。在本页面展示商品的详细信息，其效果如图 12.5 所示。

图 12.5　商品详情

商品详细信息包括关键信息（books）和其他附加信息（books_info），它们以对象数组的形式包含在一个 JavaScript 文件中。在本页面，通过 URL 的查询参数 id（商品 id）在上述两个对象数组中查询商品详细信息，并将商品信息逐一显示在相应的页面元素中。

用户可以通过单击页面中的"加入购物车"按钮来实现购买操作，该操作将商品的关键信息保存到一个对象数组 carts（购物车）中。为了在页面切换时保留 carts 的数据，我们还将其保存在本地。除了保存已购买商品的关键信息外，carts 还额外添加了表示购买数量的 num 属性和表示用户是否选择该商品来支付的 checked 属性。

4. 购物清单和支付

在用户单击商品详情页面中的"加入购物车"按钮时，将导航到本页面。本页面除了以表格方式展示购物清单 carts 的数据外，还提供了模拟支付功能，其效果如图 12.6 所示。

在图 12.6 中，用户可以通过勾选每一行首列的复选框来确认需要支付的商品，并通过表格下方的"确定支付"按钮来执行支付操作。支付操作仅仅是一个模拟动作，即从购物清单 carts 中移除被选中的商品。用户执行支付操作后将自动返回到主页，完成购物过程。

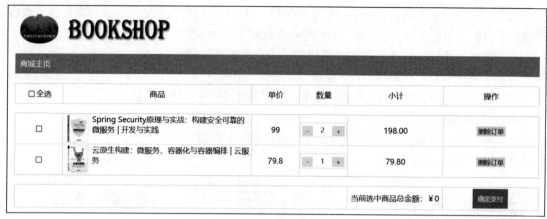

图 12.6　购物清单和支付

12.1.3　网站整体操作流程

图书商城网站的整体操作流程图如图 12.7 所示。

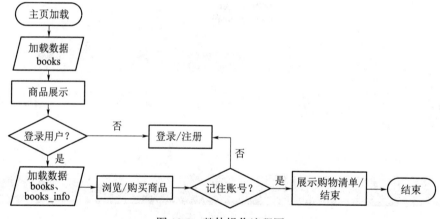

图 12.7　整体操作流程图

在用户访问主页的同时加载模拟数据 books（一个保存有商品关键信息的对象数组），并根据 books 中的数据来动态创建商品列表。在用户浏览某个商品的详细信息前，需要验证用户身份。当已登录用户选择商品后，系统将会自动导航到商品详情页，否则会提醒用户先登录。

在商品详情页面中，根据 URL 中的查询参数，在加载的模拟数据 books 和 books_info 中查找，得到商品的详细信息后将其展示到页面对应的元素中。注意，在用户将商品加入购物车时，为防止用户直接使用 URL 打开支付页面而绕开登录验证过程，仍然需要验证用户权限。

在已登录用户将商品放入购物车后，自动导航到购物清单展示和支付页面。在用户支付所选购商品的费用后，购物过程结束，系统将并自动返回主页。

除登录/注册页面外，在其他各个页面都提供了返回到主页的链接，以便用户可以重复选购商品。

12.1.4　文件清单

图书商城网站的项目结构如图 12.8 所示。具体内容如下：

（1）css\book.css：网站共享的样式文件。

（2）Js\book.js：包含模拟数据的 js 文件。该文件仅定义了两个对象数组，一个是描述商品关键信息的对象数组 books，另外一个是描述商品其他信息的对象数组 books_info。

（3）images：包含网站图片素材的文件夹。

（4）login.html：登录和注册页面。

（5）Index.html：主页，商品展示页面。

（6）detail.html：商品详情页面。

（7）paylist.html：购物清单和支付页面。

图 12.8　项目结构

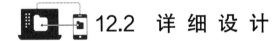

12.2　详 细 设 计

12.2.1　登录和注册

1. 页面布局

登录和注册界面在页面上居中显示，两者位于同一页面，用户可以通过单击表单底部的链接来切换界面。页面整体布局如图 12.9 所示。

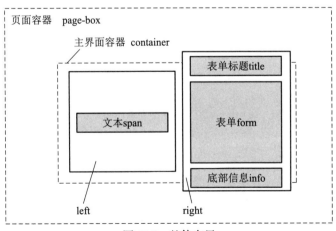

图 12.9　整体布局

（1）页面容器 page-box。

页面容器 page-box 是一个使用绝对定位的 div 块元素，它的大小与浏览器窗口一致，并会随着窗口大小的变化而自动调整大小。作为一个弹性容器，它的唯一子元素（主界面容器

container)会在其中水平和垂直居中。

(2)主界面容器 container。

主界面容器 container 作为弹性项目在父元素中居中。它包含两个绝对定位的 div,分为左、右两部分。

左边 div(left)添加了背景色和背景图,并将文本居中显示。

右边 div(right)分为上、中、下三部分。顶部是表单标题,中间是表单(登录和注册界面),底部是文本。

(3)表单标题 title。

表单标题 title 是一个绝对定位的 div,用于指示当前显示的是登录表单还是注册表单。

(4)表单 form。

表单 from 是两个绝对定位并位置重叠的 div 块元素,大小一致,两者都包含各自的表单元素和切换链接。两个表单使用 z-index 属性来决定谁置顶显示,在单击切换链接时改变 z-index 属性值来实现界面的切换。

(5)其他。

底部信息 info 也是绝对定位的 div,用来显示一些信息文本,例如网站版权信息。

在主界面容器 container 中还包含一个绝对定位于其顶部的 div(top),用来显示一个曲面背景图,主要为了装饰。

2. 界面实现

根据图 12.9 的界面布局,结合图 12.2 和图 12.3 的实际界面效果,具体的 HTML 和 CSS 内容如下。

(1)HTML 主体内容:

```html
<body>
 <div class="fixed"><!-- 整体容器 -->
  <div class="container"><!-- 主界面容器 -->
   <!-- 顶部装饰图片 -->
   <div class="top"></div>

   <!-- 左边:图片 -->
   <div class="left">
    <span>番茄书城</span>
    <span style="font-size: 18px;">您身边的图书商城</span>
   </div>

   <!-- 右边:表单 -->
   <div class="right">
      <div class="title">LOGIN</div><!-- 表单标题 -->

      <!-- 登录表单 -->
      <div class="form form-login">
       <input id="login-user" placeholder="请输入用户名" />
       <input id="login-pwd" placeholder="请输入密码" />
```

```html
  <label> <input type="checkbox" id="remember" />记住密码</label>
  <span class="form-info" id="login-tip">  </span>
  <button class="form-button" onclick="login()">登录</button>
  <a href="#" id="login" onclick="toggleForm()">
      没有账号？点这里注册
  </a>
 </div>

 <!-- 注册表单 -->
 <div class="form form-reg">
  <input id="reg-user" placeholder="请输入用户名" />
  <input id="reg-pwd1" placeholder="请输入密码" />
  <input id="reg-pwd2" placeholder="请再次输入密码" />
  <span class="form-info" id="reg-tip">  </span>
  <button class="form-button" onclick="reg()">注册</button>
  <a href="#" id='reg' onclick="toggleForm()">
      已有账号？点这里登录
  </a>
 </div>

 <!-- 底部：商城信息 -->
 <div class="info">COPY RIGHT 2024 &copy;</div>
  </div>
 </div>
</body>
```

（2）CSS：

```css
<style>
 * {
  box-sizing: border-box;
  font-size: 16px;
  color: #666;
 }
 a { text-decoration: none; }
 /* 整体页面容器：绝对定位，大小跟随窗口变化*/
 .page-box{
  position: absolute;
  left: 0;
  top: 0;
  bottom: 0;
  right: 0;
```

```css
/* 使登录|注册div子元素居中 */
display: flex;
justify-content: center;
align-items: center;
}

.container {
    width: 620px;
    height: 360px;
    position: relative;
}

/* 顶部装饰曲线 */
.container>.top {
    position: absolute;
    top: -20px;
    left: -1px;
    width: 620px;
    height: 100px;
    background-image: url('./images/wave.png');
    background-size: 100% 100%;
}

.left,.right {
    position: absolute;
    width: 50%;
    height: 100%;
    background-color: #00b0f0;
    left: 0px;

    display: flex;
    justify-content: center;
    align-items: center;

    color: white;
    font-size: 32px;
    flex-direction: column;
    box-shadow: 0 0 20px #00b0f0;
}

/* 左边多重背景 */
.left {
    background-image: url('./images/bookshop.png'), url('./images/番茄.png');
    background-position: bottom 60px center, top 20px center;
```

```css
  background-size: 50%, 30%;
  background-repeat: no-repeat;
}

.left>* { color: white;    font-size: 28px; }
.right {
  overflow: hidden;
  top: -40px;
  left: 50%;

  height: 420px;
  background-color: white;
  box-shadow: 0 0 20px #ccc;

  /* 顶部装饰图片 */
  background-image: url('./images/angle.png');
  background-position: top center;
  background-size: 100%;
  background-repeat: no-repeat;
}
/* 表单标题 */
.right>.title {
  position: absolute;
  top: 0;
  font-size: 24px;
  text-align: center;
  color: #666;
}

/* 表单 */
.form {
  position: absolute;
  top: 40px;
  height: 100%;
  padding: 20px;
  background-color: white;
}

.form>* {
  width: 100%;
  padding: 6px;
  margin: 10px 0;
}
```

```css
/*登录表单 */
.form-login { z-index: 100; }

/* 注册表单 */
.form-reg {     z-index: 0; }
/* 登录或注册的提示信息 */
.form-info {
  display: block;
  color: red;
  font-size: 12px;
}

.form-button {
  margin-top: 10px;
  border: none;
  background-color: rgb(75, 172, 198);
  color: white;
  cursor: pointer;
}

/* 底部信息 */
.info {
  position: absolute;
  z-index: 1000;
  width: 100%;
  padding: 10px;
  bottom: 0px;
  text-align: center;
  background-color: #eef;
}
</style>
```

3. 登录和注册功能实现

（1）登录与注册界面切换。

登录和注册界面是两个使用绝对定位的 div，它们的大小相同且位置重叠，同时包含必要的表单元素。在它们的下方，分别提供了一个链接，用于实现界面切换的功能。当用户单击链接时，通过代码改变它们的 z-index 样式属性，以确定哪个界面应该置于顶部显示。可以在图 12.2 和图 12.3 中查看页面的实际效果。

当用户输入的登录账号或注册信息出现错误时，会将错误信息显示在各自界面下方的 span 元素中。在实际开发中，通常避免使用 alert() 函数来将信息直接反馈给用户，而是采用更友好的方式。

实现登录和注册界面切换的代码如下：

```
1.    // 登录 | 注册 表单界面切换
```

```
2.    var loginTip = document.getElementById('login-tip')
3.    var regTip = document.getElementById('reg-tip')

4.   function toggleForm() {
5.    var formTitle = document.getElementsByClassName('title')[0]
6.    var formReg = document.getElementsByClassName('form-reg')[0]
7.    var formLogin =
          document.getElementsByClassName('form-login')[0]
8.    // 阻止链接默认行为
9.    event.preventDefault()
10.
11.   // 每次切换清空提示信息
12.   loginTip.innerHTML = ""
13.   regTip.innerHTML = ""
14.
15.   if (event.target.id == 'reg') {
16.    formTitle.innerHTML = "LOGIN"
17.    formReg.style.zIndex = "0"
18.    formLogin.style.zIndex = "100"
19.   }
20.   else {
21.    formTitle.innerHTML = "REGISTER"
22.    formLogin.style.zIndex = "0"
23.    formReg.style.zIndex = "100"
24.   }
25.  }
```

代码说明：

■ 行2：获取登录过程的显示提示信息的 span 元素。

■ 行3：获取在注册过程中，用于显示提示信息的 span 元素。

■ 行4：toggleForm 函数的功能是实现界面切换效果，它在单击表单底部的切换链接时被调用。

■ 行5：获取表单标题对象，它在行16和行21中用于改变表单标题。

■ 行6：获取注册界面的 div 元素。

■ 行7：获取登录界面的 div 元素。

■ 行9：event.preventDefault() 语句用于阻止元素的默认行为。在这里取消链接的默认导航功能，仅在单击时执行其所关联的函数代码。

■ 行12、行13：在界面切换时，清除上一次可能出现的错误提示信息。

■ 行15～24：判断当前触发事件的链接的 id（在 HTML 元素中，两个链接均设置了 id 属性），并通过改变它们的 z-index 的属性值来决定哪个表单置顶显示。

（2）注册。

注册功能实现的流程图如图12.10所示。

290 Web 前端开发（HTML5+CSS3+JavaScript）

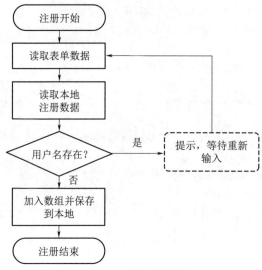

图 12.10 注册流程图

用户需要先注册账号后才能进行登录操作。这里允许用户注册多个账号。注册信息会保存在一个对象数组中。将该数组序列化后使用 localStorage 对象保存到本地，以便与登录账号比对。

注册功能实现的具体代码如下：

```
1.   // 注册逻辑：注册账号保存到本地，作为登录验证的依据
2.   function reg() {
3.     //var regTip = document.getElementById('login-tip')
4.     var regUser = document.getElementById('reg-user')
5.     var regPwd1 = document.getElementById('reg-pwd1')
6.     var regPwd2 = document.getElementById('reg-pwd2')
7.
8.     regTip.innerHTML = ""
9.     if (regUser.value.trim() == '' ||
10.      regPwd1.value.trim() == '' ||
11.      regPwd1.value != regPwd2.value) {
12.      regTip.innerHTML = " 内容不能为空，或者两次输入的密码不同 "
13.      return
14.    }
15.    // 是否存在已注册的账号
16.    var regAccounts = localStorage.getItem('regAccounts')
       ? JSON.parse(localStorage.getItem('regAccounts')) : []
17.
18.    // 如果账号已经存在，则提示并退出
19.    if (regAccounts) {
20.      // 在注册数组中查找
21.      var ele = regAccounts.find(function (ele) {
22.        return ele.user == regUser.value
23.      })
```

```
24.
25.     if (ele) {
26.       regTip.innerHTML = "用户名已经存在！请更换用户名！"
27.       return
28.     }
29.   }
30.   // 添加到注册列表
31.   regAccounts.push({ user: regUser.value, pwd: regPwd1.value })
32.   // 保存到注册数组
33.   localStorage.setItem('regAccounts',JSON.stringify(regAccounts))
34.   // 提示和初始化
35.   regTip.innerHTML = "注册成功！"
36.   regUser.value = ""
37.   regPwd1.value = ""
38.   regPwd2.value = ""
39. }
```

代码说明：

- 行 2：reg 函数实现注册功能，单击界面上的"注册"按钮时被调用。
- 行 4～6：获取注册界面的表单元素。
- 行 9～14：判断表单元素是否有输入，以及两次输入的密码是否相同，如果不满足条件则终止代码的执行，并给出提示信息。
- 行 16：判断本地是否存在注册信息数组 regAccounts，如果不存在则将其初始化为空数组，否则将其则转换为对象数组。
- 行 19～29：使用数组的 find() 方法，并以用户名作为查询条件，在 regAccounts 数组中查找是否存在相同的用户名。如果存在相同的用户名，提示用户更换用户名后再进行注册；否则，继续执行后续的代码。
- 行 31：为了将新用户的注册信息添加到 regAccounts 数组中，将其构建为一个 JavaScript 对象，然后使用数组的 push() 方法将其作为新元素添加到数组中。
- 行 32：重新保存注册数据到本地。
- 行 35～38：注册成功后初始化表单元素。

（3）登录。

登录功能实现的流程图如图 12.11 所示。

在本页面加载时，首先使用 getAccount() 函数来获取用户在本地保存的账号信息：account。account 是一个 JavaSrcipt 对象，包含用户名和密码两个属性。如果 account 不存在，表示用户是初次登录或上一次登录时未使用"记住密码"功能。此时等待用户输入账号信息；而如果存在 account，则将其读取并自动填写登录表单。

在用户单击"登录"按钮时，获取用户输入的账号，并在注册信息 regAccounts 中查找该账号。如果 regAccounts 中不存在该账号，提示用户重新输入正确的账号；如果存在，则根据用户是否选择"记住密码"功能来决定是否将账号保存到本地。这样，当用户下一次登录时，才会读取账号信息并自动填写登录表单。注意，如果没有选择"记住密码"功能，仍然需要删除当前用户以前可能保存在本地的账号。

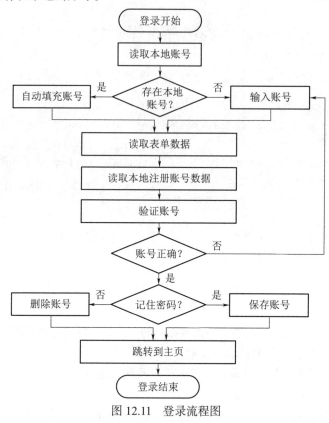

图 12.11　登录流程图

账号通过验证后，将用户名使用会话存储对象 sessionStorage 保存到本地，作为在其他页面判断用户是否登录的标识。

登录功能实现的 JavaScript 代码如下：

```
1.      var loginUser = document.getElementById('login-user')
2.      var loginPwd = document.getElementById('login-pwd')
3.      var remember = document.getElementById('remember')
4.      function login() {
5.          if (loginUser.value.trim() == '' ||
                loginPwd.value.trim() == '') {
6.              loginTip.innerHTML = '账号不能为空'
7.              return
8.          }
9.
10.         // 读取已注册的账号，判断是否存在
11.         var regAccounts =
            JSON.parse(localStorage.getItem('regAccounts'))
12.         if (!regAccounts) {
13.            loginTip.innerHTML = "没有注册数据，请先去注册"
14.            return
```

```
15.        }
16.
17.        // 是否存在注册的账号
18.        var user = regAccounts.find(function (ele) {
19.          return ele.user == loginUser.value &&
                             ele.pwd == loginPwd.value
20.        })
21.
22.        if (user) {
23.          if (remember.checked) {
24.            account = { user: loginUser.value, pwd: loginPwd.value }
25.            localStorage.setItem('account', JSON.stringify(account))
26.          }
27.          else {
28.            localStorage.removeItem('account')
29.          }
30.
31.          // 提供给主页显示当前登录的用户
32.          sessionStorage.setItem('loginUser', loginUser.value)
33.          location.replace('./ index.html')
34.        }
35.        else {
36.          loginTip.innerHTML = "账号错误！"
37.        }
38.      }
39. // 获取本地账号
40.      function getAccount() {
41.        var account = JSON.parse(localStorage.getItem('account'))
42.        if (account) {
43.          loginUser.value = account.user
44.          loginPwd.value = account.pwd
45.          remember.checked = true
46.        }
47.      }
48. // 页面加载即读取本地账号信息
49.      window.onload=getAccount
```

代码说明：

■ 行1～3：获取登录表单元素。由于多个函数使用到这些对象，所以在这里作为全局对象使用。

■ 行5～8：判断用户是否输入了账号。如果没有输入，则终止代码执行。

■ 行11～15：读取在本地保存的用户注册数据，如果没有任何数据，则要求用户先注册账号。

- 行 18 ~ 20：在注册信息数组 regAccounts 中，以用户名和密码作为查询条件，使用数组的 find() 方法来查找用户。
- 行 23 ~ 29：判断用户是否勾选了"记住密码"复选框，如果勾选，则使用当前账号来构建一个 JavaScript 对象 account，并将其保存到本地，否则，删除可能存在的本地账号。
- 行 32：使用会话存储对象来保存用户名。存储对象中的属性项 loginUser 可以作为判断用户是否已登录的标识。例如，在购买页面中，可以通过判断该属性是否存在来确定用户是否有权限购买图书。而在商品展示页面中，可以根据该属性项是否存在来决定显示欢迎信息还是显示登录和注册的链接。
- 行 33：用户登录成功后，自动跳转到商品展示页面。location.replace() 方法表示跳转到目标页面后不可执行后退操作，这样可以避免用户无意单击浏览器的后退按钮导致需要重新登录的误操作。
- 行 40 ~ 47：getAccount() 实现读取在本地可能保存的账号，以便自动填写登录表单。
- 行 48：在页面加载后即执行 getAccount() 函数。

12.2.2 商品展示

1. 页面布局

商品展示页面（index.html）的页面布局如图 12.12 所示。

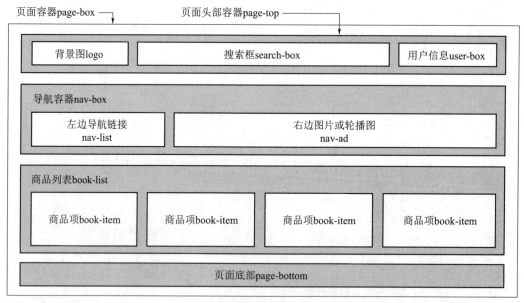

图 12.12　页面布局

除了登录和注册页面，本页面和其他页面都采用行布局。为了保持各个页面布局的统一，每个页面都包含一个宽度为 1 100 px 的页面容器 page-box。页面容器包括头部区域 page-top、导航栏 nav-box 和底部版权信息 page-bottom。这些页面共享的布局样式保存在外部文件 books.css 中，并在各个页面使用 link 标签引入。

商品展示页面的整体布局描述如下：

（1）页面容器 page-box：在浏览器窗口居中显示，宽度为 1 100 px，高度自适应。

（2）页面头部容器 page-top：使用弹性布局，分为三部分：左边 logo 容器宽度固定，用于显示背景图；右边 user-box 容器也固定宽度，显示用户信息或登录和注册链接等；中间的搜索框 search-box 自适应宽度（flex-grow:1）。

（3）导航容器 nav-box：使用弹性布局。左边 nav-list 容器包含一组链接，也使用弹性布局，使链接可以换行显示；右边 nav-ad 可以放置图片或者轮播图，宽度自适应（flex-grow:1）。

（4）商品列表容器 book-list：使用无序列表为弹性容器，其子项 book-item 可换行显示。子项 book-item 是一组通过 JavaScript 动态创建的列表项。

（5）页面底部 page-bottom 包含一个段落，文本居中对齐。

2. 界面结构和内容

由于行布局和弹性布局的内容在其他章节有详细的实例分析，也可以参考本书配套的源代码。为减少篇幅，下面仅列出 HTML 主体内容。

```html
<body>
  <div class="page-box">
    <!-- 页面顶部 -->
    <div class="page-top">
      <div class="logo"></div>
      <div class="search-box">
        <input class="search-input">
        <button class="search-button"
        onclick="search()">搜索</button>
      </div>
      <div class="user-box">
        <p id="user-state"></p>
      </div>
    </div>

    <!-- 页面导航 -->
    <div class="nav-box">
      <div class="nav-list">
        <!--这里包含一组链接，省略 -->
      </div>
      <div class="nav-ad"></div>
    </div>

    <ul class="book-list">
      <!-- 数据填充动态列表数据 -->
    </ul>

    <!-- 页面底部 -->
    <div class="page-bottom">
      <p>BOOKSHOP 番茄书城 &reg; COPYRIGHT&copy;</p>
    </div>
  </div>
```

```html
<!-- 图书列表模板项 -->
<template id="tmp">
  <li class="book-item">
    <img class="book-img">
    <p class="book-name"></p>
    <p class="book-desc"></p>
    <p class="book-price"></p>
  </li>
</template>
</body>
```

注意：HTML 模板的内容不会在页面中显示，使用模板的目的是可以通过代码获取该节点的子元素，然后通过克隆的方式来动态创建具有相同结构和样式的元素。

3. 商品展示的功能实现

实现商品展示功能的流程图如图 12.13 所示。

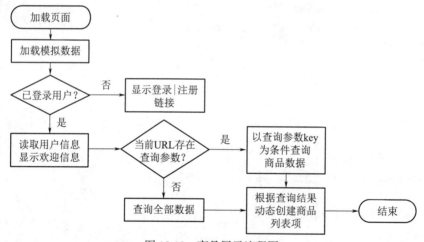

图 12.13　商品展示流程图

在页面加载时，首先判断当前用户是否已成功登录。如果用户已登录，在页面顶部展示欢迎信息，反之，则显示登录和注册的链接。无论用户身份如何，他们都可以直接访问该页面。

用户可能通过三种方式打开本页面：①直接在浏览器中输入 URL；②用户成功登录后，将自动重定向到本页面；③在其他页面执行某些操作，例如在商品详情页面执行查询操作，或通过其他页面的导航链接。此外，当用户使用本页面的搜索功能时，页面内容也会随之更新。因此，本页面中，商品列表展示的数据并非 books 中全部模拟数据，而是根据查询关键字在 books 中筛选得到的结果，该结果保存在临时数组变量 results 中，并根据 results 动态创建商品列表项。

模拟数据 books 是一个对象数组，保存在 js/book.js 文件中。books 中的每一个元素都包含了描述商品关键信息的属性，将逐一获取这些元素来创建列表项。

books 的结构和部分数组元素的内容如下：

```
var books = [
    { id:1, name: '不加班的秘密：用 Python 助力 Excel 玩转数据分析', img: 'books/td1.jpg', desc: '办公系列', price: 69.8 },
    { id:2, name: 'Spring Security 原理与实战：构建安全可靠的微服务', img: 'books/td2.jpg', desc: '开发与实践', price: 99.0 },
    { id:3, name: 'Power Query 数据智能清洗应用实操', img: 'books/td3.jpg', desc: '数据处理', price: 79.8 },
    { id:4, name: '云原生构建：微服务、容器化与容器编排', img: 'books/td4.jpg', desc: '云服务', price: 79.8 },
    ...
]
```

实现商品展示功能的代码如下：

```
1.  <script src="js/books.js"></script>
2.  <script>
3.    function search() {
4.      var keyword = ""
5.
6.      // 如果在本页执行查询
7.      if (!location.search)
8.        keyword = document.querySelector('.search-input').value
9.      else// 在其他页面 (detail.html) 执行查询，这里将得到查询关键字
10.       keyword = location.search.replace('?key=', '')
11.
12.     var results = books.filter(function (ele) {
13.       return ele.name.indexOf(keyword) >= 0
14.     })
15.
16.     createList(results)
17.   }
18.
19.   function createList(books) {
20.     var bookList = document.querySelector('.book-list')
21.     bookList.innerHTML = ""
22.     var tmp = document.getElementById('tmp').content.children[0]
23.
24.     for (var i = 0; i < books.length; i++) {
25.       var bookItem = tmp.cloneNode(true)
26.
27.       // 设置列表项 id，并监听 click 事件，以便导航到商品详情页
28.       bookItem.id = books[i].id
```

```
29.          bookItem.addEventListener('click', detail)
30.
31.          var img = bookItem.querySelector('.book-img')
32.          img.src = 'images/' + books[i].img
33.
34.          var name = bookItem.querySelector('.book-name')
35.          name.innerHTML = books[i].name
36.
37.          var desc = bookItem.querySelector('.book-desc')
38.          desc.innerHTML = books[i].desc
39.
40.          var price = bookItem.querySelector('.book-price')
41.          price.innerHTML = '￥' + books[i].price
42.
43.          bookList.appendChild(bookItem)
44.      }
45.
46.      // 添加空的 li 元素，以便在一行不足 4 个元素补足 4 个
47.      if (books.length % 4 != 0) {
48.          var num = 4 - books.length % 4
49.          for (var i = 0; i < num; i++) {
50.              var li = document.createElement('li')
51.              li.classList.add('book-item')
52.              bookList.appendChild(li)
53.          }
54.      }
55.  }
56.
57.  function detail() {
58.      // 判断用户已登录
59.      if (!sessionStorage.getItem('loginUser')) {
60.          alert('你还没有登录！请先登录')
61.          return
62.      }
63.      // 获取图书 id, 传递到目标页面
64.      location.assign('./detial.html?id=' + this.id)
65.  }
66.
67.  function getUser() {
68.      var userState = document.getElementById('user-state')
69.      var user = sessionStorage.getItem('loginUser')
70.      if (user)
71.          userState.innerHTML = "欢迎您！" + user
```

```
72.        else
73.            userState.innerHTML = "<a href='./index.html'>" +
                                      "登录 | 注册 </a>"
74.     }
75.
76.     window.onload = function () {
77.        getUser()
78.        search()
79.     }
80. </script>
```

代码说明：

- 行 1：引入外部 js 文件，以便使用模拟数据 books。
- 行 3～17：查询函数 search() 的功能是根据查询关键字在 books 数组中查询满足条件的数据。由于查询结果是变化的，不一定是 books 中的全部数据，因此不能直接使用 books 中的数据，而是将查询结果保存在临时数组变量 results 中，最后将 results 作为参数传入到 createList() 函数去动态创建列表项。其中行 7 判断当前 URL 是否具有查询参数，如果查询参数为空或不存在，表示当前页面是从登录页面跳转过来，也可能是用户直接打开或从其他页面直接导航过来的，同时考虑到用户可能在本页面执行了搜索功能，因此仍然需要从搜索文本框获取查询关键字，来执行查询操作；如果当前的 URL 具有查询参数，那么以查询参数作为关键字在 books 数组中获取查询结果 results。无论哪种情况，最后都将查询结果作为参数，调用 createList() 函数来创建商品列表。
- 行 19：createList() 函数，根据查询结果来创建商品列表。
- 行 20～21：获取并初始化列表项容器对象 bookList，准备为其添加列表项。
- 行 22：获取 HTML 模板 template 对象中指定的子元素。模板的内容可以使用 content 属性获取，而模板所有的直接子元素存在于 content 的 children 属性中。因此该行语句作用是得到模板中第一个预设样式和结构的子元素（列表项 li），并将其保存到 tmp 变量中。
- 行 24～44：根据 createList() 函数的形式参数 books 数组的长度，利用循环结构逐个克隆模板中的子元素 tmp，并将其保存为 bookItem。然后使用 querySelector() 方法，在 bookItem 对象中分别查找各个子元素，并根据当前 books 元素的数据为子元素的相关属性。每次循环结束后，都将已克隆并赋值的 bookItem 对象添加到列表项的容器对象 bookList 中。
- 行 47～54：由于列表项是弹性项且自适应宽度（flex-grow:1），在弹性容器中，每行展示四个列表项才能使其宽度一致。当列表项的个数不是四的倍数时，可能会出现最后一行列表项宽度拉伸变形的问题，影响整体的美观。为了解决这个问题，可以通过添加空的列表项来填充，使每行仍然展示四个列表项，并保持它们的宽度一致。此段代码会根据已创建的列表项个数计算出还需要创建多少个空的列表项来填充，以保持每行展示四个列表项。然后，它会创建相应数量的空列表项，并将其添加到容器中。这些空列表项没有任何数据，但样式与非空列表项一致，起到占位的作用，以保持布局的一致性。这样，无论列表项的个数是多少，都能保持每行四个列表项的布局，使其宽度一致，提升整体的美观效果。
- 行 57～65：detail() 函数是在用户单击列表项时执行的，它的主要功能是从当前列表项的 id 属性中提取商品 id，并将其作为 URL 的查询参数，以准备重定向到商品详情页。如果用户未登录，则会提示用户需要先登录。登录用户的信息在登录页面已保存在本地的 loginUser()

数据项中，其值为用户名。在每个页面中，我们可以通过检查 loginUser() 是否存在来判断用户的登录状态。

- 行 67 ~ 74：getUser() 函数用于判断用户是否已登录。如果未登录，则页面顶部显示登录链接，否则显示欢迎信息。
- 行 76 ~ 79：加载页面时，执行 getUser() 和 search() 函数进行初始化操作。

12.2.3 商品详情

在商品展示页面（index.html），当用户单击任意一个列表项时，将从该列表项 id 属性中提取商品 id，并将其作为查询参数跳转到本页面。在本页面上，除了展示图书的关键信息外，还将展示图书的其他相关信息。

1. 页面布局

商品详情页面（detail.html）界面布局如图 12.14 所示。

本页面的整体布局与商品展示页面相同，都采用行布局。因此，页面中的容器元素，包括页面容器 page-box、页面顶部容器 page-top、页面底部容器 page-bottom 以及页面导航容器 nav-box，将使用共享样式。本页面与商品展示页面的不同之处在于主体内容分为上下两部分。

上部分区域 book-content 采用弹性布局，分为左右两部分。左边是 book-img 容器，其宽度固定，用于展示商品的图片。右边是 book-data 容器，其宽度自适应，用于显示图书的详细信息，如书名、作者、出版社和价格等。此外，在 book-data 容器下方提供计数器组件和"放入购物车"按钮。

下部分区域 book-detail 用于显示图书的目录或者图片。

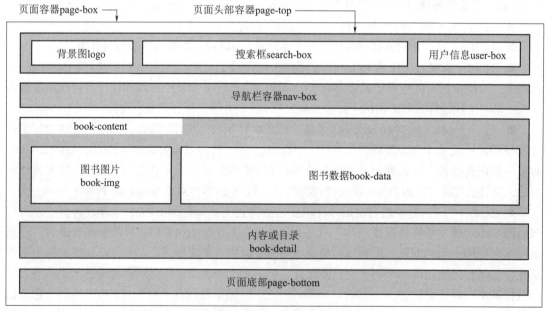

图 12.14　页面布局

2. 界面结构和内容

参照图 12.14 的页面布局，结合图 12.5 的页面实际效果，在本页面的主体部分添加如下 HTML 内容：

```
<body>
```

```html
<div class="page-box">
  <!-- 页面顶部 -->
  <div class="page-top">
    <div class="logo"></div>
    <div class="search-box">
      <input class="search-input">
      <button class="search-button" onclick="search()">
        搜索
      </button>
    </div>
    <div class="user-box">
      <!-- 购物车图标:数字和图标 -->
      <div class="cart-box">
        <div class="cart-icon">
          <div class="cart-num">0</div>
        </div>
        <a href="./paylist.html">我的购物车 </a>
      </div>
    </div>
  </div>

  <!-- 导航 返回商城主页 -->
  <div class="nav-box">
    <a href="./ index.html">商城主页 </a>
  </div>

  <!-- 图书信息 -->
  <div class="book-content">
    <!-- 左边:图书图片 -->
    <div id="book-img"></div>
    <!-- 右边:图书信息 -->
    <div class="book-data">
      <p id="book-name">三国演义 </p>
      <p id="book-pub"></p>
      <p id="book-price"> ¥12.8</p>

      <!-- 购物操作 -->
      <div class="buy-box">
        <div class="num-box">
          <input value="1" id="num" readonly />
          <div class="button-box">
            <button onclick="changeNum(true)">+</button>
            <button onclick="changeNum(false)">-</button>
```

```
            </div>
          </div>
          <button onclick="addCart()">加入购物车</button>
        </div>
      </div>
    </div>

    <!-- 图书介绍 - 目录和简介 -->
    <div class="book-detail">
      <div class="memo">
        <h3> 内容介绍 </h3>
        <p id="memo"></p>
      </div>

      <div class="memo">
        <h3> 图书详情 </h3>
        <img src="./images//books/td1-1.jpg" class="memo-img" />
      </div>
    </div>

    <!-- 底部信息 -->
    <div class="page-bottom">
      <p> 番茄书城 2024 COPYRIGHT &copy;</p>
    </div>
  </div>
</body>
```

3. 商品详情功能实现

商品详情页面的执行流程如图 12.15 所示。

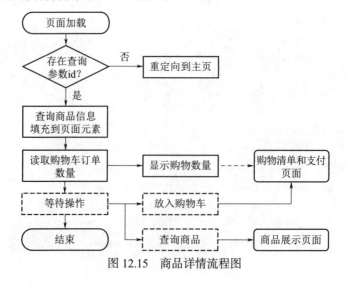

图 12.15 商品详情流程图

在商品详情页面中，使用 URL 中的查询参数 id 作为查询条件，在 books 数组和 books_info 数组中查找具体的商品数据，并将其展示在页面对应位置的 HTML 元素中。这个过程模拟了前端向后端接口发送数据请求的操作。实际上，后端会根据查询条件在数据库的相关联表中进行查询，并将查询结果返回给前端。

在 js/books.js 文件中，有两个对象数组：books 和 books_info。books 对象数组包含图书的关键信息，而 books_info 对象数组包含图书其他附加信息，比如作者、出版社等。这两个数组通过商品 id 建立关联。

books_info 数组的结构和部分内容如下：

```
var books_info = [
  { id: 1, rid: 1, author: '多孟琦, 谭人豪 著', pub: '中国铁道出版社有限公司', pubDate: '2023-10-01', memo: '本书以 Python 分析处理 Excel 数据的实战案例为主来讲解（此处省略了部分文字）...' },
  { id: 2, rid: 2, author: '邹炎 著', pub: '中国铁道出版社有限公司', pubDate: '2023-10-01', memo: '作为保障微服务安全的重要框架（此处省略了部分文字）...' },
  ...
]
```

这里的 rid 属性对应 books 数组元素的 id 属性，根据 rid 可以在 books_info 数组中找到具体商品的附加信息。

下面以系统执行流程和响应用户操作过程为顺序来分析具体代码。

首先引入包含图书详细信息 books 和 books_info 数组的 js 文件。

```
<script src="./js/books.js"></script>
```

页面加载后使用 getDetail() 函数查询图书详细信息，使用 getCarts() 函数从本地获取购物车数组信息。

```
window.onload = function () {
  getDetail()
  getCarts()
}
```

（1）获取图书详细信息 getDetail( )：

```
1.    var carts = []    //保存从本地读取的购物车数据
2.    var id, book = {}// 当前图书 ID 和图书对象
3.    function getDetail() {
4.      id = location.search.replace('?id=', '')
5.      if (!id) location.href = './ index.html'
6.    // 查找商品关键信息和其他相关信息
7.      book = books.find(function (ele) { return ele.id == id })
8.    var bookInfo =
      books_info.find(function (ele) { return ele.rid == id })
9.
```

```
10.         // 将图片、出版社、书名、价格、内容简介等信息显示到对应元素
11.         var bookImg = document.getElementById('book-img')
12.         var bookPub = document.getElementById('book-pub')
13.         var bookName = document.getElementById('book-name')
14.         var bookPrice = document.getElementById('book-price')
15.         bookImg.style.backgroundImage = 'url("images/' + book.img + '")'
16.         bookName.innerHTML = book.name + book.desc
17.  bookPub.innerHTML = bookInfo.author + " " +
18.  bookInfo.pub + " " + bookInfo.pubDate + " 出版"
19.         bookPrice.innerHTML =
    '<span style="font-size:14px;color:#999">番茄价</span> ¥' +
    book.price
20.
21.         // 内容简介
22.         var memo = document.getElementById('memo')
23.         memo.innerHTML = bookInfo.memo
24.     }
```

代码说明：

■ 行 1：定义全局数组 carts，用于保存上一次操作存放在本地的购物车数据，以及本次操作将放入购物车的数据。

■ 行 4：读取 URL 查询参数并保存在全局变量 id 中。查询参数的格式类似"?id=1"的字符串，这里使用 replace() 函数将"?id="部分替换为空值，从而得到实际的 id 值。

■ 行 5：这行代码的作用是判断 id 值是否存在。如果存在，说明用户是通过 URL 直接打开本页面，而不是从商品展示页面跳转过来的。因此，将用户重定向到商品展示页面，以强制用户先选择商品才能进入本页面。

■ 行 7：使用数组的 find() 方法，通过以 id 作为查询条件，在 books 数组中进行查询，以获取图书的关键信息 book。

■ 行 8：同样以 id 作为查询条件，在 books_info 数组中进行查询，以获取图书的其他相关信息 bookInfo。

■ 行 11 ~ 23：将 book 和 bookInfo 中包含的图书详细信息显示在页面对应的 HTML 元素中。

（2）获取购物车数据 getCarts( )。

每当用户将商品加入购物车后，我们会使用会话存储对象将其保存在本地。而 getCarts() 函数的功能是将本地数据读取出来，并保存在 carts 数组中，以便在本次购物时再次加入新购买的商品。另外，在获取 carts 的同时，将当前数组的长度（即订单数量）显示在页面的购物车图片区块 cart-num 中。

```
function getCarts() {
  var cartNum = 0
  carts = sessionStorage.carts
    ? JSON.parse(sessionStorage.carts) : []
  cartNum = carts.length
```

```
        // 显示购物车的订单数量
        document.querySelector('.cart-num').innerHTML = cartNum
    }
```

（3）加入购物车 addCarts( )。

addCarts() 函数的功能是将商品添加到购物车。在商品添加到购物车时，需要判断购物车是否有相同的商品。如果有，则将其数量累加；如果是首次购买，将商品信息全部加入购物车，并为该商品额外增加一个 num 属性，用于保存购买商品的数量。

```
1.  function addCart() {
2.      var ele = carts.find(function (ele) {
3.          return ele.id == id
4.      })
5.
6.      if (ele) {
7.          ele.num += parseInt(document.getElementById('num').value)
8.      }
9.      else {
10.         carts.push({
11.             ...book,// 展开运算符，以逗号方式展开每一对属性
12.             num: parseInt(document.getElementById('num').value),
13.             checked: false
14.         })
15.     }
16.     sessionStorage.carts = JSON.stringify(carts)
17.     location.href = './paylist.html'
18. }
```

代码说明：

■ 行 2～4：根据商品 id 查询购物车数组是否已经存在相同的商品，如果存在，find 函数返回的就是商品对象 ele，否则 ele 将为 null 值。

■ 行 6～8：如果购物车存在相同的商品，获取页面计数器对象当前的数量，并将购物车中商品的数量累加。

■ 行 9～14：如果购物车无相同的商品，那么使用数组的 push() 方法添加该商品对象。在这里，使用 {} 来构建一个新的对象，其除了包含当前商品的所有信息外，还额外新增了 num 和 checked 两个属性。num 属性表示当前购买商品的数量，而 checked 属性将在购物清单和支付页面（paylist.html）中使用，用于表示用户是否选择该商品来支付。

...book 语句中，使用了展开运算符（三个点），表示将该对象所有的属性和属性值，以逗号方式连接。例如有：book={id：1,bookName：'三国演义'}，那么 ...book 的结果为：id:1，bookName：'三国演义'。这种写法避免手工依次添加 book 对象的属性和属性值，可以将展开后的数据使用｛ ｝包裹起来构建一个新对象。

■ 行 15：将新的购物车数据保存到本地，以便本页面可以再次访问（继续购物），或者

其他页面（购物清单和支付页面）访问。
- 行 16：重定向到购物清单和支付页面。

（4）图书查询 search( )。

在页面顶部放置有搜索栏，当输入查询关键字并单击查询按钮后，关键字将作为查询参数，重定向到商品展示页面（index.html）去实现具体的查询操作。

```
// 跳转到主页去查询
function search() {
  var keyword = document.querySelector('.search-input').value
  location.href = './index.html?key=' + keyword
}
```

12.2.4 购物清单和支付

1. 页面布局

在本页面将以表格形式展示购物清单的数据，其整体布局与商品展示页面类似，不同之处在于页面的主体部分。整体布局如图 12.16 所示。

页面的主体区域包含两个 div 容器，根据购物车中商品的数量进行切换。如果当前购物车中存在数据，则显示 paylist-box 容器，该容器包含一个用于展示购物车数据的表格；如果购物车中没有数据，则显示 cart-empty 容器，该容器使用图片来提示用户购物车为空，并提供一个重定向到商品展示页面的链接。

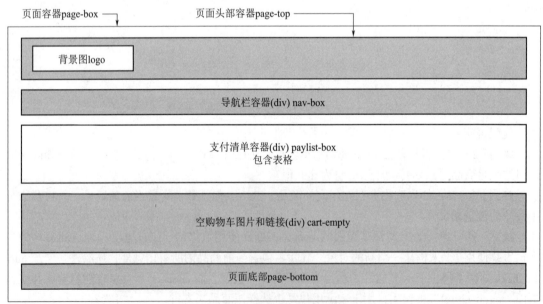

图 12.16　购物清单页面布局

数据表格位于 paylist-box 容器中，其结构如图 12.17 所示，分为表头（thead）、表体（tbody）和表尾（tfoot）三个部分。表头主要显示列名和一个全选复选框；表体上下各有一行空白行，以实现与表头和表尾的分组断行效果，而数据行将根据购物车的数据动态插入到底部空白行之前；表尾主要显示支付金额和支付按钮。

| 表头thead |
| 起始行（空行） |
| 表体tbody数据行 |
| 结束行（空行） |
| 表尾tfoot |

图 12.17　数据表格布局

2. 界面结构和内容

```html
<div class="page-box">
   <div class="page-top">
      <div class="logo"></div>
   </div>

   <!-- 返回商城主页 -->
   <div class="nav-box">
      <a href="./ index.html">商城主页 </a>
   </div>

   <div class="paylist-box">
      <table border="1" id="tb">
         <thead>
            <tr height="40px">
               <td width="100px">
                  <input type="checkbox" id="chkAll"
                        onchange="setAllCheckBox()" />全选
               </td>
               <td> 商品 </td>
               <td width="100px"> 单价 </td>
               <td width="100px"> 数量 </td>
               <td width="100px"> 小计 </td>
               <td width="200px"> 操作 </td>
            </tr>
         </thead>

         <tbody>
            <tr id="beginRow" class="empty-row">
               <td colspan="6"></td>
            </tr>

            <tr id="endRow" class="empty-row"        >
```

```html
          <td colspan="6"></td>
        </tr>

      </tbody>
      <tfoot>
        <!-- 总计 -->
        <tr>
          <td colspan="4"> </td>
          <td width="200px" class="total">
                当前选中商品总金额：￥0</td>
          <td width="200px">
            <button class="bt-pay" onclick=" pay()">
                确定支付</button>
          </td>
        </tr>
      </tfoot>
    </table>
  </div>

  <div class="cart-empty">
    <img src="./images/empty-cart.png" />
    <p>购物车无数据，点击
        <a href="./ index.html">这里</a>去购物！
    </p>
  </div>

  <!-- 页面底部 -->
  <div class="page-bottom">
    <p>BOOKSHOP 番茄书城 &reg; COPYRIGHT&copy;</p>
  </div>
</div>

  <!-- 数据行模板 -->
<template id="tmp">
  <tr id="">
    <td>
      <input type="checkbox" class="checkbox" name="chk" />
    </td>

    <td class="goods">
      <a href="" class="goods-link">
          <img class="goods-img" src="./images/sgyy.jpg" />
      </a>
      <span class="goods-info">三国演义 四大名著之一</span>
```

```
          </td>

          <td class="goods-price"> 21</td>
          <td>
            <div class="order-num">
              <button class="bt-subb" name="subb">-</button>
              <input value="2" class="goods-num" />
              <button class="bt-add" name="add">+</button>
            </div>
          </td>
          <td class="sum"> 44.28</td>
          <td> <button name="del">删除订单</button></td>
        </tr>
      </template>
```

> **注意**：在页面主体内容的最后，定义了一个数据行模板，该数据行具有预定义的结构和样式。在代码中，可以通过克隆对象的方法来创建行对象，并根据需要再修改其各个子元素的内容，然后将其添加到表格中。这种通过克隆模板子对象来动态创建元素的方式非常方便，尤其适用于结构和内容复杂的 HTML 元素。

3. 功能实现

购物清单和支付页面执行的流程如图 12.18 所示。

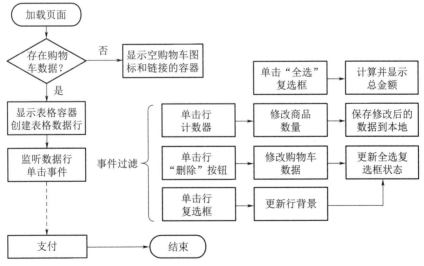

图 12.18 购物清单和支付流程图

在页面加载时，首先读取本地保存的购物车数据。如果购物车为空或不存在，在页面主体区域显示信息提示容器，该容器只有一个空购物车图片和一个指向主页的链接；否则，在该区域显示数据表格容器，并准备根据购物车中的数据来动态创建表格数据行。

在创建数据表格行后，监听用户在数据行中的单击事件。用户可能单击了数据行中的计数器、删除按钮，或者复选框，针对事件源的不同来作出不同的响应。

在用户执行支付操作后,重新初始化购物车,并重定向到主页去重新选购商品。
下面以系统执行流程和响应用户操作过程为顺序来分析具体代码。

(1)页面加载。

```
window.onload = function () {
    getCarts()// 获取购物车数据
    if (!hasData()) return
    createDataRow()// 根据购物车数据来创建表格
}
```

(2)读取购物车数据 getCarts()。

在页面加载完成后,使用 getCarts() 函数来读取本地存储数据,代码如下:

```
var carts = [] //全局数组
// 读出购物车数据,以便创建表格
function getCarts() {
    carts =
    sessionStorage.carts ? JSON.parse(sessionStorage.carts) : []
}
```

(3)显示页面主体容器 hasData()。

根据购物车数组 carts 是否存在数据,来决定显示空购物车容器 cart-empty,还是显示数据表格容器 paylist-box,代码如下:

```
// 显示空购物车,还是显示购物清单
function hasData() {
  // 根据数组 carts 来切换页面状态
  var tableList = document.getElementsByClassName('paylist-box')[0]
  var cartEmpty = document.getElementsByClassName('cart-empty')[0]

  if (carts.length > 0) {
    // 显示购物列表
    cartEmpty.style.display = 'none'
    tableList.style.display = 'block'
    return true
  }
  else {
    tableList.style.display = 'none'
    cartEmpty.style.display = 'flex'
    return false
  }
}
```

(4)创建数据行 createDataRow()。

如果 hasData() 函数返回 true,表示存在购物数据,那么使用 createDataRow() 函数来创建数据行，并添加到表格对象中。

```
1.    // 根据购物车数组创建表格行
2.    function createDataRow() {
3.        // 获取存在的表格对象和准备插入数据的行
4.        var td = document.getElementById('tb')
5.        var beginRow = document.getElementById('beginRow')
6.        var endRow = document.getElementById('endRow')
7.
8.        // 获模板行对象tr，以便克隆
9.        var tmp = document.getElementById('tmp')
10.       var row = tmp.content.children[0]
11.       // 初始化表格，清空可能存在的数据行
12.       for (var i = endRow.rowIndex - 1; i > beginRow.rowIndex; i--) {
13.           tb.deleteRow(i)
14.       }
15.
16.       for (var i = 0; i < carts.length; i++) {
17.           var rowNode = row.cloneNode(true)
18.           //保存数组的id，而不是下标，元素删除后下标可能不存在
19.           rowNode.id = carts[i].id
20.           // 监听子元素click事件
21.           rowNode.addEventListener('click', listenerChildClick)
22.           //    查询图片元素
23.           var img = rowNode.querySelector('.goods-img')
24.           var link = rowNode.querySelector('.goods-link')
25.           img.src = 'images/' + carts[i].img
26.           link.href = './detial.html?id=' + carts[i].id
27.           // 图书名称和描述
28.           var bookInfo = rowNode.querySelector('.goods-info')
29.           bookInfo.innerHTML = carts[i].name + " | " + carts[i].desc
30.           // 价格
31.           var price = rowNode.querySelector('.goods-price')
32.           price.innerHTML = carts[i].price
33.           // 数量
34.           var num = rowNode.querySelector('.goods-num')
35.           num.value = carts[i].num
36.           // 小计
37.           var sum = rowNode.querySelector('.sum')
38.           sum.innerHTML = (carts[i].num * carts[i].price).toFixed(2)
39.           // 将新行添加到表格
40.           //注意使用：tBodies，一个表格可以有多个tbody
41.           tb.tBodies[0].insertBefore(rowNode, endRow)
42.       }
```

```
43.    }
```

代码说明：
- 行 4：获取表格对象 tb。表格结构在 HTML 中已预先定义好。
- 行 5、行 6：获取表体中上、下空行对象，在表体初始化时，需要依次把它们之间的数据行删除，以显示更新后的数据行。
- 行 9、行 10：获取 HTML 中的模板对象，并取得其子元素。该子元素是预定义结构和样式的数据行。
- 行 12～14：删除表格主体上下空行之间的数据行，初始化表格行。这样使得可以删除数据行或者保留未支付的订单时，重新生成数据行来更新页面。

表格对象的 deleteRow() 方法用于删除指定位置（下标）的行，而 rowIndex 是当前行对象的下标。

- 行 17：克隆数据行，根据购物车清单准备在单元格中显示对应的商品信息。
- 行 19：为当前行赋予商品 id 属性，可以根据该 id 找到对应的商品。
- 行 21：为当前行添加单击事件监听器。这样，在当前行中单击其任意子元素时，都由当前行对象捕获和处理。
- 行 23～38：将购物车中的当前商品信息，逐个填充到当前行中的单元格，或其子元素的属性中。
- 行 41：将动态创建的数据行添加到表体末尾空行前。注意，表体对象 tBodies 是一个集合对象。一个表格可以有多个表体，即一个 table 标记可以包含多个 tbody 子标记，但这里只使用了一个，因此使用下标 0 来获取表体对象。

（5）监听在数据行的单击事件 listenerChildClick()。

在数据行中，用户可能单击了复选框、删除按钮以及计数器按钮等子元素，由于父元素可以捕获所有子元素的事件（JavaScript 的事件冒泡机制）。为了简化代码，我们在这里为数据行添加事件监听器，捕获其子元素的单击事件来作出不同的响应。

```
1.     // 响应数据行单击事件，然后根据不同的事件源作出不同响应。
2.     function listenerChildClick() {
3.       // currentTarget——监听事件的对象;target——触发事件的源对象
4.       var rowIndex = event.currentTarget.rowIndex
5.       var ele = event.target
6.
7.       // 保存的是购物车 id
8.       var id = event.currentTarget.id
9.
10.      //根据 id 查找当前的数据项的下标，准备传递给函数处理
11.      var cartIndex = carts.findIndex(function (ele) {
12.        return ele.id == id
13.      })
14.
15.      // 从元素 name 属性 来判断一行中的那个元素被单击
16.      switch (ele.name) {
```

```
17.            case 'subb': updateNum(false, rowIndex, cartIndex); break;
18.            case 'add': updateNum(true, rowIndex, cartIndex); break;
19.            case 'del': deleteRow(rowIndex, cartIndex); break;
20.            // 复选框
21.            case 'chk': selectRow(rowIndex, cartIndex); break;
22.        }
23.    }
```

代码说明：

- 行4、行5：currentTarget 是最终捕获事件的对象，在这里就是当前数据行，而 target 则表示触发事件的具体对象，在这里，是指由其子元素触发事件的对象。如果一个元素没有子元素，那么两者都是同一个对象。
- 行8：获取在创建该数据行时保存的商品 id。
- 行11～13：根据商品 id，在购物车数组中查找该商品的下标。通过在行 4 中获取的行下标 rowIndex 和当前商品在购物车数组的下标 cartIndex，就可以知道用户单击了哪行中的哪个商品。
- 行16～23：根据触发事件的源对象，以 rowIndex 和 cartIndex 作为参数，调用不同的函数，分别来实现购买数量的更新、删除订单和选择需要支付的订单等操作。

（6）计数器更新数量 updateNum()。

单击页面中计数器的 "+" 或 "–" 按钮时，都调用同一个函数 updateNum() 来实现购买数量的更新。

```
1.    // 数量加减,行下标,元素下标
2.    function updateNum(flag, rowIndex, cartIndex) {
3.        // 根据行下标找到该行,然后找到数量显示的文本框
4.    var numInput =
            tb.rows[rowIndex].cells[3].querySelector('.goods-num')
5.        if (flag)
6.            carts[cartIndex].num++
7.        else
8.            carts[cartIndex].num > 1 ? carts[cartIndex].num-- : 1
9.
10.        numInput.value = carts[cartIndex].num
11.        // 重新计算该行小计
12.        tb.rows[rowIndex].cells[4].innerHTML = (carts[cartIndex].num
            * carts[cartIndex].price).toFixed(2)
13.
14.        // 重新计算总金额
15.        getTotal()
16.        // 购物车变化了,更新本地存储
17.        saveCart()
18.    }
```

代码说明：

■ 行 2：参数 flag 为 true 时，表示增加数量，反之为减少数量。参数 rowIndex 表示当前行位置，参数 cartIndex 表示当前商品在购物车的位置。

■ 行 4：获取显示数量的文本框对象。

■ 行 5～8：对数量进行增减，并更新购物车的数量。注意，只有数量大于 1 时才可以继续减少。

■ 行 10：将更新后的数量同步显示在计数器中的文本框中。

■ 行 12：数量发生变化时，重新计算当前商品的金额，并更新到对应的单元格中。

■ 行 15：调用 getTotal() 函数来重新统计所有选中需要支付的订单的总金额，并显示在表格底部行的单元格中。

■ 行 17：保存变化后的购物车数据到本地。这样，当切换页面再次返回时，才能获取更新后的购物车数据。

（7）统计选中的订单总金额 getTotal()。

当商品数量更新后、移除商品、选中、取消选中商品后，需要重新统计当前商品需要支付的金额。

```javascript
// 更新总金额
var col_total = document.getElementsByClassName('total')[0]
function getTotal() {
 var total = 0
 for (var i = 0; i < carts.length; i++) {
  if (carts[i].checked) {
   total += carts[i].num * carts[i].price
  }
 }
 col_total.innerHTML = "当前选中商品的总金额：￥"
   + total.toFixed*2*
}
```

（8）保存购物车数据到本地。

商品数量更新后或者删除数据后，都要保存新的数据到本地，以便重新返回到本页面时，显示最新数据。

```javascript
// 保存购物车数据：增加数量或者删除数据时
function saveCart() {
 sessionStorage.carts = JSON.stringify(carts)
}
```

（9）删除行数据 deleteRow()。

使用表格对象的 deleteRow() 方法来删除指定位置的行。行删除后，需要更新表头中全选复选框的状态，以及重新统计商品金额，同时保存更新的购物车数据。

```javascript
function deleteRow(rowIndex, cartIndex) {
```

```
  carts.splice(cartIndex, 1)
  tb.deleteRow(rowIndex)

  // 删完了吗
  if (carts.length <= 0) hasData()
  else {
   updateCheckBox()
   // 更新总金额
   getTotal()
  }

  // 购物车变化了，更新本地存储
  saveCart()
 }
```

（10）选择行数据 selectRow（ ）。

在行的首个单元格中有一个复选框，如果勾选，表示准备支付该订单并通过改变行背景来提示用户。此外，勾选或者取消选择，都需要重新计算当前所有被选中的订单的总金额，同时还需要同步更新表头中"全选"复选框的状态。

```
 function selectRow(rowIndex, cartIndex) {
  var chkbox = 
      tb.rows[rowIndex].cells[0].querySelector('.checkbox')
// 更新购物车中商品的支付状态
  carts[cartIndex].checked = chkbox.checked

  // 改变全选/反选复选框状态
  updateCheckBox()

  // 更新行背景
  changeRowBg(chkbox.checked, rowIndex)
  // 更新总金额
  getTotal()
 }
```

> **注意**：在购物车数组 carts 中，其每个元素对象都具有 checked 属性，该属性是在商品详情页面中执行"加入购物车"操作时额外添加的属性，代表商品的支付状态。checked 属性的的默认值为 false，表示不为该商品支付费用，即不加入总金额的计算当中；如果为 true，表示选择该商品准备支付费用。支付状态 checked 是通过改变数据行中的复选框状态来同步更新的。

（11）更新"全选"复选框状态 updateCheckBox（ ）。

```
  // 更改选择状态，只要数据行有一个 false 取消选中；
```

```javascript
// 全部选中，则勾选
// 执行删除数据行的操作后也需要使用该函数来更新全选复选框状态
function updateCheckBox() {
  // 有任何一个复选框为false，都设置为false，全部为true才被选中
  // 是否存在没有选中的项
  var flag = carts.find(function (ele) {
    return ele.checked == false
  })

  if (!flag) chkAll.checked = true
  else chkAll.checked = false
}
```

（12）响应"全选 / 反选"复选框操作 setAllCheckBox（ ）。

全选 / 反选复选框位于表头行。根据其状态来改变数据行中每一个复选框的状态。

```javascript
// 选择或取消全选复选框
function setAllCheckBox() {
  var _this = event.target

  // 为每个元素赋值
  carts.forEach(function (ele) {
    ele.checked = _this.checked
  })

  // 更新每一个复选框
  // 查找所有行的复选框，其类名为checkebox
  var chks = document.querySelectorAll('.checkbox')
  for (var i = 0; i < chks.length; i++) {
    chks[i].checked = _this.checked
    // 更新行背景
    changeRowBg(_this.checked, i + 2)
  }

  // 更新总金额
  getTotal()
}
```

（13）改变选中行的背景 changeRowBg（ ）。

```javascript
// 改变选择行的背景
function changeRowBg(flag, rowIndex) {
  if (flag)
    tb.rows[rowIndex].classList.add("tr-bg")
  else
```

```
    tb.rows[rowIndex].classList.remove("tr-bg")
}
```

（14）支付操作 pay()。

通过判断购物车数组元素中的 checked 属性来决定用户是否可以执行支付操作。如果用户选择了需要支付的商品，在执行确认操作后，从购物中移除该商品，并重定向到主页。至此，用户完成了一次模拟购物操作，并可以继续购物。

```
// 模拟支付
function pay() {
 var ele = carts.find(function (ele) {
  return ele.checked == true
 })
 if (!ele) {
  alert("请选择你要支付的商品！")
  return
 }

 // 支付选中的商品
 if (confirm("你确定支付吗？")) {
 var index = carts.findIndex(function (ele) {
  return ele.checked == true
 })

 while (index >= 0) {
  carts.splice(index, 1)
  index = carts.findIndex(function (ele) {
   return ele.checked == true
  })
 }
 // 保存未支付的订单
 saveCart()
 alert("支付完成！你可以继续购物！")
 location.href='./ index.html'
 }
}
```

参 考 文 献

［1］鲍小忠．Web 前端开发基础（HTML+CSS+JavaScript）[M]．北京：中国铁道出版社有限公司，2021．

［2］储久良．Web 前端开发技术：HTML5、CSS3、JavaScript [M]．3 版．北京：清华大学出版社，2018．